本书由河南省高校人文社科重点研究基地“河南文化传播与社会发展研究中心”资助出版

中国休闲美学与现代人的精神生态

王东昌 著

WUHAN UNIVERSITY PRESS
武汉大学出版社

图书在版编目(CIP)数据

中国休闲美学与现代人的精神生态/王东昌著.—武汉：武汉大学出版社,2024.7(2025.5 重印)

ISBN 978-7-307-24262-3

Ⅰ.中… Ⅱ.王… Ⅲ.闲暇社会学—美学 —研究—中国 Ⅳ.B834.4

中国国家版本馆 CIP 数据核字(2024)第 033418 号

责任编辑:李 琼　　责任校对:鄢春梅　　版式设计:马 佳

出版发行：**武汉大学出版社**　(430072 武昌 珞珈山)

(电子邮箱:cbs22@ whu.edu.cn 网址：www.wdp. com.cn)

印刷:湖北云景数字印刷有限公司

开本:720×1000 1/16　印张:21.75　字数:311 千字　插页:1

版次:2024 年 7 月第 1 版　2025 年 5 月第 3 次印刷

ISBN 978-7-307-24262-3　定价:89.00 元

序　　言

鲁枢元

老一辈学者钱谷融先生将自己的书斋命名为“闲斋”。在我看来这“闲”字就深有含义，其中透递出“宁静”“淡泊”“散逸”“旷放”的气韵，这些也是中国传统文化“魏晋风度”的精髓。

王东昌博士的这本谈论“休闲”的书，主要从个体的精神性存在来看“休闲”，并由此出发铺展开来，视其为一个无法忽视的普遍存在的社会问题与时代问题，充分体现了该书的现实意义。书中指出：普及新的休闲审美意识，建立现代的休闲美学，源自中国社会环境根本变迁的必然要求，源自中国休闲产业、休闲经济境界的提升、魅力的增加、健康的发展的现实需要，源自越来越多的中国人恰当地用好不断增多的闲暇时间的内在需要，也源自有效地应对和解决在现代社会的发展中产生的自然生态、社会生态、精神生态问题的迫切需要。它们都可以说关涉着人们的精神世界、精神生态，关涉着个体生命的健康、社会发展的健全、国家发展的生机。在这本书中，东昌博士从政治、经济、文化，尤其是审美的层面对“休闲”进行了系统、深入、全方位的论述。我一向认为，在学术研究领域，重要的不是让所有人都同意你的见解，而是你的观点能够引发人们更多的反省与思考。这里，我也想借本书中的一些话题谈谈我对“休闲”的一些看法。

关于劳动与休闲。在古代希腊，认为“休闲优越于劳动”，它是劳动持续追求的目标，一种美德，能帮人们实现文化理想，能给人们带来幸福。①

---

① 托马斯·古德尔、杰弗瑞·戈比著，成素梅等译：《人类思想史中的休闲》，云南人民出版社2000年版，第29页。

在古代中国，闲逸、闲散也总被视为一种文化的品位、一种精神的美德。而劳动只是用来解决衣食所需的手段。

“劳动光荣”“劳工神圣”应该是进入工业社会之后的事，劳动地位的提升是由启蒙时代确立的工具理性主导社会生活的切实体现。也正是从那时开始，人类劳动的性质已经发生质的变化。农业时代的劳动对于劳动者来说是繁重的、苦累的，然而在劳动时间上则是松散的、灵活的，在组织形式上是个体的、家庭型的，在行为方式上是手工的、感性的，整体上看效益低下却相对自由。而工业时代的劳动，由于机器的广泛使用且性能的不断提高，劳动者的体力支出逐渐减少，但个人被纳入庞大的劳动组织中，被固定在生产流水线上，专业化程度高，劳动时间被严格限定，精神处于被严密控制的高度紧张之中。马克斯·韦伯将工业时代的劳动称作“自由劳动的理性组织方式”，并把这种劳动方式视为资本主义的“起源问题”与“中心问题”。① 马克思强调工业时代的劳动是一种由资本、资料、机器、设备、交通运输与劳动力“组织起来的社会力量”②，资本主义社会的实体就是建立在这种性质的劳动之上的。在对于工业时代劳动实质的看法上，韦伯与马克思大体一致，都认为这是一种“劳动的理性组织方式”。

在这一时代框架中，劳动单一地成为积累财富的工具和手段，资本家为了高额利润将劳动者买进，劳动者为了谋生将自己卖出，劳动产品反而成了统治和奴役劳动者的异己力量，而劳动自身也成为被逼迫、被强制的活动。劳动失去人类本性中的自由，劳动者不再能够从劳动中体会到幸福和愉悦，这就是马克思提出的著名判断：“劳动的异化”。这种异化，如今仍在西方持续蔓延，甚至愈演愈烈。

除了“异化”，“劳动”其实还涉及另外一个重大问题，那就是“人与自然”的元问题。这一问题虽然无比重大，在以往的“劳动理论”或“劳

---

① 马克斯·韦伯著，于晓等译：《新教伦理与资本主义精神》，三联书店1987年版，第13页。

② 《马克思恩格斯全集》第16卷，人民出版社1964年版，第140页。

动伦理”中却一直没有被认真地当作一个问题。我很高兴看到，在东昌的这本书中选取生态学的学术视野对“劳动”“劳碌”的实质与意义进行了深入细致的剖析。

一些大型辞典中关于“劳动”的概念，一是本于黑格尔的观点：劳动是人利用工具支配外部自然的力量；一是凭借马克思的说法：劳动是人以自己的活动调整、控制人与自然之间物质交换的过程。由此得出结论：劳动是“人类凭借工具改造自然物，使之适合自己的需要，同时改造人自身的有目的的活动”。“人自身作为一种自然力而与自然物质相对立，有目的地以自身的活动直接或间接地作用于自然对象，在一种对人自己生活有用的形式上占有自然物。”①这一关于“劳动”概念的权威释义，其核心内容是：站在自然的对立面、从人的需要出发、改造自然、占有自然。如此看来，劳动是人类为自己攫取财富的工具，但是如果滑入误区，那么就可能成为掠夺盘剥自然的利器。

在那些发达国家里，许多情况下劳动不是为了满足人们的基本生存需要，而是为了满足现代人挥霍无度的消费欲望——那实际上是一个永远填不满的欲望沟壑。如今的许多规模盛大、组织严密的劳动——如砍伐森林，填塞海洋，开挖大山，盖摩天大厦，造豪华汽车，开办超级市场、超级游乐场等，其目的在于给人们提供冗余消费、奢侈消费。结果，不但损耗巨量不可再生资源、破坏地球生态系统，同时还激发人们无度的贪欲，败坏了社会的道德风气。马克斯·舍勒说这样的“劳动”更多地散发出种种腐恶之气，属于没有教养的劳动，是可怕的野蛮，早已丧失了以往劳动观念中的道德芬芳。

这种畸形的劳动观，也必将严重污染人们的心灵，损伤人的天性，伤及人类的内在自然。让·鲍德里亚曾论及这一问题，在其《消费社会》一书中的最后一章，他由“消费”引申出另一个概念：“疲劳”。即现代人由于过度劳作、过度忙碌而引发的身心疲惫。他说：正像“消费”

---

① 冯契主编：《哲学大辞典》上卷，上海辞书出版社 2001 年版，第 790 页。

成为一个“世界性问题”一样，“疲劳”也正在成为一个“世界性问题”，成为“世纪新病症”，成为“我们时代的标志”。① 上帝似乎给现代人开了一个大玩笑：以身心享乐为目的、崇尚并实施着高消费的现代人群，却最终“透支”了自己，深深陷入极度的身心疲惫之中。

随着社会现代化进程的提速，“付出”与“获得”之间的“赤字”越来越大。那就是说，现代消费文化逼迫消费者不能不付出与日俱增的巨大代价，而从中得到的“幸福”和“愉悦”却越来越少！其中的道理，其实又再简单不过：对于绝大多数民众来说，要想获得更多的消费，就必须付出更多的劳动，永无休止的消费伴随着永无休止的劳作。

更糟糕的是，在这样的价值观念的诱导下，现代社会里的“休闲”也已成为名目繁多的商品，并且是价格不菲的商品。以往本是无价的清风、阳光、蓝天、星夜，现在也都被打入“农家乐”“度假村”“生态游览区”的成本核算，呼吸一口清新空气，看一眼繁星密布的夜空，都要支付相当的费用。鲍德里亚说，“疲劳”已经成为一种传染性的病症，已经成为“后工业社会的集体征候”。

东昌博士的这部学术著作，试图将休闲美学与现代人的精神生态联系在一起进行探讨，显然是开拓了休闲美学研究的领域，为当下人文生态学理论建设作出了积极贡献。

在地球生物圈内，除了“自然生态”之外，还应该存在着“社会生态”“精神生态”；自然界的生态危机与人类社会的精神危机是同时发生的，解救生态危机还必须引进一个与人类自身内在价值系统密切相关的“精神维度”。在工业时代之后的生态时代，精神生态研究的历史使命是改善人类内在的精神状况、弥合破碎的人与自然的关系、促进人与自然的和解，在人与自然之间建立一种和谐、祥和的良性循环。在中国以及在东方文化中原本存在着“精神救世”的传统，我始终认为，解救自

① 让·鲍德里亚著，刘成富、全志钢译：《消费社会》，南京大学出版社2000年版，第208页。

然生态的危机光靠发展科技与加强管理不行，根本解决办法在于关注现代人“主体性的”“内在的”“精神状况”，改变当下的价值观念、思维模式、生存理念、生活方式，营造良好的精神生态。

在这一过程中，作为人类精神的“起始点”与“制高点”的审美与文学艺术创造活动无疑占有重要地位。在推进生态全球化的过程中，美学家、文学艺术家应该发挥更大的作用。法国思想家菲利克斯·加塔利在《三重生态学》中指出：“社会实践和个体实践的重建将在以下三个互补的主题中展开，即社会生态学、精神生态学和自然生态学，这三者都是伦理美学范式庇护下的生态智慧。”①审美和艺术本应成为拯救人类面临的精神危机、生态危机的重要途径的组成部分。在这个过度物质化、物欲化的时代，当代文化艺术应当更多地关注人的心灵世界，开发人的精神资源，调集人的精神能量，高扬人的精神价值，促进人类健康良好的精神循环。

据我了解，东昌博士是一位较为感性的青年学者，他在这本书中断定：一个休闲的时代，一个“以休闲为中心”的时代，一个休闲审美的时代必将到来。在我看来这也许只是一个乌托邦式的冲动。这里我并没有否定的意思，早年我曾经写过一篇关于乌托邦的文章，认为乌托邦总是立足于现实，而又像朝曦、像晚霞那样飘浮在当代人精神的天际，倾心于对未来“福地乐土”的设计。即使它尚在“乌有之乡”，但是它仍然对个人、对社会、对国家有独特而重要的意义。东昌博士这本书的价值或许正在这里。

庚子年仲夏，汝州山中

① Félix Guattari. *The Three Ecologies*. Trans. Ian Prindar and Paul Sutton. London：The Athlone Press，2000：41-42.（胡艳秋译）

目　录

导 论

任何学科的产生都根源于时代、社会与现实生活的需要，也肇始于对既有学术成果的超越、突破与发展的需要，是诸种外在条件和因素的刺激与学科内在逻辑发展演变的必然产物。休闲美学的产生也是如此，它是中国社会环境发生根本变迁以后更新和普及新的休闲审美意识和观念的必然要求，它是合理地、有效地引导休闲产业、休闲经济朝着精神的、文化的、审美的方向健康发展、为国家经济社会发展贡献更大力量的现实需要，它也是恰当地利用因多种原因产生的越来越多的闲暇时间、实现中国人身体健康、心灵愉悦、境界提升、精神成长等的内在需要，它还是有效地应对和解决在现代社会的发展中产生的精神生态问题的迫切需要。而就学科发展的内在逻辑来看，它也是休闲学发展演变到一定阶段的必然产物。因此，休闲美学的产生有其客观性、必然性、必要性与合理性，也有其独特的意义与价值。

一、问题的提出与课题的研究价值

休闲美学的产生，既是为了应对和解决时代、经济、社会、生态、精神、文化等诸多方面出现的新情况和新问题，又是顺应休闲学自身的内在逻辑发展演变的必然产物，具有重要的意义与价值。具体来说：

第一，随着市场经济社会的形成和发展，中国的社会环境发生了根本变迁，中国人在几千年的传统社会中形成的旧有的休闲审美意识和观念已经不能适应现代社会人们的现实需要，这就迫切要求中国人尽快形成新的现代的休闲审美意识和观念，开展现代的休闲审美活动，这一切都要求尽快建立现代的休闲美学对之加以引导。

随着中国城镇化、工业化、现代化的持续推进，随着西方现代工业社会对中国影响的逐步深入，中国逐渐从一个传统悠久的农业社会进入一个新的现代社会，现代工商业和商品消费逐步发展和繁荣起来，从而使中国的社会环境发生了根本变迁。而在这一过程中，一些中国人显然还没有完全适应这一转变，他们在西方某些反人性的文化观念和中国某些陈旧的文化观念的影响下，形成了一些畸形的、不健康的休闲审美观念，这造成了他们以错误的态度对待生命、生活、劳动、工作、游戏、休闲、审美等。如他们的生命意识淡薄，对自我的生命缺乏足够的尊重、敬畏、珍惜和爱护；生活态度过于拘谨、守旧，不敢也不愿意去追求更加自由、美好和符合理想的生活；劳动和工作过于追求效率、强度过高，造成过分辛苦与劳累，甚至严重地伤害了身心的健康、精神的和谐与稳定；对待休闲、游戏等则讳莫如深，认为那是吃喝玩乐、不务正业、玩物丧志的浪荡子、败家子或者不谙世事的少年儿童的专利；对待审美也是敬而远之，认为那是有钱人、有闲人、上等人独享的一份奢侈。以这样陈旧的、过时的、不科学的休闲审美观念来支配和引导他们的行为、习惯、思想、意识、观念、态度等，必然会产生一系列问题。例如有些人不敬畏生命，不热爱生活，不理解游戏、休闲，没有情趣，不懂浪漫。在工作中抱着“只要干不死，就往死里干”“把女人当男人用，把男人当牲口用”等粗野的劳动观念行事，就会造成当事人过度劳累、疲惫，甚至导致“过劳死”“拼命挣钱拼命玩”等现象的发生，严重伤害他们的身体健康，危害他们的生命安全。当然，这也会造成他们生活的枯燥、乏味、单调、无聊、空虚，缺乏生机、生气、趣味和欢乐，甚至引发一系列精神问题，如紧张、焦虑、孤独、失落、苦闷、烦恼、恐惧、害怕、绝望、忧郁、压抑等，造成他们人生的迷失，生命价值与意义的丧失，导致他们生命健康受损、身心失调、精神生态失衡与不稳，甚至引发严重的精神危机。

要解决这一系列的问题，就需要人们树立现代的、科学的、健康的休闲审美观念，就需要建立一门现代的休闲美学，对人们相关的精神、行为进行合理的引导，使他们接受正确的思想、意识，拥有现代的观念、态度，养成良好的行为、习惯。这将使他们的身心得到调节和放松，本真的自我、自我的本性得到回归，生命的价值和意义被重新发现，精神问题得到解决，精神危机得到克服，精神生态重新走向和谐与稳定，生命健康得到维护。

第二，中国市场经济社会的快速发展，人们经济状况的改善以及老龄化社会的来临，使越来越多的中国人的闲暇时间大幅增加，那么如何恰当地利用这些闲暇时间，去开展健康有益的休闲审美活动，去实现自身身体的健康、心灵的愉悦，去实现自身精神的超越、自由、创造和成长，去实现自身境界的提升，去实现自身精神生态的和谐、平衡与稳定，去过一种有意义、有价值的生活，迫切需要建立一门现代的休闲美学对之进行有效的引导。

与世界上其他众多国家相比，中国改革开放以来持之以恒地坚持“以经济建设为中心”，集中精力发展经济，实现了中国经济持续几十年的快速增长。在这一过程中，越来越多的中国人通过自己的辛勤劳动和聪明才智，从根本上改善了自己的经济状况，提高了自己的物质生活水平，有的人甚至走上发家致富的道路，过上了比较富足的生活。经过长时间的足够多的物质财富的积累，不少人已经不需要过度操劳奔波于劳动、工作(它们在他们生活中的地位和重要性逐步下降，所占用他们的时间也越来越少)，于是他们逐渐获得了更多可以自由支配的空闲时间。同时，随着中国老龄化社会的来临，越来越多的中国人逐步进入老年生活，他们在积累了一定的物质财富、拥有了基本的生活保障后，开始退出劳动生产领域，获得大量可以自由支配的空闲时间。由于具有足够的物质财富积累、坚实的物质条件保障，这些中国人对过上高品质的生活、高层次的精神的、文化的、审美的生活有比较强烈的期盼。那么如何以一种健康的形式或者方式用好这些可以自由支配的闲暇时间，实现他们的愿望，达到他们的目的，成为这些人不得不面对、思考和解决的重要的现实问题，也是休闲学、休闲美学不得不帮助他们思考和解决的重要的现实问题。之所以说这个问题是一个重要的现实问题，是因为它同样是一个重要的社会问题，如果解决不好，会产生严重的社会后果，也会给相关主体带来严重的灾难。例如，如果没有现代的专业的休闲美学以及休闲审美观念的引导，这些宝贵的时间就可能被虚度和空耗，被低效或者无效地利用，甚至被浪费到有害人身心的方向上去，使人在懒惰、懒散中走向庸俗，使人在赌博、暴力、色情等欲望的放纵中走向堕落、沉沦，使人在空虚、无聊中变得无所事事、玩物丧志、惹是生非，使人在迷茫中失去自己的意义与价值……而相反，如果能够获得现代的专业的休闲美学、休闲审美观念的引导，这些蕴含着无限潜力的宝贵的时间将会得到理性的、恰当的、高效的利用，从而使人们能够自觉地通过它们追求精神、文化、审美层面的更高级的休闲审美活动，从而使越来越多的休闲审美活动形式被创造出来，使丰富多样的休闲审美活动被开展起来，进而使相关主体的身体得到放松，心灵得到愉悦，内在精神实现自由、超越、发展与成长，精神生态实现和谐、稳定与平衡，人生的意义与价值得到充分实现。由此看来，在中国人所处的这样一种社会状况下，在拥有这样富足的闲暇时间的条件下，建立这样一门现代的、专业的休闲美学，以帮助、引导人们的休闲审美生活和休闲审美活动，就成为一种必需。

第三，休闲美学还是合理地、有效地引导休闲产业、休闲经济朝着精神的、文化的、审美的方向健康发展、为国家经济社会发展贡献更大力量的现实需要。

随着中国经济社会的发展与转型，各地的经济产业结构和以往相比，都发生了明显的变化。就大多数地方来说，一个重要的发展趋势是，第一产业、第二产业在经济产业结构中所占的比例越来越低，而第三产业在经济产业结构中所占的比例越来越高。而在第三产业中，包括娱乐业、旅游业、服务业、文化产业在内的休闲产业作为近年来新兴起的产业，构成其重要的组成部分，并且随着经济的进一步发展，它在第三产业中所占的比例也越来越大，并逐渐成为各地经济社会发展不可忽视的重要力量。像近年来依托各地独特的自然资源而形成的各具特色的自然景观，依托各地独特的历史条件、资源而建设的各具内涵的博物馆、古城、遗址公园、文化公园、古村落、石窟寺等文化景观，依托各地的发展繁荣程度、人口聚集规模等建立的迪士尼公园、环球影城、方特游乐园、长隆野生动物园、体育场馆等设施，依托现代电子科技、计算机网络技术而逐渐兴起的网络游戏、电影电视等娱乐方式都是如此，而其他以交通、宾馆、旅社、餐饮、购物等方式和形式为休闲审美活动提供配套和服务的休闲产业，更是数不胜数，它们正在日益成为经济繁荣的重要因素，“特别是在大中城市中，各类休闲活动已成为经济活动得以运行的基本条件”①。它们作为重要的休闲、娱乐、旅游的场所、设施、行业等，每年吸引着数量惊人的游客，成为一个地方经济社会发展的重要推动力量，在有些地方甚至成为当地高度依赖的支柱产业。从国家层面上来看，“发展休闲旅游业已经成为国家战略”②，而假日经济作为休闲经济的重要组成部分，也已经成为推动中国经济发展的重要力量。在中国的休闲产业、休闲经济方兴未艾的时代背景下，为了使这些产业、经济超越低层次的物质、商业、利润、消费等层面的考量，摆脱唯利是图的格局，使它们变得更加优美，更有人情味，更有诗意，更有境界，更有乐趣，更有魅力，更有吸引力，从而使越来越多的人能够心甘情愿地参与其中，为它们的长远发展贡献更大的力量，就迫切需要建立和发展中国的休闲美学、休闲产业美学，以期对这些产业、经济提供合理的、有效的、得当的指导，使它们朝着文化的、精神的、审美的境界提升，朝着有利于人们身心健康的方向发展。

第四，休闲美学还是有效地应对和解决在现代社会的发展中产生的精神生态问题的迫切需要。

---

① 马惠娣：《21 世纪与休闲经济、休闲产业、休闲文化》，《自然辩证法研究》2001 年第 1 期。

② 庞学铨：《休闲学的学科解读》，《浙江学刊》2016 年第 2 期。

中国改革开放以来持续不断的工业化、城市化、现代化进程有力地推动了中国社会的现代转型，使它很快成为一个现代社会——一个现代市场经济社会。这具有深远的积极的历史意义，当然也带来了一系列新的问题。一方面，向自然的无度进军、掠夺、索取的过程在某种程度上激化了人与自然的矛盾，使自然生态出现了一系列问题甚至遭遇了危机。另一方面，这一过程也在某种程度上激化了人与社会、人与自身的矛盾，从而使社会生态、精神生态出现了一些问题甚至遭遇了危机。这些自然生态、社会生态出现的问题会进一步诱发更深层的精神生态领域的问题或者危机。具体就自然生态对精神生态的影响来看，“现代化的自然生态危机与现代性的精神危机互为因果表里”，前者的出现将引发现代人的精神危机，也即“心性结构的现代性危机”①。正如鲁枢元指出的：“在现代社会中，自然界的生态危机与人类社会的精神危机是同时发生的。在环境遭受污染的同时，精神也蒙受了污染(生态学意义上的污染)；在植被破坏、水土流失、酸雨成灾、物种锐减、资源枯竭的同时，人的物化、人的类化、人的单一化、人的表浅化的进程也在加剧；人的信仰与操守的丧失、道德感与同情心的丧失、历史感与使命感的丧失也在日益严重。”②而就社会生态对精神生态的影响来说，当今中国社会巨大的生存压力、激烈的社会竞争，给很多人造成沉重的心理负担，引发一系列精神问题。例如，一些人逐渐遗忘中国传统文化所提倡的达观、乐生精神以及热爱生命、乐享生活乐趣的传统，觉得活得太累、太痛苦，生活和工作没有意义，缺乏情趣和滋味。再如，中国社会对追求金钱与财富的鼓励、对通过辛勤劳动实现发家致富的提倡，在推动中国经济发展和社会进步的同时，也在某种程度上鼓励了人们放纵欲望、唯利是图、不择手段，从而可能造成人与人之间矛盾冲突的加剧，人与人

---

① 尤西林：《精神生态危机与现代性悖论》，鲁枢元编：《精神生态与生态精神》，南方出版社 2002 年版，第 351 页。

② 鲁枢元：《精神生态学》，鲁枢元编：《精神生态与生态精神》，南方出版社 2002 年版，第 533~534 页。

之间关系的冷漠与疏远。人们在社会领域里致力于打造美妙绝伦、光鲜华丽的现代生存空间的时候，他们却在某种程度上忽视了自身以及自身的灵魂、理想、信仰、本质、价值、意义，忽视了自身的精神世界，忘掉了自身的生机、乐趣、健康与幸福，进而使自身陷入生命的困境、精神的困境。人们变得越来越迷茫，越来越认不清“我”是谁、“我”从哪里来、“我”到哪里去、“我”为什么活着、“我”是干什么的、“我”的人生价值与意义何在、“我”的理想在哪里等人生根本问题，从而“无可弥补地失去了他的本质”①。正如奥瑞里欧·贝恰所说：“人们正受到一种诱惑的驱使，只想把这种新的力量(知识与智慧)用于追求物质的福利。因而抛弃了任何精神的乃至伦理的灵感，忽视了自己所具有的伦理、社会和审美的最杰出的才能。这样虽然能给我们带来享乐，但由于把焦点主要放在和我们的内心毫无关系的事情上，从而忽视了自己的内在世界，使其缺点和不均衡更加恶化。”②总之，自然生态和社会生态的恶化给精神生态带来的严重问题就是，一些人原本比较平衡与稳定的精神生态系统因多种因素的干扰不断被打破，变得失衡与不稳，从而诱发他们出现了一系列的精神病症。

而要解决这些系统性的问题，需要从多方面入手，而建设有中国民族特色的休闲美学也是其中的重要方面。首先，有中国民族特色的休闲美学有利于中国人更多地关注自身以及自身内在的精神世界，并对之进行开掘和完善，从而实现他们内在精神世界的自由、丰富、充实。这一过程也有助于缓和人与自然的矛盾，重新实现两者的和睦相处、和谐共生，使人可能重新拥有一个美丽的自然家园，重新过上诗意盎然的生活。其次，通过对中国传统文化中蕴含的丰富的休闲美学思想的挖掘，试图激活中国人乐观达生的悠久传统，使他们更加留恋、珍视、热爱、

① 卡尔·雅斯贝尔斯著，周晓亮、宋祖良译：《现时代的人》，社会科学文献出版社 1992 年版，第 38 页。

② 池田大作、贝恰著，卞立强译：《二十一世纪的警钟》，中国国际广播出版社 1988 年版，第 24、25 页。

乐享生命，活得更有滋味、更加健康、快乐、幸福，过得更有价值、意义，富有理想、信仰，从而有效地抵制西方的痛苦文化等对中国人的负面影响。再次，通过富有民族特色的休闲美学的建设，使部分中国人被破坏了的精神生态系统，在新的历史条件下，在更高的层次上，得到修复，实现和谐、稳定与平衡。最后，有中国民族特色的休闲美学作为中国传统美学的一部分，提倡别样的生命姿态、高层次的精神境界，它关注心灵的丰富、充实与完善，寻求对平庸的物质现实的超越，向往自由无拘的精神生活，“为我们的心灵提供了诗意的栖居之地”①。正由于以上诸多原因，“构建中国休闲美学已是历史和现实的必然要求”②。

第五，就休闲学自身发展的内在逻辑来看，休闲美学的产生也是休闲学发展演变到一定阶段的必然产物，具有重要的学术意义和价值。

休闲活动和休闲审美活动，无论在西方还是中国，其历史都非常悠久。但是，作为一门学科的休闲学是人类社会进入现代社会以后，顺应着时代和社会的需要，顺应着现代工商业和商品消费的形成和发展，顺应着人民群众对更加美好的生活的需要而出现的。以凡勃伦发表于1899年的《有闲阶级论》为标志，休闲学在19世纪末产生，并在20世纪特别是在20世纪后半期的西方获得快速发展，产生了一系列重要的休闲学理论大家和休闲学理论成果。而在中国，受限于中国特定的社会发展阶段、特殊的社会历史背景，中国的休闲学研究开展得较晚，虽然在民国时已经有零散的、自发的研究，但只是到了改革开放以后才正式起步，以于光远20世纪80年代开始提倡“玩”、游戏的学问、1996年年初发表的文章《论普遍有闲的社会》③为标志，中国休闲学研究应运而生。随后，建立在休闲学基础之上的休闲学分支学科如休闲哲学、休闲

---

① 樊美筠：《中国传统美学的当代阐释》，北京大学出版社2006年版，第3页。

② 潘立勇：《当代中国休闲文化的美学研究和理论建构》，《社会科学辑刊》2015年第2期。

③ 见《六合休闲文化研究资料》1996年，为内部发行资料。

经济学、休闲社会学、休闲教育学、休闲伦理学、休闲心理学等也如雨后春笋般纷纷出现。而作为休闲学的核心和灵魂的休闲美学在21世纪初，以中国学者吕尚彬等于2001年8月出版的《休闲美学》为标志诞生了，随后在此基础上快速发展，形成一个新的学术潮流、一个新的学术生长点，"美学应该关注当下的生存环境和方式成为学界的共识，休闲美学研究初见端倪"①。可以说，休闲美学的产生，是休闲学发展演变到一定阶段的必然产物，是在哲学美学层面对休闲学的进一步细化和具体化，是对休闲学的进一步提升和升华，具有重要的学术意义和价值。

二、课题的研究现状及其存在的问题

关于中国休闲美学及其与精神生态关系的研究现状的概述可以从四个方面入手：第一，从马克思主义的视角对"自由时间"与人的生存、发展以及社会的发展之间的关系进行梳理，以此保证探讨沿着正确的方向深入下去。第二，对中国休闲美学及其与精神生态关系的探讨，必须以西方休闲以及休闲审美传统的思想资源以及西方休闲学和休闲美学的研究成果为重要参照和借鉴。第三，必须批判地继承中国传统文化中休闲以及休闲审美传统中的思想资源。特别是中国传统文化中有关休闲和休闲之美的思考，为本研究提供了丰富的研究资料和思想启迪，也有利于凸显我们民族的特色。第四，对中国休闲美学研究的梳理，为本研究提供了一个理论起点。

（一）以马克思主义"自由时间"理论为指导

要探讨中国休闲美学及其与精神生态的关系，必须以马克思主义理论为指导，以马克思对"自由时间"与人的生存、发展以及社会的发展的关系为指导，这样才能保证我们的探讨沿着正确的方向深入下去。具体来说，要探讨休闲美学，必须首先解决休闲美学存在的前提条件，即

---

① 潘立勇：《当代中国休闲文化的美学研究和理论建构》，《社会科学辑刊》2015年第2期。

“社会时间”“劳动时间”和“自由时间”的关系问题。建立在“社会时间”“劳动时间”基础上的“自由时间”是人类社会全面发展和现代人获得充分自由的物质保障，当然也构成了休闲美学得以存在的时间基础。作为“一位伟大的休闲理论家”①，马克思在资本主义的社会条件下对此进行了深入研究。这些研究为以后休闲学以及休闲美学理论的发展奠定了理论基础，因此，马克思成为“现代休闲研究的早期开拓者和创始人”之一。在他看来，人是在时间中存在并在时间中获得发展和自由的。人类要生存，就需要从事物质生产，就需要耗费一定的“必要劳动时间”，这是一种无法避免的“必然王国”。而在此之外，人们还需要拥有可以自由支配的“自由时间”，在这样的“自由时间”中，人们才能获得真正的自由、闲暇、休闲和发展，从而进入“真正的自由王国”。正如马克思所说：“自由王国只是在由必需和外在目的规定要做的劳动终止的地方才开始；因而按照事物的本性来说，它存在于真正物质生产的彼岸……在这个必然王国的彼岸，作为目的本身的人的能力的发展，真正的自由王国，就开始了。”②从总体的社会生产来看，随着社会生产力的提高，生产同样多的物质产品，需要耗费的社会劳动时间越来越少，或者说在同样的时间内可以生产出越来越多的物质产品，从而为人们的生存提供基本的物质保障。其结果是，为了维持人们基本生存所必需的社会必要劳动时间日益缩短，人们越来越能够腾出更多的“自由时间”进行娱乐和休闲，从而使他们多方面的能力得到发展，当然也会使他们的精神生态在动态调整中得到优化。可以说，马克思通过对资本主义社会人们生活时间分配状况的分析，“最早确立了休闲生活研究的基本范式，科学阐明了人类社会走向休闲化时代的可能性及其现实道路”③。

---

① 张玉勤：《休闲美学》，江苏人民出版社 2010 年版，第 218 页。

② 《马克思恩格斯全集》第 25 卷(下)，人民出版社 1974 年版，第 926~927 页。

③ 刘晨晔：《休闲：解读马克思思想的一项尝试》，中国社会科学出版社 2006 年版，第 22~23 页。

循着马克思的思路，从马克思论述的“必要劳动时间”和“自由时间”的关系出发，一些学者进一步探讨了这一问题。马惠娣、成素梅的《关于自由时间的理性思考》①、陆彦明、马惠娣的《马克思休闲思想初探》②、张玉勤的《自由时间与人的存在——马克思休闲思想探析》③、刘彦顺的《从实践感、时间性与社会时间论马克思的休闲美学思想》④等都对马克思的“自由时间”与人的存在、休闲以及休闲美学的关系问题以及“自由时间”和休闲、休闲审美的限制条件问题进行了进一步的阐发和探讨。马惠娣、成素梅的《关于自由时间的理性思考》认为马克思的核心概念“自由时间”关涉着人类的全面发展和精神自由。正是因为人类可以自由支配的“自由时间”不断增多，他们的兴趣、爱好、个性、智慧以及各方面的才能才有机会获得全面发展，他们自身也才会不断获得自由、解放和发展，他们的精神生活才会不断丰富，他们的精神境界才会不断提高。但是在消费社会里，人们的“自由时间”也可能遭到物欲的占有和世俗的消费享受的侵蚀而逐步丧失，进而导致自己的自由本性和精神家园的丧失，这是我们应该警惕的。这些探讨，为休闲美学研究的展开奠定了坚实的理论基础。

而陆彦明、马惠娣的《马克思休闲思想初探》则在此基础上，进一步将马克思有关“自由时间”的论述同休闲思想、社会进步以及个人全面发展联系起来，认为西方的 free-time 和 leisure(“休闲”)的含义基本相同，“自由时间”也就意味着“休闲”，只有在“自由时间”也即休闲时间中，人们才能获得自我选择、自我实现，从而实现自我的全面发展，

---

① 马惠娣、成素梅：《关于自由时间的理性思考》，《自然辩证法研究》1999年第1期。

② 陆彦明、马惠娣：《马克思休闲思想初探》，《自然辩证法研究》2002年第1期。

③ 张玉勤：《自由时间与人的存在——马克思休闲思想探析》，《休闲美学》，江苏人民出版社2010年版。

④ 刘彦顺：《从实践感、时间性与社会时间论马克思的休闲美学思想》，《社会科学辑刊》2011年第4期。

达到自由之境，获得人生的意义和价值，这是人们理想的生存状态。正是在对“自由时间”也即休闲时间的充分运用中，人类社会的生产力和“个人的发达的生产力”才会相互促进、共同发展：人类社会的生产力得到发展，人类才会获得更多的“自由时间”，也才会得到自由而全面的发展，每个人的“个人能力”也才会得到充分而全面的发展，他们也才会有“充分的自由”和鲜明的“自由个性”，也才会充分展现“人类的天性”；而这一切作为“个人的发达的生产力”也会反作用于社会生产力的发展，从而实现个人和社会共同的自由全面的发展。张玉勤在《自由时间与人的存在——马克思休闲思想探析》中进一步指出，正是在建立在“自由时间”基础上的“自由王国”里，人才能顺应自己的本性，获得真正的“精神自由”，一种远离外在功利目的的“休闲自由”，“出于主体的主动选择、随意选择，并且没有任何的患得患失和角色压力”①。也正是在“自由时间”中的“休闲自由”中，人们获得了自由、超越与创造，兴趣、个性与才能等也都得到了全面发展。而在资本主义社会特定的社会条件下，个体闲暇时间的获得以及在闲暇时间中价值的实现显然要受资本主义社会关系的制约。刘彦顺在《从实践感、时间性与社会时间论马克思的休闲美学思想》中指出，资本主义的社会关系、生产关系以及异化劳动造成了劳动时间与闲暇时间的分裂，严重地剥夺了工人闲暇时间的数量，也严重地影响了工人在闲暇时间里主体价值实现的质量，使他们丧失了“积极的时间感”和愉悦的“幸福感”。在这样的关系中，工人即使在闲暇时间里也无法实现自己本质力量的对象化，无法体会到愉快、欢乐和幸福，无法获得美的感受。而只有在未来的共产主义社会中，“历史时间与个人时间之间才会实现完美的融合”，“劳动时间”和“自由时间”的对立才会被消除，异化劳动才会被消灭，人们在闲暇时间里才会获得自由而全面的发展，审美能力才能不断提高。

---

① 张玉勤：《自由时间与人的存在——马克思休闲思想探析》，《休闲美学》，江苏人民出版社 2010 年版，第 212 页。

而将马克思的“社会时间”“自由时间”和休闲美学直接联系起来，探讨“自由时间”和休闲美学的关系以及休闲美学和人的精神世界的关系的，有刘彦顺的《从实践感、时间性与社会时间论马克思的休闲美学思想》①、张玉能、张弓的《身体与休闲》②。刘彦顺在《从实践感、时间性与社会时间论马克思的休闲美学思想》③中，较早地探讨了马克思的休闲美学思想，认为这一思想的立足点在于社会实践的“社会时间”，在“社会时间”的基础上才会延伸出“私人时间”和“自由时间”，进而才会有休闲美学的产生。休闲审美和一般审美一样，是人的本质力量实现的表征，体现着人的需求与欲望。只有人的视听感官等的审美欲望得到了满足，进而才会有最高境界的享受和幸福的实现。张玉能、张弓在《身体与休闲》④中认为，随着社会生产力的发展以及人们物质和精神文化需求的不断提高，“中国化马克思主义美学理所当然应该有自己的休闲美学”。他们进一步探讨了休闲美学和人们精神世界的关系，认为休闲美学往往通过文艺活动作用于人的心灵，陶冶人的性情，塑造人的灵魂，使人们的内在精神世界发生积极的变化，有利于人们的身心和谐和全面发展。这些研究为我们探讨休闲美学及其与精神生态的关系提供了重要启示。

（二）以西方的思想资源和研究成果作为重要参照和借鉴

休闲学初创于西方，那里有着丰富的休闲思想以及休闲学研究成果，其中包含着丰富的休闲美学思想及其与人的精神世界、精神生态之间关系的思想。这些思想资源和研究成果为我们当下的研究提供了重要

---

① 刘彦顺：《从实践感、时间性与社会时间论马克思的休闲美学思想》，《社会科学辑刊》2011年第4期。

② 张玉能、张弓：《身体与休闲》，《华中师范大学学报》（人文社会科学版）2014年第5期。

③ 刘彦顺：《从实践感、时间性与社会时间论马克思的休闲美学思想》，《社会科学辑刊》2011年第4期。

④ 张玉能、张弓：《身体与休闲》，《华中师范大学学报》（人文社会科学版）2014年第5期。

参照与借鉴。

从近代工业社会开始，西方人表现出对理性、生产、工业、科技、利润等功利目的的强烈追求，而休闲活动和休闲思想则在有意无意中遭到忽视甚至无视。但是，事实上，西方有着悠久的休闲活动和休闲思想的历史。在古希腊，被称为“休闲之父”的亚里士多德很早就开始思考休闲问题，他认为“休闲优越于劳动”，是劳动持续追求的目标，是一种美德，能帮助人们实现文化理想，给人们带来幸福。① 休闲活动以及休闲审美活动可以让人们从容、平静、安宁、自由与忘我。亚里士多德已经注意到了休闲活动、休闲审美活动和人们的内在精神世界之间的必然联系。由于更早地进入了工业社会，为了解决工业发展对人们身心健康造成的伤害，西方休闲学思想较早地发展起来，席勒在《审美教育书简》中探讨了休闲的重要形式之一——游戏，并把它作为弥合西方人精神世界分裂(感性冲动和理性冲动的分裂)的重要手段，从而将休闲和人的精神世界的和谐、平衡联系了起来。海德格尔认为，休闲能使人们获得“诗意的栖居”，从而将休闲和超越性的审美、高雅的精神生活、人生的丰富意义联系起来。这些理论家探讨的是休闲活动、休闲审美活动及其与人们的精神世界的关系，而没有直接提出休闲学和休闲美学及其与人们的精神生态的关系，但是为我们当下的探讨提供了有益的参考。

一般认为，凡勃伦在1899年出版的《有闲阶级论》一书，标志着休闲学的诞生。在该书中，作者批评了作为“有闲阶级”的工业资本家鄙视工作，推崇休闲，肆意消费，纵情享乐，张扬个性，以此来证明自己优越的社会地位，炫耀自己与众不同的存在。但是“资产阶级新权贵在获得物质享乐的同时，开始注重和追求精神生活的丰富和享乐”②。这实际上在某种程度上促进了他们自身的完善，有利于丰富人类的精神生

① 托马斯·古德尔、杰弗瑞·戈比著，成素梅等译：《人类思想史中的休闲》，云南人民出版社2000年版，第29页。

② 马惠娣：《文化精神之域的休闲理论初探》，《齐鲁学刊》1998年第3期。

活、发展人类的文化，因此，具有一定的进步意义。进入20世纪，随着西方工业化进程的进一步推进，自觉的休闲学研究进一步展开。瑞典天主教哲学家皮普尔1952年出版的《休闲：文化的基础》认为，正是因为和西方宗教存在着紧密联系的礼拜、祭礼、节日、庆典的存在，才使西方人在某种程度上获得了解放、独立、自由和休闲，以此为基础，才进一步产生了超越实用功利的文化。休闲作为"一种思想或精神的态度"①，具有三个特征：第一，它是"一种理智的态度，是灵魂的一种状态……休闲意味着一种静观的、内在平静的、安宁的状态；意指从容不迫地允许事情发生"②；第二，"休闲是一种敏锐的沉思状态""一种沉思式的庆典态度"③，有利于人们在超越功利的自由时间中进行创造。第三，休闲作为庆典的产物，它必然不同于作为社会职责的劳动，它带给人们的是自由、独立、闲散。这三个方面深刻地揭示了休闲的精神层面的特征，并揭示了休闲具有精神、哲学、文化方面创造性的原因，将休闲和宁静、平和的精神状态以及沉思、自由、创造等生命状态紧密地联系在了一起，为西方休闲学的进一步发展奠定了基础。查理思·波瑞特比尔在1966年出版的《挑战休闲》和《以休闲为中心的教育》中探讨了休闲的重要性、休闲在人类知识结构中的地位以及休闲与人类情感与价值的关系，认为"只要我们勇于改变当下的价值观，我们就不仅能以欣然的心态去欣赏休闲，而且也能为有意义地享受休闲去设计生活的蓝图"④，从而将休闲和人们的生活态度、人类精神的自由联系了起来。在这些研究中，休闲的精神层面逐步受到关注，休闲开始和人们的精神

---

① 托马斯·古德尔、杰弗瑞·戈比著，成素梅等译：《人类思想史中的休闲》，云南人民出版社2000年版，第70页。

② 托马斯·古德尔、杰弗瑞·戈比著，成素梅等译：《人类思想史中的休闲》，云南人民出版社2000年版，第70页。

③ 托马斯·古德尔、杰弗瑞·戈比著，成素梅等译：《人类思想史中的休闲》，云南人民出版社2000年版，第70页。

④ 马惠娣、刘耳：《西方休闲学研究述评》，《自然辩证法研究》2001年第5期，第46页。

生活、精神状态以及精神生态发生关联。

荷兰学者约翰·赫伊津哈的著作《游戏的人》对休闲活动的重要方式之一——游戏——进行了集中探讨，认为游戏是不同于科学的另一个世界，其中充满了非理性的狂热、痴迷、激情、直觉、欢笑、愉悦，具有宗教意义上的神秘性。因此，它能够抵制和抗拒现代文明的启蒙理性和科学。通过与哲学、神话、诗歌、艺术等领域关系的梳理，作者认为“游戏的人”往往超越了日常生活和现实功利，处于自觉自愿、自发随意的精神状态。在“假装”的游戏中，他们才能进入本真状态，达到“自由之境”，才能创造宗教仪式、习俗、哲学、审美、诗歌、音乐、舞蹈等诸多文化形式，甚至创造人类文明。而现代西方文明的畸形发展造成了游戏的衰落，作者通过对游戏的重新提倡表达了对现代西方文明的批判。

美国心理学家席奇克森特米哈伊（M. Csikszentmihalyi）出版于1990年的专著《畅：最佳体验的心理学》，对类似于“高峰体验”的休闲的最佳心理体验状态——“畅”(flow)——进行了深入探讨。他认为超越外在的利益和安危考虑，根据自己的兴趣和爱好，从事克服和战胜适当难度的挑战的活动时，就能实现自我本质力量的确证，就会产生游刃有余的感觉，就会产生极度喜悦和兴奋的精神状态，甚至在极度的热爱中达到沉醉入迷的状态，忘了时间和自我。显然，这种心灵体验状态是有益身心的，对研究休闲美学与精神生态的关系提供了重要启发。美国马里兰州大学教授S. 依索-赫拉（S. E. Iso-Ahola）在出版于1980年的著作《休闲与娱乐的社会心理学》中认为，“休闲活动”不是无所事事的消极被动的生命状态，而是积极主动的“具有高度的自由选择与很强的内在动机的活动”，它“有着积极的意义——它为人们实现自我、追求高尚的精神生活、获得‘畅’或‘心醉神迷’（ecstasy）的心灵体验提供了机会”①。

① 马惠娣、刘耳：《西方休闲学研究述评》，《自然辩证法研究》2001年第5期，第46页。

将休闲活动与人们高层次的精神和心灵活动紧密地联系了起来。

托马斯·古德尔(Thomas L. Goodale)和杰弗瑞·戈比(Geoffrey C. Gadhey)合著的《人类思想史中的休闲》认为，休闲既不是工作和责任之外的空闲时间，也不是不受限制的选择、决定和做事的自由，而是一种"哲学观"，一种"理想"，一种"生活方式"，它关涉着"人类最高层次的需求"，关涉着人们的自我实现、自我超越以及生命的意义，关涉着人生的自由和幸福。作者从哲学和思想发展史的角度探讨了随着社会、文化、宗教、科学、哲学、教育、科技等的发展，西方休闲思想从雅典城邦到当代的发展演变，其中经常涉及休闲思想和人类精神状态之间的关系。这些研究为当下探讨休闲美学和现代人的精神生态之间的关系提供了重要启示。

约翰·凯利的《走向自由——休闲社会学新论》采用社会心理学、存在主义、结构主义、解释学理论、冲突理论、实证性分析等多种研究方法和模式对休闲学进行了"辩证式螺旋式"的深入分析和透视。在此基础上形成了系统的、互补的、全面的、辩证的、科学的结论，认为休闲在本质上不是静态的状态，而是动态的"成为"过程或"取向"，它既立足于现实又面向未来，其内核可以概括为"一种成为状态的自由，是在生活规范内做决定的自由空间。至少，休闲是在摆脱义务责任的同时对具有自身意义和目的的活动的选择"，包含着不受任何外在强制的"自足的意义与目的"①。从不同的角度看休闲，它可以是一种体验，是一种精神状态或精神过程，是一种内在的"自由感""满足感""悠闲自在""畅"的感觉；它也可以是一种现实的、创造意义的自由选择、决定和行动；它有利于实现个体的社会化以及自我的发展与成长；也有利于在社会交往、社会认同中实现自我的定义，认识到自我在社会系统中的位置，"我们在哪里"；它也有利于休闲者创造潜力的发挥以及自由的

① 约翰·凯利著，赵冉译：《走向自由——休闲社会学新论》，云南人民出版社2000年版，第20页。

实现，而休闲者也正是在面向未来的“创造性和解放性的活动中成为人”①。休闲在现代的社会建制和政治环境中也扮演着重要的社会角色，发挥着特定的功能，它既可能被社会建制所要求、规范和期待，也可能被社会建制所异化、扭曲和控制，也可能在对社会的反抗、斗争、抵制中获得自由和解放。总之，“休闲是以存在与成为为目标的自由——为了自我，也为了社会”②。

美国哲学家杰弗瑞·戈比在《你生命中的休闲》《21世纪的休闲与休闲服务》中认为休闲意味着自由、快乐，意味着价值、信仰、生命的意义，将休闲和人们的审美、精神世界以及精神生态紧密地联系在了一起。具体来说，《你生命中的休闲》通过对从时间、活动、存在状态以及心态的角度界定休闲的合理性和局限性进行辨析，提出了自己新的休闲定义：“休闲是从文化环境和物质环境的外在压力中解脱出来的一种相对自由的生活，它使个体能够以自己所喜爱的、本能地感到有价值的方式，在内心之爱的驱动下行动，并为信仰提供一个基础。”③这个定义和“相对自由”“自己所喜爱的、本能地感到”“内心之爱的驱动”“信仰”紧密相关，因而也必然和人们的内在精神状态、精神生态紧密相关。在此基础上，作者还进一步分析了休闲的几种表现形式——娱乐、游戏以及休闲的心理体验效果——“畅”，探讨了休闲与自由时间、休闲活动、工作、经济、假日、节日、生命周期、旅行、性、教育、健康、服务机构等的关系，深化了对休闲的认识。总之，诞生于西方的休闲学一个多世纪以来获得了蓬勃的发展，取得了丰硕的研究成果。

（三）批判地继承中国传统文化中的休闲与休闲审美思想资源

在中国现代社会的深入发展中，必须批判地继承中国传统文化，重

① 约翰·凯利著，赵冉译：《走向自由——休闲社会学新论》，云南人民出版社2000年版，第239页。

② 约翰·凯利著，赵冉译：《走向自由——休闲社会学新论》，云南人民出版社2000年版，第283页。

③ 杰弗瑞·戈比著，康筝译：《你生命中的休闲》，云南人民出版社2000年版，第14页。

新找回“民族文化自信”，并把它的重建作为中国现代休闲美学建设的重要文化资源。

中国传统文化中蕴含着丰富的休闲和休闲审美思想，它们为当下中国有关休闲美学及其与现代人精神生态关系的研究提供了丰富的研究资料和深刻的思想启迪，也有利于凸显研究的民族特色。显然，系统化、理论化的休闲学是西方学者创立的，这在很大程度上根源于西方工业生产以及工业化社会给西方人身心带来的严重问题(极度的劳累、疲惫以及精神上的紧张、焦虑、空虚和压抑等)。中国古代没有这样的社会背景和这样的休闲学形态，但却有着极为丰富的休闲活动、休闲审美活动，有着极为丰富而深刻的休闲思想以及休闲审美思想，它们与西方相比毫不逊色。具体来说，中国传统文化一向轻视物质生活而重视精神生活，讲究精神世界的丰富、充实、完善以及精神生态的平衡、和谐、稳定，提倡人们修身养性，追求宁静、淡泊、从容、洒脱、自由、超越、逍遥、悠闲的人生理想，并把它们作为自己的人生价值和意义所在，作为自己生命的寄托。那么如何实现这一切？丰富多样的休闲活动和休闲审美活动是重要的方式。相应地，对这些活动丰富而深刻的思考就构成了休闲思想和休闲审美思想，其中也自然而然地包含着它们与人们的精神世界、精神生态之间关系的思考。从老子、庄子到孔子、孟子，从陶渊明、白居易到苏东坡，从袁中郎到袁枚等，他们的思想中都或多或少地包含着这样的思想。“中国自觉的休闲智慧最早始于老子”①，他主张在顺乎自然规律的前提下做到自然、虚静、无为、自由、自得，做到精神和人格的独立；庄子追求不待于物的超越性的精神自由——“逍遥游”；孔子在追求事功进取的同时也把“浴乎沂，风乎舞雩，咏而归”作为自己的人生理想，向往“孔颜乐处”，推崇“曾点之乐”，努力达到“从心所欲不逾矩”的自由境界。而一些受传统文化影响较深的现代中国人

① 潘立勇：《休闲与审美：自在生命的自由体验》，《浙江大学学报》(人文社会科学版)2005年第6期。

也是如此，从林语堂、周作人、梁实秋到老舍、张爱玲等都追求休闲。由于他们的作家身份，他们的休闲追求中往往天然地包含着美学色彩，并且和他们内在精神世界的和谐与稳定存在着内在关联。

当代中国学者出于休闲学和休闲美学学科建设的需要，对中国古代丰富而深刻的休闲思想和休闲审美思想进行了系统的概括与总结。李立的《休闲与休闲的文学——一种古典意义上的休闲美学》①、刘毅青的《作为功夫论的中国休闲美学》②从一般意义上对中国古代的休闲和审美、文学的关系进行了探讨。李立的论文较早地提出了"休闲美学"的概念，认为中国古代的休闲自始至终都和美存在着紧密的关联，总是给古人带来美的享受，虽然说劳动创造了美，但是对美的发现、体会、感受则离不开劳动的间隙——休闲；休闲既关涉着古人的身体，也关涉着古人的自由、解放、理想、精神、需求、享受、情感等；休闲和文艺创作关系密切，正是在休闲以及"闲情逸志"中，中国古人开始了自己的文学创作，实现了"对美的追求和人性、品德的完善"。刘毅青的论文对休闲和艺术的关系以及休闲审美和人们的精神世界的关系进行了探讨。他从中国的文化传统出发，认为休闲和艺术关系紧密，"艺术活动的目的是休闲"；而中国传统休闲的审美实践，往往重视精神层面，是"精神修养的一种方式"，是"修身养性的工夫"，是"休闲的实践工夫"（往往与"文人隐逸、寄兴的文化特质有关"），是摆脱了外部力量的个人空闲时间，带给人的是自由与逍遥，它能"提高人自身精神与生命境界"。因此，它和西方与工作对立的休闲、消费主义式的休闲有明显的不同。这些观点深化了我们对中国休闲美学以及中国休闲美学的精神层面的认识。

除了上述对休闲美学及其与精神层面的关系进行一般的探讨外，一些学者也针对历史上某一时期的休闲思想、休闲审美思想或者某一时期

① 李立：《休闲与休闲的文学——一种古典意义上的休闲美学》，《江西社会科学》2004 年第 1 期。

② 刘毅青：《作为功夫论的中国休闲美学》，《哲学动态》2013 年第 8 期。

某个具体人物的休闲思想以及休闲审美思想进行了具体探讨，从而极大地丰富和深化了对休闲学和休闲美学的认识。陆庆祥的专著《走向自然的休闲美学——以苏轼为个案的考察》①对休闲美学的内涵、宋代的休闲美学思想以及宋代休闲美学思想的典型代表苏轼的休闲美学思想进行了集中而深入的探讨。章辉的专著《南宋休闲哲学研究》集中对南宋的休闲美学思想进行了深入探讨。李玉芝的《论明代文学休闲化转向》②把明代的小说、戏曲、小品等文学门类称为休闲文学，认为它们是明代社会消闲的社会文化氛围的产物，具有世俗化、平民化、商品化等休闲特征；它们的休闲美学特征更进一步表现在它们追求闲适、具有“出雅入俗的审美意趣”和“情感之上的审美价值”。休闲文学和它的这些特征，都体现了“明代文人士大夫的休闲旨趣”，将“中国古代的休闲美学推向高峰”。此外，民国时期作为中西方思想文化激烈碰撞的时期，那时的人们特别是文人们在追求自由和个性解放的过程中，流露出浓厚的休闲精神，体现着深刻的休闲思想。陆庆祥、章辉编选的“民国休闲研究书系”——《民国休闲原理文萃》《民国休闲实践文萃》《民国休闲教育文萃》——对此进行了梳理、概括、点评，对研究这一时期的休闲以及休闲审美提供了重要参考。总之，陆庆祥、李玉芝、章辉都将休闲美学具体化到了特定时期的文艺现象中，深入挖掘这些文艺现象中包含的休闲美学思想，取得了很好的研究成效。

就自觉的休闲学研究来说，由于中国工业化进程起步较晚，再加上主流社会长期以来对劳动以及劳动之美的大力提倡，学者们对休闲学的研究被自觉不自觉地抑制了，也造成了中国休闲学研究起步较晚的现实。只是到了20世纪八九十年代，随着中国工业化进程的加速推进以及中国思想文化领域趋于开放包容，学者们逐步获得了研究休闲学的宽松适宜的外部环境。于是，中国休闲学的研究得到了快速发展，并形成

① 陆庆祥：《走向自然的休闲美学——以苏轼为个案的考察》，浙江大学出版社2018年版。

② 李玉芝：《论明代文学休闲化转向》，《北方论丛》2015年第4期。

了一股学术潮流，产生了相当一部分理论成果。中国学者对休闲学的研究首先是从译介西方休闲学著作开始的，云南人民出版社在2000年左右出版了一批西方休闲学名著。随着这些译著的出版，中国学者以之为参照，立足于中国社会环境和民族文化传统，开始了自己的休闲学和休闲美学理论体系的建构。杨虹选编的《休闲四韵——逍遥游》收录了中国古人各种各样的休闲方式，探讨了在这些休闲方式中包含的深刻的人生意义，为中国休闲学研究提供了翔实的资料。而在这一时期研究休闲学并产生较大影响的代表人物是于光远和马惠娣。于光远的《论普遍有闲的社会》、马惠娣的《休闲：人类美丽的精神家园》、于光远、马惠娣合著的《于光远马惠娣十年对话》等，对中国休闲学研究所面临的诸多问题进行了深入而系统的探讨，并以此为基础尝试建立中国的休闲学理论。

马惠娣的《休闲：人类美丽的精神家园》从马克思主义基本原理出发，对马克思有关劳动时间和"自由时间"的关系的论述进行了深入阐释。以此为基础，她指出"自由时间"以及"自由时间"中的休闲、游戏、玩等给人们带来了自由、解放、个性、兴趣、才能、智慧，这一切对人类思想文化的发展具有重要的推动作用。从马克思的"自由时间"理论出发，马惠娣对现代社会中的过度消费以及消费主义进行了深刻的批判，认为它们助长了人们的物质贪欲，亵渎了人们的纯洁本性，使人们无法获得自我实现，丧失了健康的身体、纯真朴实的美德、真正的自由快乐、高雅的生活情趣、美好的理想信念，失去了飞扬的想象力、非凡的创造力。更严重的是，它们甚至会毁灭人们生存的自然家园和精神家园，给人们带来精神的"贫困"。在该书第二部分，马惠娣深入地探讨了休闲和精神、文化、哲学、审美、文学、艺术的关系，认为休闲关涉着人类美丽的精神家园的建构，关涉着人的本质、人的自我实现以及人生的意义。在该书第三部分"休闲经济与休闲产业"中，马惠娣从马克思主义生产和消费的基本原理出发，探讨了休闲活动、休闲审美活动与经济、消费的辩证关系，指出休闲产业、休闲旅游业对经济发展、人的全面发展以及人们的生活质量、品位的提高具有的重要作用。特别难能可贵的是，马惠娣将休闲与当下中国人的精神状态、精神家园联系起来，为休闲找到了灵魂以及终极意义，这些努力为本书的研究提供了理论资源和重要启示。几乎与此同时或稍后，胡伟希、陈盈盈的《追求生命的超越与融通：儒道禅与休闲》、李立的《看似逍遥的生命情怀：诗词与休闲》、吴小龙的《适性任情的审美人生：隐逸文化与休闲》、黄卓越、党圣元的《中国人的闲情逸致》等著作，从中国传统文化出发，探讨了哲学、隐逸文化、闲暇生活方式、诗词等与休闲以及休闲审美的关系，其中已经较多地涉及休闲美学与精神生态的关系。

(四) 中国休闲美学研究的快速发展

在中西方丰富的休闲学研究成果的基础上，作为休闲学重要分支的休闲美学研究在中国首先起步，并得到快速发展。早期的休闲美学研究者将休闲与审美、美学之间的关系作为研究的重点，试图为休闲美学的建立奠定坚实的合法性基础。当然在休闲美学创建的过程中，出于它自身的本性，天然地和精神生态具有紧密的联系。2001 年，吕尚彬等编著《休闲美学》，首次以"休闲美学"为中国学术著作命名，提出"休闲美学"的概念。以此为发端，不断有新的理论成果问世，并逐步将休闲美学研究引向深入。在这些研究中，已经初步涉及休闲美学与精神层面、精神生态的关系，从而为我们的研究带来了启发。但是这些研究仍然显得不够成熟、完善，从而为我们的研究留下了广阔的空间。

吕尚彬等在 2001 年出版的《休闲美学》①和陈琰在 2006 年出版的《闲暇是金——休闲美学谈》②作为早期的休闲美学著作，既有对休闲美学理论的初步探讨，又有对各种各样的休闲审美活动和现象的描述和体悟，为更深入的理论探讨提供了理论启示和感性材料。吕尚彬等编著的《休闲美学》从传统的美学理论框架出发，对休闲美学的基本问题进行

---

① 吕尚彬、彭光芒、兰霞编著：《休闲美学》，中南大学出版社 2001 年版。
② 陈琰编著：《闲暇是金——休闲美学谈》，武汉大学出版社 2006 年版。

探讨，认为休闲美学以“休闲的美和美的休闲”为研究对象，主要“研究休闲的完善，致力于一般的休闲向美的休闲的转化规律的探究”①。而就构成休闲美结构的休闲审美对象、休闲审美主体各自的特征而言，前者具有“具体可感的感性”“一定的精神价值”，能带给人“审美愉快”，后者则具有“包括审美需要在内的精神需要，使人能够从超功利的角度来看待周围事物”②，而意蕴则“构成休闲美的灵魂”③。而如果对休闲美把握不当，也会造成休闲美的异化。这里已经将休闲美学和休闲者的精神品格(包括审美趣味)联系了起来。休闲美可分为自由美、个性人格美、多样美、雅趣美、形式美等多种类型，而音乐美、诗词美、书法美、绘画美、围棋美、文学美、游戏美、收藏美等则构成了休闲美在具体的休闲审美活动中的体现。该书从既有的美学理论框架来推衍休闲美学的内涵，对休闲美学学科的建立作出了贡献，但是该书也存在着早期休闲美学探索不可避免的问题：对感性的休闲审美活动和现象描述过多，而理论层面的提升不够，而理论层面自身也有机械、生硬之感。总体来说，该书作为休闲美学理论探讨的初步尝试，已经拉开了休闲美学研究的序幕，为后续的研究提供了重要的理论启示。陈琰编著的《闲暇是金——休闲美学谈》更多地关注休闲审美的感性层面，认为休闲审美广泛地存在于音乐、电影、摄影、书法等艺术生活领域，存在于品茶、饮酒、养花、读书等闲雅生活领域，存在于闲坐、运动、饮食、逛街、朋友聚会等世俗生活领域，存在于在其中漫步、倾听、观照和悠游的自然、山水、园林、郊野之中。这诸多领域的休闲审美活动，既能解除人们身心的紧张和疲劳，更能带给人们闲情逸致、自由欢乐、适性逍遥。尤其重要的是，作者发现了这些活动中包含的精神文化意义，认为它们

---

① 吕尚彬、彭光芒、兰霞编著：《休闲美学》，中南大学出版社 2001 年版，第 8 页。

② 吕尚彬、彭光芒、兰霞编著：《休闲美学》，中南大学出版社 2001 年版，第 14 页。

③ 吕尚彬、彭光芒、兰霞编著：《休闲美学》，中南大学出版社 2001 年版，第 25 页。

对现代人精神健康的恢复，对他们精神的成长、发展、丰富和提升，对他们寻找美丽的精神家园，过上高雅的精神生活，具有重要的意义。毋庸讳言，该书没有对休闲美学以及休闲美学本质层面的问题进行抽象的概括和提升，没有将休闲之美上升到“学”的高度。并且，该书没能提出休闲审美活动的判定标准，把一些非休闲审美活动纳入其中，从而不适当地扩大了休闲美学的研究范围。即便如此，这部著作丰富的感性材料依然为后续的研究提供了重要参考。

对休闲美学进行具体、详细、深入、系统、专业化研究的是张玉勤的《休闲美学》①、赖勤芳的《休闲美学：审美视域中的休闲研究》②和陆庆祥的《走向自然的休闲美学——以苏轼为个案的考察》③。张玉勤从纵向的历史发展的角度和横向的领域转换的角度，对中西方休闲思想以及休闲审美思想进行了全面、深入、系统的梳理。就西方来说，从亚里士多德到马克思、凡勃伦、皮珀，再到当代的托马斯·古德尔、杰弗瑞·戈比、吉恩·巴梅尔、约翰·凯利、奇克森特米哈伊、波瑞特彼尔等；而就中国来说，作者探讨了中国古代休闲从“致用”“比德”到“畅神”由低到高逐层提升的审美境界，并重点阐释了林语堂、于光远和马惠娣等人的休闲思想以及休闲美学思想。而从横向的领域转换的角度来看，作者从哲学、经济学、社会学、心理学、文学等多学科视野关注休闲到重点从精神文化的角度关注休闲，休闲美学于是逐步进入作者的视野并成为他的理论焦点。在此基础上，作者深入地探讨了休闲美的条件（休闲自由）、内核（休闲意蕴）、中介（休闲体验）以及休闲美系统，并将休闲美学理论引向了现实生活，对日常生活中的旅游、麻将、节庆、广场中包含的休闲审美思想进行了重点论述，从而深化了休闲美学和日常生活

① 张玉勤：《休闲美学》，江苏人民出版社 2010 年版。

② 赖勤芳：《休闲美学：审美视域中的休闲研究》，北京大学出版社 2016 年版。

③ 陆庆祥：《走向自然的休闲美学——以苏轼为个案的考察》，浙江大学出版社 2018 年版。

的审美关联。该书较早地对休闲美学进行了系统、深入、专业化的研究，对休闲美学的发展作出了重要贡献。

而陆庆祥的《走向自然的休闲美学——以苏轼为个案的考察》①则把休闲美学研究推进到一个新的高度。他从自然的角度对“休”“闲”的内涵进行阐释，提出休闲的本质就是“人的自然化”，包括向外在自然回归，向自然的生命健康状况回归，向自然而然、纯洁无瑕的自然人性回归。在此基础上，他认为“休闲美学就是人的自然化的美学。它促使着人与自然之间的和谐，也昭示着自然人性的回归，通过‘度’的艺术实现了技艺与道德的自由运用”②。而休闲美学的意蕴既包括关涉人的生存之思的休闲审美本体论——发现、认可、推崇“闲”的价值，人们的身体要处于本然的闲暇状态，人们的“内在精神品格”也要达到“闲暇的超越境界”，一种自然、自由、自在、自得的境界；同时，休闲美学的意蕴还包括以“闲适”为内涵的休闲审美工夫论以及以超然境界为最高境界的休闲审美境界论。在这样的理论探讨的基础上，作者进一步探讨了宋代文人的休闲旨趣和休闲审美境界——在仕、官与隐、闲的矛盾和徘徊中、在对山水、园林的流连中达到更高的人生境界，实现人生的自由与超越。最后，作者聚焦于宋代文人的典型代表苏轼身上，通过与孔子、庄子、陶渊明、白居易等的比较，集中地探讨了他的休闲审美的情本哲学和审美结构——性命自得的休闲审美本体论、“我适物自闲”的休闲审美工夫论以及超然物外的休闲审美境界论。需要指出的是，作者把休闲和休闲审美的本质界定为“人的自然化”，固然有其深刻而合理的一面，但也有其片面性，容易引发人们误解。休闲和休闲审美不仅是“人的自然化”的过程，也是一个人的人化、社会化、人文化、文化化、精神化、道德化的过程，这是一个双向同时进行的过程，并且，休闲和

① 陆庆祥：《走向自然的休闲美学——以苏轼为个案的考察》，浙江大学出版社2018年版。

② 陆庆祥：《走向自然的休闲美学——以苏轼为个案的考察》，浙江大学出版社2018年版，第23页。

休闲审美在根本上是精神的、文化的和审美的。赖勤芳的《休闲美学：审美视域中的休闲研究》从审美的视域对休闲的审美内涵进行探讨，认为休闲不仅是一段闲暇的时间，一种“自由的活动或状态”，一种“特定的生活方式”，更重要的是，它是“一种心态和精神状态”，一种特殊的体验，即对日常休闲经验的情感的、诗意的、自由的、审美的体验，或者具有“陶醉感”“美好感”和“休闲感”的畅爽体验，从而达到“休闲体验的完善形式”①。这样，体验就构成了“休闲的本质特征”②，一般的休闲就转化、提升为特殊的审美，成为审美性休闲，因此，“真正的休闲就是审美”③。以此为基础，作者进一步探讨了休闲审美的构成——休闲主体、休闲资源、休闲原则和休闲方式，探讨了休闲与文学、艺术、经济、消费、伦理、技术、游戏等的关系，探讨了生活艺术中的休闲审美，将休闲审美理论落脚于生活和文艺实践中。

黄兴的《论休闲美学的审美视角》④从审美视角探讨休闲并明确提出休闲美学的概念。他认为休闲和审美关系密切，都是“无目的的合目的性”的统一，都超越了特定的功利、目的而使人获得自由、自在、怡然、自得、解放、快适和全面发展，都带给人积极健康的“休闲心态”，使人获得“生命的真实感”，使人生获得价值和意义。⑤ 在休闲审美中，休闲审美主体必须有“健全的审美感官”、空明澄澈的审美心胸、“高尚的审美理想”。在这些有关休闲审美的论述中，包含着丰富的精神生态内涵。

---

① 赖勤芳：《休闲美学：审美视域中的休闲研究》，北京大学出版社 2016 年版，第 33 页。

② 赖勤芳：《休闲美学：审美视域中的休闲研究》，北京大学出版社 2016 年版，第 28 页。

③ 赖勤芳：《休闲美学：审美视域中的休闲研究》，北京大学出版社 2016 年版，第 13 页。

④ 黄兴：《论休闲美学的审美视角》，《成都大学学报》(社会科学版) 2005 年第 1 期。

⑤ 黄兴：《论休闲美学的审美视角》，《成都大学学报》(社会科学版) 2005 年第 1 期。

21世纪以来，一批研究休闲学、休闲美学的学者如潘立勇、赖勤芳、陆庆祥、章辉等持续不断地从多个角度对休闲美学进行研究，全面深化了人们对休闲美学的认识，为当下探讨休闲美学及其与精神生态的关系提供了丰富的理论资源。在西方休闲学理论被大量译介到中国，中国休闲学研究方兴未艾之际，浙江大学的潘立勇在休闲学和美学的结合中找到了新的理论突破口。他发表于2005年的论文《休闲与审美：自在生命的自由体验》①将休闲和美学紧密地联系起来，认为两者的共同本质在于"自在生命的自由体验"，审美是休闲至关重要的层面，关涉着休闲的本质特征和内在境界，"休闲与审美之间有内在的必然关系。从根本上说，所谓休闲，就是人的自在生命及其自由体验状态，自在、自由、自得是其最基本的特征。休闲的这种基本特征也正是审美活动最本质的规定性，可以说，审美是休闲的最高层次和最主要方式。我们要深入把握休闲生活的本质特点，揭示休闲的内在境界，就必须从审美的角度进行思考……休闲与审美作为人的理想生存状态，其本质正在于自在生命的自由体验"。"审美则是其(休闲)内在灵魂和最高境界。"他认为休闲是分层的，其高层是充满了创造性和超越性的自由精神境界，是人的理想生存状态，休闲的价值就在于"为人类构建意义的世界和精神的家园……使人真正地为自在生命而生存，使心真实地由'本心'自由地体验"。这就把休闲的本质层面和自由的精神境界紧密地联系在了一起，进而也就水到渠成地和审美建立了联系，因为审美追求的也是"自由地愉悦人的身心"，自由的超越的精神境界，因此潘立勇指出："审美正是休闲的最高层次和最主要方式。……休闲的根本内涵就是生存境界的审美化。"这样，潘立勇就把休闲和审美关联了起来，进而把休闲和人的自由精神境界关联了起来，为当下探讨休闲美学及其与现代人的精神生态的关系提供了重要启示。

---

① 潘立勇：《休闲与审美：自在生命的自由体验》，《浙江大学学报》(人文社会科学版)2005年第6期。

章辉的《论休闲学的学科界定及使命》①《休闲美学构建的文化基础与现实吁求》②对休闲美学的精神属性、休闲美学中休闲与审美的关系进行了深入探讨。在《论休闲学的学科界定及使命》中，他较为全面地概括了休闲学的学科属性，认为它是一门政治之学、社会之学、经济之学、游戏之学、哲思之学、伦理之学、幸福之学、审美之学。特别是他提出的休闲学是游戏之学、哲思之学、幸福之学、审美之学，对我们研究休闲美学的精神属性、研究休闲美学与自由、审美之间的关系提供了重要启示。而在《休闲美学构建的文化基础与现实吁求》③中，他具体地探讨了休闲与审美的关联：休闲中往往包含着审美元素、审美活动和审美意识，能使人获得审美心胸、审美感受、审美发现，“使审美关系得以发生”，并体现出人格之美、人生之美。另一方面，审美也关联着休闲，“休闲美学对休闲文化起到引导、校正、提升的作用”，“审美意识和德性境界的引领对休闲文化的健康发展至关重要”④。这些探讨为当下研究休闲美学及其与现代人的精神生态的关系提供了理论资源。

随着休闲美学研究的增多，学者们对休闲美学的认识不断深化。赖勤芳的《休闲美学的内在理路及其论域》⑤、潘立勇的《关于当代中国休闲文化研究和休闲美学建构的几点思考》⑥《当代中国休闲文化的美学研

---

① 章辉：《论休闲学的学科界定及使命》，《中央民族大学学报》(哲学社会科学版)2012 年第 2 期。

② 章辉：《休闲美学构建的文化基础与现实吁求》，《社会科学辑刊》2015 年第 2 期。

③ 章辉：《休闲美学构建的文化基础与现实吁求》，《社会科学辑刊》2015 年第 2 期。

④ 章辉：《休闲美学构建的文化基础与现实吁求》，《社会科学辑刊》2015 年第 2 期。

⑤ 赖勤芳：《休闲美学的内在理路及其论域》，《甘肃社会科学》2011 年第 4 期。

⑥ 潘立勇：《关于当代中国休闲文化研究和休闲美学建构的几点思考》，《玉溪师范学院学报》2014 年第 5 期。

究和理论建构》①《休闲美学的理论品格》②在这方面做了尝试。赖勤芳的论文《休闲美学的内在理路及其论域》重点探讨了休闲与美学的内在关系，认为休闲就意味着从容、恬静、和平、宁静、闲适，就意味着"感性生活的满足和快乐"，就意味着"美的生活""追求日常生活意义的美"，就意味着"精神上的超越感"，"而美学的审美内涵实际上又与自由的游戏(休闲)特征极为一致。两者之间的内性关联为确立休闲美学奠定了合法的基础"。因此，休闲美学研究也就应该"着手于日常闲暇活动的审美关联"，"着眼于日常休闲体验的审美提升"，"着力于日常休闲生活的审美建构"。这就为休闲美学研究划定了范围、指明了方向。潘立勇的论文《当代中国休闲文化的美学研究和理论建构》从另一个角度探讨了休闲与审美的关系，认为休闲的基本特征和审美活动的本质规定性具有内在一致性，它们"作为人的理想生存状态，其本质正在于自在生命的自由体验"；其基本特征在于自在、自由与自得，而"审美是休闲的最高层次和最主要方式"。并且，休闲和审美也相互作用："美学提升休闲，引导当代健康的休闲文化；休闲文化丰富美学，推动审美切入人本生存，使美学拥有更多的现实话语和功能。两者相得益彰，共同提升国民的生活品质……走向休闲、深入休闲、引导休闲文化是当代中国美学不可或缺的现实指向，休闲美学应当为当代中国美学重要、必要的组成部分，深入系统地构建中国休闲美学已是历史和现实的必然要求。"③在《关于当代中国休闲文化研究和休闲美学建构的几点思考》《休闲美学的理论品格》中，潘立勇提出"力图构建原创的、有中国特色的

---

① 潘立勇：《当代中国休闲文化的美学研究和理论建构》，《社会科学辑刊》2015 年第 2 期。

② 潘立勇：《休闲美学的理论品格》，《杭州师范大学学报》(社会科学版) 2015 年第 6 期。

③ 潘立勇：《当代中国休闲文化的美学研究和理论建构》，《社会科学辑刊》2015 年第 2 期。

当代休闲美学”①，并对他构想的休闲美学的理论框架、思路、方法进行了初步的探索与思考。

从传统文化出发来探讨中国休闲美学的思想文化基础，也是学者们研究休闲美学的重要方向。吴正荣的《休闲美学的禅宗思想基础》②指出，通过禅宗提倡的“歇心”，使狂乱的心停歇下来，在自然闲适中使“至美”自然而然地流露出来，这体现的就是“心闲美学”思想。正因为“歇心”，才能使人成为“无事贵人”，成为“不受内外因缘的左右而清净、安宁、从容，心灵自足、圆满、高贵的智慧觉者”，才能使人“立处皆真”“一切时一切事中都呈现本来清净、具足本心之美”。作者认为，禅宗休闲美学思想构成了中国传统休闲文化的核心，它带来了“僧人群体的安适闲住”“文人士子的山林情结”(抚慰了他们的集体心理，调适了他们的官场失意，使他们在山水中涵养了生命的灵性)以及“出世与入世不拘的坦然、从容”。这种对中国传统禅宗休闲美学思想独具特色的探讨，对建构中国特色的休闲美学，对实现现代人精神生态的和谐、平衡与稳定发挥着重要作用。陆庆祥的《道家休闲美学的逻辑基础与话语结构》③认为，道家主要通过“超脱解放”，摆脱各种束缚，获得精神自由，这一过程包含着鲜明的休闲美学特征。道家休闲美学在根本上是“一种自然主义的休闲美学”，它的逻辑基础在于“有”“无”，“通过‘无’这种否定性法则，道家实现了对物质环境与文化环境压力的超越；通过‘有’这种肯定性法则，道家实现了生命价值与意义的创造与生发”。以此为基础，道家休闲美学包括环环相扣的三个方面：它的本体在于“自然”，是一种“潜在而不可感知的超越性力量”，是一种自然天放、本性自由、自在自适的状态；它的工夫在于“无为”，“作为外在

---

① 潘立勇：《关于当代中国休闲文化研究和休闲美学建构的几点思考》，《玉溪师范学院学报》2014 年第 5 期。

② 吴正荣：《休闲美学的禅宗思想基础》，《晋阳学刊》2015 年第 4 期。

③ 陆庆祥：《道家休闲美学的逻辑基础与话语结构》，《社会科学辑刊》2016 年第 4 期。

的行为习惯……经常被表述为不言、不争、不有、不恃、不宰、无事、无待等”，“作为内在的心理倾向……常常被表述为‘无欲、无心、无知无识、无思无虑、绝仁弃义、绝圣弃智、绝学、心斋、坐忘’等”，从而使休闲审美主体进入“审美超越的世界”；它最终要达到的是一种“游世”的生命境界，一种与天地自然合一、物我两忘、物我皆闲、齐物逍遥的境界。

随着休闲美学研究的深入和细化，一些学者把研究的触角深入到更具体的问题上来。鲁枢元在《陶渊明的幽灵》①中指出，地球上存在着三种相互关联、异质同构、同频共振的生态系统——自然生态系统（即“外在自然”）、社会生态系统和精神生态系统（即“内在自然”）。而陶渊明很好地处理了它们相互之间的关系，特别是“外在自然”与“内在自然”之间的关系，从而实现了内心的解脱与超越，实现了精神的自由与自在，实现了在自然中诗意的栖居，实现了内在精神生态系统的和谐、平衡、稳定。陶渊明之所以能做到这一点，一个重要的原因在于他恰当地处理了劳动与闲逸的关系，实现了两者的有机统一、相融相通、劳逸互生：“陶渊明的生活中既有劳作之苦，也有闲逸之趣，这应该是中国传统社会中一种理想的有劳有逸、劳逸相得的‘耕读’生活，唯独陶渊明能够做得臻于精纯。”②特别是陶渊明的“退隐回归”“放旷冲淡”“宁静”“散淡”“恬淡悠闲”的田园生活，作为休闲审美生活的重要方式，帮助他回归到了自己的本真自然状态。面对现代社会给人们的精神生态带来的一系列问题，陶渊明诗意的、审美的、休闲的生活方式更显现出重要的意义：“陶渊明既是自然的化身，又是独立自由精神的象征，是一种良好精神生态的楷模。”③鲁枢元对休闲的、诗意的、审美的生活与人们内在的精神生态之间的关系的论述，为我们的研究提供了直接启示。也有学者对自然与休闲美学之间的关系进行专门探讨。自然作为休闲审

---

① 鲁枢元：《陶渊明的幽灵》，上海文艺出版社2012年版。
② 鲁枢元：《陶渊明的幽灵》，上海文艺出版社2012年版，第267页。
③ 鲁枢元：《陶渊明的幽灵》，上海文艺出版社2012年版，第237页。

美活动展开的重要场所，作为休闲审美活动的重要对象和内容，和休闲美学存在着紧密的关联。陆庆祥在《自然主义休闲美学刍议》①中对此进行了深入探讨，强调了自然对休闲美学的重要价值和意义。他认为，从自然主义观点看休闲，休闲往往和审美相通，因此，休闲美学也就是“一种人的自然化的美学”。在休闲审美中，往往能够全面地体验和把握自然，实现人与自然的和谐，使人摆脱现代社会的异化，恢复身体的全部机能，回归自己的自然人性以及自由自在的精神状态；同时，它也能使人的个性和创造力得到充分发挥，内在精神境界得到提升，达到理想化的审美化的生存境界。这一过程充满了浓厚的精神生态意味。朱璟在《休闲美学的身体感官机制》②中，通过与传统美学的比较，推进了对休闲美学的认识。他认为不同于传统美学局限于视、听这些外指性的审美感官，休闲美学把审美引向了人们的日常生活和现实生存环境，全面地调动了视、听、触、味、嗅等全部感官，从而给休闲审美主体带来了更加丰富而自由的体验，进而引导他们进入一种自由敞开、身与物化、天人合一的理想境界。特别是触、味、嗅等感官，不同于视、听等外指性感官，更多地指向了人自身、人的内在心理世界。正如朱璟所说：“因为视听更突出地使得人被外界所纷扰。与此相比，味嗅触觉则可以使人的注意力从指向外物转而观照于内：自己的身体内部反应、我之‘自在’”。这就使休闲审美和人的内在精神世界更紧密地联系在了一起。

三、研究方法和框架

（一）研究方法

1. 历史唯物主义的方法

中国休闲美学研究必须建立在马克思主义的历史唯物主义的研究方

① 陆庆祥：《自然主义休闲美学刍议》，《江苏大学学报》（社会科学版）2015年第4期。

② 朱璟：《休闲美学的身体感官机制》，《社会科学辑刊》2015年第2期。

法的基础上。休闲美学受到一些人排斥和诟病的一个重要原因，就在于它容易被错误地理解为是为少数不劳而获的拥有较多闲暇时间的有闲阶级、剥削阶级(如地主阶级、资产阶级)的腐化堕落的生活方式辩护的歪理邪说。事实上，任何阶级都需要休闲审美活动，相应地，也都需要自己的休闲美学。我们的休闲美学应该对有闲阶级、剥削阶级所倡导的休闲美学保持警惕，应该牢固树立历史唯物主义的群众史观，使它自身建立在服务于广大人民群众的根本利益的基础之上，从而成为广大劳动人民的休闲美学。也只有这样，才能处理好劳动美学和休闲美学的关系，使休闲美学建立在劳动美学的基础之上，才能弄清楚在不同的社会环境中休闲美学如何自处，如何发挥好自己的功能，如何处理好与现代人的精神生态之间的关系，并确保这一过程在马克思主义理论的指导下进行。同时，中国休闲美学研究还要坚持历史唯物主义的理论与实践相结合的方法，将这种理论与现代人在工业社会中所面临的精神困境联系起来，从而为他们找到一种更加诗意化、审美化、精神化、生态化的高质量生活方式。

2. 中西、古今比较互参的方法

当下中国的休闲美学研究要想取得突破性进展，达到世界的前沿水平，就不能封闭在有限的一隅进行，而应该在开放的广阔的视野中，在与西方学者和中国古人的对话和交流中进行。这样，我们才能在对西方学者和中国古人的休闲审美思想充分理解的基础上，将他们有价值的思想引入到当下中国的语境中来，分析这一语境中的休闲审美现象，解决这一语境中的休闲美学问题以及精神生态失衡问题，进而建立具有中国特色的、富于创新性和前沿性的中国休闲美学。

3. 跨学科的方法

要想使中国的休闲美学研究取得新的发展与突破，也不能局限在休闲美学自身这一狭窄的学科领域进行，而是需要与其他学科开展广泛的交流与对话，进行跨越学科的合作与研究，这样才能碰撞出火花，激发出灵感，交流出智慧。本书正是在休闲美学与哲学、美学、自然生态学、精神生态学、心理学、政治学、社会学等的广泛跨越、碰撞、交流、对话中，对中国休闲美学进行交叉式研究的，并试图在这一过程中有所推进与突破。

（二）研究框架

本书的研究对象是参考西方休闲审美思想和研究成果，立足于中国休闲审美思想和研究资源，结合当下中国的现实语境，对休闲美学及其与现代人的精神生态之间的关系进行深入研究。它遵循这样的研究思路：首先，以综述的方式对中西、古今各种可资借鉴的休闲美学思想资源进行梳理和辨析，为研究的展开奠定坚实的理论基础。然后对中国休闲美学的内涵进行概括，包括它的产生、概念、性质、功能等。其次，进一步探讨它与现代人的精神生态以及高层次的精神境界之间的关系，探讨它在现代市场经济社会中遇到的问题、产生的误区，最后寻找走出误区、解决问题的办法和途径。具体来说，它可以分为以下几个部分：

第一部分：对中国休闲美学的内涵进行探讨。包括它是在什么样的社会和时代背景下产生的，它的产生有什么意义。并通过探讨它与生活美学、劳动美学的关系，实现对休闲美学概念的准确界定。进而在这样的基础上，进一步对休闲美学的性质和功能进行探讨，从而深化人们对休闲美学的认识。

第二部分：从中国休闲美学与现代人的精神状态之间的关系入手，深入分析现代社会中人们的精神状态，重点探讨当下人们的精神状态出现的问题及其根源所在，然后提出通过休闲审美活动、休闲审美意识的提倡以及休闲美学研究的开展实现问题的解决，甚至在更高层面追求超越性的自由的精神境界，从而推动人们过上一种闲逸化、诗意化、审美化、精神化的高品质生活。

第三部分：结合当下中国市场经济社会的社会环境，探讨休闲美学在这一社会环境中面临的困境，可能产生的误区。最后提出休闲美学在这种社会环境中如何走出困境和误区：它应该回归自己的本性，守持自己的本真，彰显自己的自由、超越精神。它应该坚守自己的平民立场，实现与自然生态的和谐共生。通过这样的方式，积极促进现代人精神生态的和谐、平衡、稳定。

它最后要达到的目标是，构建立足于当下中国现实语境、富有中国特色的休闲美学理论，为现代人在新的社会语境中实现自由的、诗意的、审美的、精神化的生存、过上高质量的生活寻找一种新的可能性。

第一章　休闲美学的内涵

要探讨中国休闲美学与现代人的精神生态之间的关系，首先要解决的问题就是，什么是休闲美学，它是在什么样的时代、社会和文化背景下产生的，它具有什么样的内涵和性质，对它的学科定位是什么，它与生活美学、劳动美学存在着什么样的关系？只有把这些基本问题都弄清楚了，后续对其他相关问题的探讨才会有坚实的基础。

第一节　休闲美学提出的时代背景

任何一门新学科的产生，都有其特定的时代背景和社会文化土壤，都是顺应着时代的呼唤和现实社会文化的需要而产生的，有其必然性，休闲美学也是如此。在西方，自 1899 年休闲学学科成立以来，休闲与审美的关系就是这一学科探讨的一个重要话题；在中国，自 20 世纪 80 年代以来，休闲的各种形式(如游戏、娱乐等)与审美的关系就得到了学者们的持续关注；在 21 世纪初，中国学者吕尚彬等编著的《休闲美学》(2001 年出版)首次把“休闲美学”作为中国著作的名称，此后陈琰、张玉勤等学者相继以“休闲美学”为自己的专著命名，并对“休闲美学”的内涵进行了探讨，这一系列理论尝试标志着中国的休闲美学初步形成。可以说，它的产生是特定时代背景的产物，是中国的经济、社会、历史、文化等诸多因素发展的必然结果。这种必然性具体表现在以下几个方面：

一、对陈旧意识形态的反拨

任何一个民族的传统文化都包含两个方面，这就是列宁著名的“两种民族文化”理论：“每一个现代民族中，都有两个民族。每一种民族文化中，都有两种民族文化。”①既有积极的、进步的、代表人民利益的民族文化，也有落后的、反动的、代表剥削阶级利益的民族文化。列宁的这一理论虽然主要是针对俄罗斯民族文化提出来的，但是对中国传统文化也非常适用。中国传统文化也包括积极的、进步的、代表人民利益的文化和落后的、反动的、代表剥削阶级利益的文化两个方面。因此，我们既不能全盘接受也不能彻底否定，而应该采取冷静的、客观的、审慎的、辩证的态度来认识和对待这种文化。作为中国传统文化的重要表现形式，中国传统的主流意识形态也是如此，其中既有优秀的成分如爱国、忠诚、自强不息、建功立业、尊老爱幼等文化内容，也可能包含反动的、腐朽的、维护反动统治阶级利益的文化内容。对于后一个方面，必须通过客观的、具体的、深入的分析，把它内在的欺骗性实质揭示出来，以引起人们的注意和警惕，甚至进一步对它进行矫正和驳斥。举个例子来说，唐人刘餗的《隋唐嘉话》里有一个在民间流传甚广的“太宗怀鹞”的故事：“太宗得鹞，绝俊异，私自臂之，望见郑公(魏徵，封郑国公)，乃藏于怀。公知之，遂前白事，因语古帝王逸豫，微以讽谏。语久，帝惜鹞且死，而素严敬徵，欲尽其言。徵语不时尽，鹞死怀中。”②后人解读这个故事，往往从传统主流意识形态出发，把它作为名臣魏徵直言敢谏的一个典型例子来看待。而在笔者看来则不然，它应该是传统陈旧的意识形态和新的休闲审美观念的一次正面冲突，前者代表的是“务正业”，由于它被人们认为更能使一个国家或家族兴旺昌盛而备受推崇；而后者则不然，它代表的是“不务正业”，是“败家子”的征兆，

① 列宁：《关于民族问题的批评意见》，《列宁全集》第24卷，人民出版社1990年版，第134页。

② 刘餗：《隋唐嘉话》，中华书局1979年版，第7页。

由于它被人们认为可能导致国家或家族的衰败没落而受到无视甚至抑制。正是在传统陈旧的意识形态的强大压力下，连一代明君唐太宗也败下阵来，表现出对魏徵的畏惧，让鹞鹰死于怀中。当然，在古代中国，类似于“太宗怀鹞”的“玩物丧志”的例子不胜枚举，例如收藏、饮酒、垂钓等等都是，它们的名声一直就不太好。例如“商纣王广收天下珍奇异物，又筑沙丘苑台，收集了大量的奇兽异鸟放置其中，立炮烙之刑，作长夜之饮”①，他这样的行为必然地遭到了人们的唾弃。

作为中国传统文化重要表现形式的主流意识形态(例如儒家思想)往往鼓励人们通过积极进取去建功立业，上则出将入相，成为国家栋梁，效忠朝廷，为国出力，下则成为家族的柱石，光耀门楣，荫庇后代，这就是人们常说的“务正业”，这也是《红楼梦》中的世家贵族贾府对贾宝玉的殷切期望；从这样的意识形态出发，在人生态度上它更强调为某个在前现代社会看来神圣的、崇高的、伟大的目标而自强不息、勤奋刻苦、努力奋斗，从而显得庄重、严肃而高尚。这种意识形态曾对中国传统社会中各阶层的人们产生了强大的感召力和凝聚力，它鼓励着他们通过不懈的努力去立功、立名、立言。不得不承认，这种意识形态曾经取得了巨大的成功，在传统社会发挥了不可代替的独特功能，它的某些精神内核甚至构成了当今中国社会主流意识形态的重要内容。几千年来，在它的召唤下不知涌现出了多少帝王将相、圣贤人物、英雄豪杰、文臣谋士；时至今日，这种意识形态仍然对中国社会各个阶层产生着深远的影响。但是，在当今社会，如果对它不加分析地一味推崇，甚至盲目地夸大其作用，也会产生消极的影响。因为，它所追求的目标或者理想在我们今天看来，也许被过于浓厚的封建伦理道德观念和封建政治诉求所束缚，因此，它的正当性与合理性本身就值得怀疑。而它塑造出来的人物也往往是包含着浓厚封建伦理纲常色彩的“圣贤人物”，他们满

① 吕尚彬、彭光芒、兰霞编著：《休闲美学》，中南大学出版社 2001 年版，第 301 页。

腹经纶，“正经”“拘谨”，有时甚至显得“神色枯槁”，缺乏生机和活力，不会乐享人生，也没有生活的情趣与滋味。而与此相反，中国传统文化中还有一种一向不被大多数人认可的非主流意识形态(在今天看来就是休闲审美观念)，在它的影响下出现了另一类人物如纨绔子弟，他们不学无术，不务正业，游手好闲，声色犬马，斗鸡玩鸟……他们往往受到传统社会大多数人的讥笑、嘲讽，甚至是批评、攻击、斥责、诋毁、鞭挞，被认为是“不肖子孙”或者“败家子”，他们的行为也往往被认为是荒废时日、浪费青春，甚至可能造成国家或家族的衰败、沦落、厄运甚至灾难，正所谓“商女不知亡国恨，隔江犹唱后庭花”，这可能也是《红楼梦》中“宝玉挨打”的根本原因。这些人的这些行为固然仍然不受当今大多数中国人的待见，但是从休闲美学的角度看，如果剔出其中的腐朽、落后甚至反动的因素，这些行为中也许还包含着某些休闲审美的因素，也许还包含着某些闲情逸致的因素，它们可以帮助和启发人们在闲暇的时间里追求和享受生命的乐趣，从而实现生命的养护、精神的愉悦以及精神生态的和谐与稳定。在前面举的“太宗怀鹞”的例子中，作为日常生活私人生活空间中的闲情逸致——玩鸟——完全成了非法的了，它所包含的积极意义和价值在强大的儒家主流意识形态的观照下完全被遮蔽、掩盖甚至抹杀了。实事求是地说，唐太宗“玩鸟”，作为日常生活中的闲情逸致，在他紧张的治国理政活动以及其他重大国务活动之外，对于激发他生活的情趣以及对生命的乐观态度，对于维护他生命的健康以及精神生态的平衡和稳定，也许都发挥着不可忽视的重要作用。从这个意义上说，魏徵由于受传统儒家陈旧意识形态的深刻影响，完全不懂休闲审美活动的重要价值，而唐太宗虽然也没有自觉的休闲审美观念，但是他的“玩鸟”活动却在某种程度上暗合了现代的休闲美学精神。当然其他人类似的诸如收藏、垂钓、下棋、饮酒、作乐等追求和享受闲情逸致之美的活动都可能包含这种精神。它们可以点燃他们对生命的热情，激发他们对人生的热爱，培养他们对生活的兴趣，从而有利于他们身心的健康、精神的愉悦、境界的提升以及精神生态的平衡。正如有学者指出的："玩物并不等于丧志。对于有志之士来说，玩物不仅不会丧志，反而能从中获得美感和某种向上的精神力量。"①因此，它的积极价值和意义不容忽视。事实上，古今中外许多伟大的人物，在取得举世瞩目的丰功伟绩——"正业"——之外，都有不为一般人所关注的业余爱好，都有自己的闲情逸致，都有自己沉醉其中的休闲审美活动，它们也许以某种潜在的方式，对他们瞩目成就的取得发挥着不可或缺的重要作用，只是这种作用被他们所谓的"正业"所放射的耀眼光辉遮掩，不被一般人认识到罢了。例如孔子在繁忙的读书、教书、著述、游说等重要活动之外，还喜欢钓鱼、观景、郊游；屈原在从事政治活动、诗歌创作之外，还喜欢收集、赏玩野花、野草；毛泽东喜欢在紧张的军事政治生活之外，寻找空闲去写诗咏怀，表达从容、洒脱、优雅的情致，他也经常在床头放一些用来消遣的闲书，并时常找人聊一些哲学问题；陈毅也常常在紧张、激烈的战争中追求闲趣，挥洒诗情，和人下棋，从容洒脱，处变不惊，以此来舒缓由战争带来的紧张情绪；"哲学家尼采钟情于歌剧，政治家丘吉尔迷恋于油画，物理学家爱因斯坦是出色的小提琴家，海森堡是优秀的钢琴家……"②。这些伟大人物在闲暇时间里开展的休闲审美活动、从事的业余爱好、享受的闲情逸致，都并不是对物质欲望的沉溺，而是一种高尚的精神的升腾，一种高雅的文化的追求，对他们的身心健康、精神愉悦、境界提升以及精神生态的平衡发挥着重要的作用。

总之，包括"玩"、游戏等在内的休闲审美活动，由于和中国传统主流价值观念相抵触，往往被排斥于主流意识形态之外，带上了贬义色彩，甚至被认为是"玩世不恭""玩物丧志""玩忽职守"，这造成的必然结果，就是对这些活动的价值和意义缺乏必要的认识，不敢承认它们是

① 吕尚彬、彭光芒、兰霞编著：《休闲美学》，中南大学出版社 2001 年版，第 302 页。

② 马惠娣：《休闲：人类美丽的精神家园》，中国经济出版社 2004 年版，第 21 页。

“人生的根本需要之一”。事实上，包括“玩”、游戏等在内的休闲审美活动，是生命的高层境界，是悠闲自得的超越性的生命姿态，对个体的诸多方面都发挥着积极作用。以游戏为例，正如 Hugo Rahner 所说：“人们在游戏中趋向一种最悠闲的境界，在这种境界中，甚至连身体都摆脱了世俗的负担，而和天堂之舞的节拍轻松摇动。”①诚然，人们的日常生活不可能全部是游戏，但是正如托马斯·古德尔和杰弗瑞·戈比所说，“如果日常生活之余没有一个游戏的空间，我们的精神将会很快死亡”②。由此看来，游戏对人们内在精神世界的丰富与成长，对人生价值与意义的追寻，都是十分重要的。可以说，包括“玩”、游戏等在内的休闲审美活动有利于反拨中国陈旧的意识形态对人们本能的压抑而造成的禁欲主义倾向，它顺应了人们的自然本性，激发了人们乐享人生的趣味，尊重了人们自得其乐的生命状态，这都有利于人们生命的健康、身心的和谐、精神的愉悦、境界的提升以及内在精神生态的平衡和稳定。

二、对传统劳动美学的丰富

休闲美学是对中国传统社会和现代中国社会所提倡的劳动美学的丰富和完善。毫无疑问，辛勤劳动是人的本质力量对象化的展现，也是中华民族的传统美德。人民群众通过辛勤劳动创造了大量的物质财富，推动了社会的发展和进步，从而构成一切阶级和一切社会存在的基础。但是在中国的封建社会中，它却在某种程度上被扭曲了，发生了变异，甚至沦为封建统治阶级的意识形态和工具。具体来说，这些封建统治阶级依靠剥削劳动人民创造的物质财富为生，往往过着优裕富足的甚至花天酒地的休闲的审美的生活。但是他们在意识形态上又总是向普通劳动人

① 马惠娣：《休闲：人类美丽的精神家园》，中国经济出版社 2004 年版，第 21 页。

② 托马斯·古德尔、杰弗瑞·戈比著，成素梅等译：《人类思想史中的休闲》，云南人民出版社 2000 年版，第 217 页。

民宣扬辛勤劳动的美德，欺骗、鼓励、诱导甚至胁迫他们参加劳动，而自己却悄悄地攫取他们的劳动果实供自己挥霍。底层劳动人民在巨大的生活压力下，不得不通过辛勤劳动来勉强维持自己和家人的日常生计和生存。固然，底层劳动人民在生命本质力量对象化的辛勤劳动中，也会产生一些乐趣和美感，但更多的情况是劳动成果被封建统治阶级无情地剥夺和攫取，从而使自身陷入无尽的贫困中，物质生活质量低下，身体和心灵虚弱，甚至可能因过度劳累而不堪重负，短命而亡。因此，这里提出平民的休闲美学，就是让普通劳动人民从沉重的劳动中解放出来，让他们在一定的物质条件的基础上，有意识地在闲暇时间里开展休闲审美活动，追求生活中的闲情逸致，从而保持生命的健康、身心的和谐、精神的愉悦以及精神生态的平衡。

休闲美学也是对中国现代社会所提倡的劳动美学的补充和完善，从而给人们带来生命的健康、身心的和谐、精神的愉悦以及精神生态的平衡。在中华人民共和国成立之初，物质基础极其薄弱。为了巩固经济基础和国家政权，推动生产力快速恢复和发展，在一段时间里减少物质消费和享受，提倡辛勤劳动、艰苦奋斗，充分展现生命本质力量对象化的价值，讴歌生产劳动之美，都有其必要性和合理性，甚至在某种程度上是必不可少的。生产劳动是人类社会永恒的主题，生产劳动创造的物质财富构成了社会生活一切领域的物质基础，远离或者忽视生产劳动，将会造成人类社会难以承受的后果。正如马克思指出的："任何一个民族，如果停止劳动，不用说一年，就是几个星期，也要死亡。"①但是，生产劳动并不是人类生存的目的，也不是人类存在的唯一理由和依据。因此，在国家经济发展达到一定水平、老百姓的基本温饱得到解决、社会对物质产品的需要初步得到满足的情况下，可以通过适当地开展休闲审美活动、追求闲情逸致的方式丰富老百姓的精神生活，使他们获得精神的愉悦和享受。相反，如果仍然片面地、极端地甚至偏执地强调生产劳

---

① 《马克思恩格斯选集》第4卷，人民出版社1972年版，第368页。

动，一味歌颂生产劳动之美，甚至让它们成为人们生命价值和人生理想的全部，将会造成严重的后果。从经济学的角度看，这不仅会造成人们不愿意、不舍得，也没有那个意识去消费生产出来的商品，从而使商品的社会需求不足，进而使商品的再生产、经济循环以及经济发展遇到困难。而从更深层次来看，它还会降低人们的物质生活和精神生活质量，损害整个社会的吸引力和魅力，影响人们从事物质生产和社会建设的积极性，甚至会导致某种禁欲主义倾向的形成，损害人们的身心健康以及精神生态的平衡。正如肖恩·塞耶斯指出的："认为劳动是唯一的自我实现活动和唯一有益于人类道德的活动是错误的。因为休闲也是得体的人类生活中一个必不可少的部分，除了生产劳动之外，人的全面发展和幸福并不仅仅需要诸如艺术活动之类以任何狭隘的功利主义目标为目的的活动；而且，实际上，还需要娱乐、放松和休息。生活应该有它的乐趣。快乐，包括'较低级的'肉体快乐都是人类幸福的一个必不可少的组成部分。"①

在中国的经济基础和人民政权日益巩固，老百姓的物质生活条件日益改善的情况下，当下中国社会越来越清醒地认识到劳动人民的日常生活、"玩"、游戏、休闲、闲逸之美的必要性和重要性，开始关注老百姓的日常生活，有意识地引导老百姓在劳动之余适当地开展一些休闲审美活动，追求一点生活中的闲情逸致，享受一点生命的乐趣，并努力为此创造必要的条件。于光远认为我们的社会建设"说到底还不是为了社会成员生活过得愉快。我们提倡艰苦奋斗，但苦不是目的，苦还是为了乐。现实的、可以使人们快活的事，我们应该给予高度重视，没有理由忽视"②。"为了达到这样的目的，社会就要创造尽可能好的条件——经济上的富裕和社会政治生活的宽松，同时每个人也要善于安排本人的生

① 肖恩·塞耶斯著，冯颜利译：《马克思主义与人性》，东方出版社2008年版，第43页。

② 于光远：《论普遍有闲的社会》，中国经济出版社2004年版，第9页。

吃喝玩乐，而是从吃喝玩乐中上升到精神文化的层面："然其谈吃谈喝谈玩谈乐之类，大都不局限于口食感官物欲之福，而是字里行间，流动着某种摸不着、看不见而又实实在在令人感觉得到的虚无缥缈、欲罢不能的东西。这类'东西'，醒人耳目，沁人心脾，促人生机，功效有在生猛海鲜陈年佳酿之上者。"①这类"东西"实际上就是高层次的"精神"和"文化"。再如，《红楼梦》这部伟大的著作虽然大量地描写了日常生活中的吃喝玩乐以及追求闲情逸致的细枝末节，但是它们都能够从中超越出来，上升到精神和文化的层面，从而具有高雅的生活趣味，避免了庸俗、低级的倾向。

就当今中国社会来说，在英雄美学、崇高美学依然占据着重要地位的同时，平民美学、生活美学、休闲美学正在新的社会条件下悄然兴起。这种美学形态和格局的新变化为陈望衡观察到了，他指出，"沉重性不再是构成审美的基本要件，而轻逸成为人们追求的一种生存姿态"②。这种美学形态和格局的新变化也可以从当今人们对中国现代著名作家林语堂的态度和评价的微妙变化上看出来。他的人品与文品开始逐步得到越来越多的人的理解与包容。林语堂作为中国传统休闲美学思想的主要倡导者，曾经在特定的社会背景下，被认为是有追求一己享乐和情趣的资产阶级人生理想。但是在当下中国新的社会背景下，他的这种人生理想被认为包含着丰富的休闲美学思想，具有积极的现实意义和价值，有效地矫正了英雄美学、崇高美学可能存在的偏颇。林语堂通常给人以温良敦厚的印象，带给人的往往是温暖，是幽默，是平和，是乐趣，是"小摆设"，是闲适逍遥，是和颜悦目，是欢声笑语，是日常生活的享乐，是个人生活的幸福……这显然有利于生命的滋养、身心的健康、精神的愉悦、境界的提升，也有利于精神生态、社会生态的和谐与稳定。特别是随着中国现代化、工业化进程的日益推进，中国人面临着

① 杨虹编：《休闲四韵——逍遥游》，贵州人民出版社 1994 年版，第 5 页。

② 陈琰编著：《闲暇是金：休闲美学谈》，武汉大学出版社 2006 年版，第 3~4 页。

巨大的工作压力、激烈的生存竞争，身体往往比较疲劳，神经往往比较脆弱，精神往往高度紧张，精神生活容易陷入苍白，生命的意义与价值容易被忽视……在这种情况下，善于享受闲适、自在、洒脱的休闲审美生活的林语堂开始得到人们的重视，开始受到普通老百姓的欢迎。可以说，他所提倡的休闲审美文化为普通老百姓更好地过上休闲审美生活提供了有益的启示，这可能是当今社会掀起“林语堂热”的重要原因，这也是时代社会背景转换造成的神奇效果。

四、对资本主义文化传统的制衡

自近代以来，在西方资本主义的快速发展、急剧膨胀和持续扩张中，中国社会就持续地卷入西方国家所主导的世界一体化进程。20 世纪 70、80 年代以来，随着中国改革开放的不断推进，新的对外开放措施的不断推出，中国对世界经济、政治、文化的参与水平不断提高，也逐渐具有了因经济实力以及综合国力的增强而产生的对外开放的自信，中国的国门越开越大，中国走向世界的步伐越迈越大。在这一过程中，中国既以独特的方式影响着世界的经济、政治、文化，也受西方国家主导的世界的经济、政治、文化的强烈影响。在这一过程中，占主导地位的是，西方资本主义国家凭借自身强大的科技实力、经济实力和整体优势所形成的“强势幻相”，将自己的文化顺势输入中国，悄无声息地改变着国人的生活方式、思想意识和价值观念。这既有西方国家出于意识形态考量的主动的文化输出，也有部分国人出于对西方文化盲目崇拜而生的主动的文化接受，其过程可以说是泥沙俱下、鱼龙混杂，对人们产生着广泛的、深刻的、复杂的影响。与封建社会腐朽的落后的文化相比，西方资本主义文化在其几百年的历史发展中也曾是一种富有生命力的先进文化，对推翻封建统治者的反动统治、涤除中国传统文化中腐朽落后的因素、推动中国人自由、民主、独立的精神人格的形成等都曾发挥过重要作用，但由于其固有的局限性，它对中国人的内在精神世界也产生了不少消极影响。

在这种情况下，作为资本主义文化消极因素的制衡力量，中国优秀传统文化的重要表现形式之一——休闲审美文化——就显现出重要意义。这种休闲审美文化切近了普通人的世俗生活，强调现实人生的享乐，倡导悠闲、自在、逍遥、洒脱的人生追求，关注吃、穿、住、用等日常生活的细枝末节以及在其中体现出的优雅情致，这都有利于人们鲜活生命的养护，有利于实现人们身心的和谐、精神的愉悦、精神生态的平衡以及生命的健康。林语堂就是这种休闲审美文化的主要倡导者之一，他热爱甚至痴迷现实的世俗生活，认为悠闲、自在、从容、洒脱、逍遥的休闲审美境界是难以超越的至高的人生境界，他以此为标准，对中国传统文化进行重新审视，或予以摒弃，或加以阐释、发扬，在这一过程中实现对儒释道的超越与融通。他认为中国传统文化中追求悠闲自在的乐享人生的休闲审美文化是我们这个民族足以自傲于世的最为伟大的地方。这种文化重视世俗生活，有着丰富的关于日常生活的常识，包括闲谈、艺术等，它们都充满了浓浓的人情味，和西方充满理性精神的严密的逻辑、玄妙的哲学形成了鲜明反差。他认为，西方主流文化固然能给人们带来不少好处与实惠，但它并不比中国传统文化高明多少。从这样的观点出发，他无情地揶揄、嘲讽了这种西方文化，认为它的弊端必须由中国优秀传统文化来补救。长期生活在西方文化环境中的切身体验也不能增进他对这种文化的亲近，反而使他产生了本能的反感，他在这种文化的发源地真实地看到了它所谓的“自由、民主、平等”背后的精神实质。他说：“可是现在在西洋文明的发祥地，我居然也看到人权、个人自由，甚至个人的信仰自由权（这自由权在中国过去和现在都享有着）都可以被蹂躏，看到西洋人不再视立宪政府为最高的政府，看见尤里披第型的奴隶在中欧比在封建时代的中国还要多，看到一些西方国家比我们中国只有更多的逻辑而缺少常识，这真使我暗中觉得欣慰，觉得中国是足以自傲的。”①

---

① 林语堂：《生活的艺术》，北方文艺出版社 1987 年版，第 62、63 页。

作为中国传统休闲审美文化倡导者的林语堂对西方主流文化有着切身的感受和深入的了解，两种文化的鲜明反差使他在有意无意中对它们进行了比较。比较的结果使他得出了这样的结论：无论是西方的理性思维和逻辑，还是基督教的彼岸天国，都在某种程度上远离了普通人的日常生活，远离了现实的世俗人生，甚至还反过来对人们鲜活的生命造成某种程度的压抑或伤害；而中国的休闲审美文化在大多数情况下都优越于西方主流文化，这种优越之处即在于它接近了普通人的日常生活，切近了他们的现实人生，有利于他们身心的和谐、精神的愉悦、精神生态的平衡以及生命的健康。具体表现在以下几个方面：

第一，现代西方主流文化远离了生命的根基、源头和环境——大自然，它更像一个富于理智的成年人，往往根据理性和逻辑行事，从而造成了人们灵与肉的分裂与破碎；而中国传统休闲审美文化则不然，它更加亲近大自然，更加热爱儿童时代的生活，更加顺应人们的本性，更加尊重人们的感情，从而有利于人们身心的和谐。进一步来说，它更合于情理，更追求真朴，更显得自然，也更符合艺术的精神，而现代西方主流文化则不然，它背离了情理，缺少了人情味，趋向于复杂，也违背了艺术的精神。例如林语堂有关自然的论述，包含着丰富的休闲审美思想。他认为人们离不开大自然的怀抱，只有在大自然的怀抱中，他们的神经才能得到彻底的放松，他们也才能真正地享受舒服、悠闲与快乐。他说："让我和草木为友，和土壤相亲，我便已觉得心意满足。我的灵魂很舒服地在泥土里蠕动，觉得很快乐。当一个人悠闲陶醉于土地上时，他的心灵似乎那么轻松，好象是在天堂一般。事实上，他那六尺之躯，何尝离开土壤一寸一分呢？"①类似这样的论述完美地体现了中国传统文化中的天人合一精神。这一精神倡导人和自然是统一的，人是自然的有机组成部分，人生活在自然之中，人应该顺应并遵循自然的规律而休养生息，这样才能实现身心健康、精神愉悦、境界提升，也才能实现

① 林语堂：《生活的艺术》，北方文艺出版社1987年版，第1页。

人与自然的和谐相处、共存共生。个体如果逆自然规律而动，必然受到自然的惩罚，使自身的身心健康、精神生态受到伤害。

第二，西方主流哲学在很大程度上是一种痛苦哲学、死亡哲学，而中国传统的休闲审美思想作为生活哲学的一部分，体现的是一种乐生达观的哲学，是一种有利于养护人生的哲学。这一思想观点和中国当代著名学者辜正坤的看法是一致的，他曾经指出，“中国传统哲学是快乐的哲学，而西方哲学是痛苦的哲学”①。中国传统休闲审美思想更倾向于愉快、乐观、抒情，追求生活中的“闲适”“轻逸”，享受生活中的闲情逸致。这一思想既看透了生活，也看透了人生，因而极富现实感，它既不抱过高的希望，又不是彻底的失望，而是既糊涂又清醒，充满了超越世俗功利的洒脱。正如林语堂指出的：“中国文化的最高理想人物，是一个对人生有一种建于明慧悟性上的达观者。这种达观产生宽宏的怀抱，能使人带着温和的讥评心理度过一生，丢开功名利禄，乐天知命地过生活。这种达观也产生了自由意识，放荡不羁的爱好，傲骨和漠然的态度。一个人有了这种自由的意识及淡漠的态度，才能深切热烈地享受快乐的人生。”②这种有关生活的艺术的哲学思想，对于过于严肃的社会和人生来说是一种有效的调节，它对推动我们的社会走向和平、稳定、安宁，推动我们的人生走向健康、生态发挥着重要作用。林语堂还指出：“我以为这个世界太严肃了，因为太严肃，所以必须有一种智慧和欢乐的哲学以为调剂。如果世间有东西可以用尼采所谓愉快哲学(Gay Science)这个名称的话，那么中国人生活艺术的哲学确实可以称为名符其实了。只有快乐的哲学，才是真正深湛的哲学；西方那些严肃的哲学理论，我想还不曾开始了解人生的真意义哩。”“只有当人类渲染了这种轻快的精神时，世界上才会变成更和平、更合理，而可以使人类居住生活。现代的人们对人生过于严肃了，因为过于严肃，所以充满着烦扰和

---

① 辜正坤：《中西文化比较导论》，北京大学出版社 2007 年版，第 66 页。

② 林语堂：《生活的艺术》，北方文艺出版社 1987 年版，第 2 页。

纠纷。”①而幽默是出于对生命的达观态度，富于幽默感对一个民族来说是一笔巨大的财富，而缺乏幽默感的民族往往由于对生命的过于执着而产生一定的痛苦，“美国人的幽默感比之欧洲大陆民族的幽默感也有些不同，可是我的确觉得这种幽默感(爱好玩意儿和原有广博的常识)，是美国民族最大的资产”②。而像日本和德国这样的民族，就缺乏这样的财富，从而造成他们民族性格方面的明显缺陷。笑话和幽默作为愉快哲学的重要表现形式，它们往往在深层守护着人们生命的健康，它们是曲折中的含蓄，是缓慢闲散中的清醒，是闲极无聊中的真实，它们真实地告诉人们生活的曲折与无奈，以此来“缓和暴躁激烈分子的紧张心情”。但是，当今中国社会存在的问题是，随着现代化进程的日益推进，一些中国人受西方痛苦哲学、死亡哲学的影响越来越深，并因此发生了一系列不良变化。林语堂就描述过一些受西方教育影响的中国人身上出现的不良变化，他指出，“现代中国受过教育的人们总是脾气很坏，悲观厌世，失去了一切价值观念”③。于是，轻生的人逐渐增多，林语堂对此进行了严厉的批评，“工业时代人们的精神无论如何是丑陋的，而某些中国人的精神——他们把自己的社会传统中一切美好的东西都抛弃掉，而疯狂地去追求西方的东西，可自己又不具备西方的传统，他们的精神更为丑陋”④。显然，这一问题也是我们不得不想办法解决的问题。

第三，西方主流文化固然有深奥的哲学和严密的逻辑，充满了理性精神，但它在指导人们的现实生活方面却显露出诸多局限，不能给人们的世俗生活带来足够的欢乐和幸福。林语堂对此有清醒的认识，他说，“今天我们所有的哲学是一种远离人生的哲学，它差不多已经自认没有教导我们人生的意义和生活的智慧的意旨，这种哲学实在早已丧失了我

① 林语堂：《生活的艺术》，北方文艺出版社 1987 年版，第 16 页。
② 林语堂：《生活的艺术》，北方文艺出版社 1987 年版，第 10 页。
③ 林语堂：《中国人》，学林出版社 2007 年版，第 240 页。
④ 林语堂：《中国人》，学林出版社 2007 年版，第 240 页。

们所认为是哲学的精英的对人生的切己感觉、对生活的知悉”①。而中国传统休闲审美文化则不然，它看似缺乏深奥的哲理和严密的逻辑，但却更加接近人们的生活，更加切近人们的人生，更能给人们带来欢乐和幸福。它教导着中国人更善于生活，更善于从生活中衍生出知识；而一些西方人则相反，他们远离了现实生活，而更趋向于玄而又玄的抽象哲思，这实际上走上了一条缺乏生机的僵化之路。而正是这样一种朝着僵化之路迈进的文化，却随着全球化的推进而日益膨胀开来，向包括中国在内的广大地区广泛渗透，并造成了严重的后果。在这种情况下，我们就应该把中国传统的休闲审美文化更加鲜明地凸显出来。这种文化有着鲜明的近情精神，充满了浓浓的人情味，这是我们这个民族的一笔可贵的精神财富。林语堂指出，近情精神不仅可以使个人生活得到快乐和趣味，也能使国家、社会处于和平与安宁之中：“我以为近情精神实是人类文化最高的、最合理的理想，而近人情的人实在就是最高形式的有教养的人。……近情的国家将生活于和平之中，近情的夫妻能生活于快乐之中。”②中华民族由于对人性和人情味的重视，使它少的是棱角分明的狂热和武断，多的是对各种矛盾因素的调和，这在国家生活和个人生活中都表现了出来，这是我们的民族的幸事，也是我们的民族能给世界以重要启示的宝贵财富。他说：“近情精神是中国所能贡献给西方的一件最好的物事。……近情精神乃是中国文明的精华和她的最好的方面。”③

林语堂认为，就西方主流文化而言，生活的复杂、学问的严肃、思想的纷乱、哲学的深沉，造成了一个毫无生机的世界。有鉴于此，我们需要一种简朴的思想、一种轻逸的哲学、一定的幽默感、一些微妙的常识，这将有利于这个世界的和谐与安宁。林语堂反对习俗与世故，主张回到天真纯朴的境界中去，这样我们的民族才能有生机与活力，他说，“我们现在必须承认：生活及思想的简朴性是文明与文化的最崇高最健

① 林语堂：《生活的艺术》，北方文艺出版社 1987 年版，第 224 页。
② 林语堂：《生活的艺术》，北方文艺出版社 1987 年版，第 226~227 页。
③ 林语堂：《生活的艺术》，北方文艺出版社 1987 年版，第 227 页。

全的理想，同时也必须承认，当一种文明失掉了它的简朴性而浸染习俗，熟悉世故的人们不再回到天真纯朴的境地时，文明就会到处充满困扰，日益退化下去。”①“以中国人的立场来说，我认为文化须先由巧辩矫饰进步到天真纯朴，有意识地进步到简朴的思想和生活里去，才可称为完全的文化；我以为人类必须从智识的智慧，进步到无智的智慧。”②他说，一个真正有学问的人，应该凭借自己的天真、稚气的自信心来判断是非善恶，这样，才会产生优雅的情致。

第四，西方现代主流文化更多的是一种讲求效率的“快文化”，这很容易对社会和个体的生命造成严重伤害。林语堂指出：“一个民族经过了四千年专讲效率生活的高血压，那是早已不能继续生存了。四千年专重效能的生活能毁灭任何一个民族。”③他进一步以美国为例指出，美国作为西方资本主义国家的典型代表，是一个充分地体现了“快文化”的国家，它讲求高效率、快节奏，繁忙劳碌的状态是美国人较为普遍的日常生活状态。他对这种现状非常不满，他说，美国人也有享受缓慢悠闲生活的需要，“我相信在美国的繁忙生活中，他们也一定有一种企望，想躺在一片绿草地上，在美丽的树荫下什么事也不做，只想悠闲自在地去享受一个下午”④。“我确切知道，一如知道他们也是动物一样，他们有时也喜欢松松肌肉，在沙滩上伸伸懒腰，或是静静地躺着，把一条腿舒服地跷起来，把手臂搁在头下当枕头。”⑤这实际上也是繁忙劳碌的现代人的一种生理本能反应。而中国传统休闲审美文化就顺应了人的这种本能需要，它讲究慢慢地品尝生活的滋味，享受人生的乐趣。这种追求闲情逸致的“慢文化”，对维护中国人身心的和谐、精神的愉悦，对养护我们这个民族的健康，都是十分重要的，它也是补救西方“快文化”

① 林语堂：《生活的艺术》，北方文艺出版社 1987 年版，第 59 页。
② 林语堂：《生活的艺术》，北方文艺出版社 1987 年版，第 15 页。
③ 林语堂：《生活的艺术》，北方文艺出版社 1987 年版，第 4 页。
④ 林语堂：《生活的艺术》，北方文艺出版社 1987 年版，第 2 页。
⑤ 林语堂：《生活的艺术》，北方文艺出版社 1987 年版，第 3 页。

弊病的灵丹妙药。林语堂非常欣赏在短暂而有限的生命中充分地享受生命的滋味与乐趣的行为，通过这样的方式可以使生命在无形中得到延长。

第五，现代西方主流文化在很大程度上包含着倾向于极端的因素，它往往偏执于一个极端或者固守另一个极端，或者从一个极端滑向另一个极端，不偏不倚的中庸之道在它那里很少出现。这固然有利于推动思想学术文化在某个方面的长足发展，但它在某种程度上也是失衡的、不稳定的，容易对西方人的身心和谐与生命健康造成伤害。而内含于儒、释、道的中国传统休闲审美文化，往往倡导一种介于两个极端之间的中庸精神，过犹不及，不偏不倚。林语堂对此高度推崇，认为它包括现实与理想、动作和静止等诸方面，都应该在平衡中达到中庸，富于中庸精神的人生也是最为完美的人生、最为快乐的人生。他说："但是最快乐的人还是那个中等阶级者，所赚的钱足以维持独立的生活，曾替人群做过一点点事情，可是不多；在社会上稍具名誉，可是不太显著。只有在这种环境之下，名字半隐半显，经济适度宽裕，生活逍遥自在，而不完全无忧无虑的那个时候，人类的精神才是最为快乐的，才是最成功的。"①"这两种不同观念相混合后，和谐的人格也随之产生；这种和谐的人格也就是那一切文化和教育所欲达到的目的，我们即从这种和谐的人格中看见人生的欢乐和爱好。"②在他看来，中国历史上最能完美地体现这种中庸精神与和谐人格的人是陶渊明，他说，"陶渊明也是整个中国文学传统上最和谐最完美的人物"，他是"和谐的人格"的化身，"他没有做过大官，很少权力，也没有什么勋绩，除了本薄薄的诗集和三四篇零星的散文外，在文学遗产上也不曾留下什么了不得的著作；但至今还是照彻古今的炬火，在那些较渺小的诗人和作家心目中，他永远是最高人格的象征。他的生活方式和风格是简朴的，令人自然敬畏，会使那

① 林语堂：《生活的艺术》，北方文艺出版社1987年版，第92页。
② 林语堂：《生活的艺术》，北方文艺出版社1987年版，第93页。

些较聪明与熟识世故的人自惭形秽。他是今日真正爱好人生者的模范，因为他心中虽有反抗尘世的欲望，但并不沦于彻底逃避人世，而反使他和七情生活洽调起来”①。有鉴于此，林语堂把陶渊明奉为自己灵魂上的导师。

总之，从中国的休闲审美文化传统来看，中华民族是一个乐观的民族，它的人民热爱生活，看重世俗人生，享受生命中的悠闲，追求生活中的情趣、滋味、诗意。这种传统由来已久、源远流长。无论是上层统治阶级，还是底层劳动人民，都受到这一传统的深刻濡染，其原因正如林语堂在《悠闲生活之崇拜》中所说的，“中国人对于悠闲的爱好，有着很多的原因。它是产生自一种经过了文学的熏陶和哲学的认可的气质。它是由于酷爱人生而产生，并受了历代浪漫文学潜流的激荡，最后又由一种人生哲学——可称它为道家哲学——承认它为合情理的态度，中国人能普遍地接受这种道家的人生观，可见他们气质原有着道家哲学的血统”。正是中国人对现实人生的这种深切的热爱，往往使他们能够以乐观、洒脱的姿态面对一切，以此来消融现实生活中的悲观、失望、痛苦、不幸，进而改善自己的精神文化生活状态，这是我们这个民族最为宝贵的精神财富。这种对生活的乐观的、休闲的、审美的态度已经渗透在包括儒、释、道在内的中国文化传统中，成为中华民族精神内核的重要组成部分。而对于道家文化，林语堂则给予了特别的偏爱，认为它包含着更高的境界和生存的智慧，它大力提倡乐享人生，有利于人们张扬自己的个性，培养自己的生活情趣，这是对自我的尊重与爱惜，有利于生命的健康。从这样的观念出发，林语堂很欣赏那些处在儒家文化边缘地位的人物，他们过着悠闲、自在、洒脱的生活，享受着生命的滋味与情趣，这些人物包括白居易、苏东坡、屠赤水、袁中郎、李卓吾、张潮、李笠翁、袁子才、金圣叹等。他认为自己在灵魂上和他们有共通之处，他更把精神上简朴、纯正而又清朗的庄子和陶渊明奉为自己灵魂上

---

① 林语堂：《生活的艺术》，北方文艺出版社 1987 年版，第 93 页。

的导师。在他看来，道家思想中往往包含着深沉的智慧，在受其影响的人们缓慢的生活节奏中往往包含着高雅的情致，正所谓“缓者有雅致”。他认为，陶渊明顺应着自己的本性，热爱生命中的一切，包括那优美和谐的田园风光、那给他带来欢乐的妻子、儿女，都让他产生了回味无穷的生活乐趣。因此，陶渊明虽然远离了政治，却切近了人生，他说，“陶渊明不愿完全逃避人生，他是爱好人生的。在他的眼中，他的妻子是太真实了，他的花园，那伸到他庭院里的树丫枝，他所抚摸的孤松，这许多太可爱了”①。而自视为陶渊明精神上传人的林语堂自身也继承了中国传统的休闲审美文化，推崇超越世俗功利的达观精神，守持悠闲自得的生活态度。在追求生活的享乐和人生的幸福的过程中，他发现了无穷的乐趣，无论是大自然的优美，亲情、友情、爱情的温馨，还是沉思、写作中的自由等，无不使他沉醉其中，乐而忘返。在他看来，无论是睡眠、饮食、喝酒、吸烟、品茶，还是穿衣、闲谈、居处……都是生活中的艺术，都完美地呈现了一种闲情逸致，都包含着诗意、情趣与滋味，都能带给人无穷的欢乐。他的这些有关生活的感受和体悟无疑是独特的、深刻的。

第二节　休闲美学的界定

探讨完休闲美学产生的特定的时代、社会和文化背景，就需要进一步对它的概念以及它与生活美学、劳动美学等的关系(两者存在着内在联系)进行界定与阐释，从而使人们能够对它有一个更清晰的认识和把握。

一、休闲美学的概念

研究休闲美学，必须对休闲美学的概念进行界定，这样才有利于后

① 林语堂:《生活的艺术》，北方文艺出版社 1987 年版，第 97 页。

续研究的展开。那么究竟什么是休闲美学？从休闲美学的学科归属来看，它以休闲审美活动以及各种休闲审美现象为研究对象，它属于休闲学的高级的、精神的、文化的、审美的领域。“以欣然之态做心爱之事”“淡泊明志、宁静致远”①的领域就属于马惠娣所说的“高级的休闲”领域。它将一般的休闲活动、休闲现象与审美关联起来，并引导着它们向高级的、高层次的、高雅的审美境界提升，从而实现两者的共建与互融。正如赖勤芳指出的，它“着手于日常闲暇活动的审美关联”，“着眼于日常休闲体验的审美提升”，“着力于日常休闲生活的审美建构”。②自创立起，学者们一直试图对“休闲美学”这个概念进行清晰的界定。在中国第一部以“休闲美学”命名的著作《休闲美学》中，吕尚彬等人就对休闲美学及其研究对象进行了概括：“作为生活美学的一个分支，休闲美学就是探讨休闲活动审美规律的学科”，它“研究休闲的完善，致力于一般的休闲向美的休闲的转化规律的探究”③，“它的研究对象是休闲的美和美的休闲，或者说是通过美的休闲和休闲美的研究，揭示休闲活动过程的一般特征、规律和意义”④。休闲美学既然以“美的休闲和休闲美”为研究对象，它就自然地和超越性的、精神的、文化的、审美的层面联系起来，因为美的“休闲之构成休闲美，休闲对象必须具有一定的精神价值”⑤，“意蕴是构成休闲美的灵魂”⑥。从本质层面来看，休

---

① 马惠娣：《走向人文关怀的休闲经济》，中国经济出版社2004年版，第311页。

② 赖勤芳：《休闲美学的内在理路及其论域》，《甘肃社会科学》2011年第4期。

③ 吕尚彬、彭光芒、兰霞编著：《休闲美学》，中南大学出版社2001年版，第8页。

④ 吕尚彬、彭光芒、兰霞编著：《休闲美学》，中南大学出版社2001年版，第10页。

⑤ 吕尚彬、彭光芒、兰霞编著：《休闲美学》，中南大学出版社2001年版，第13页。

⑥ 吕尚彬、彭光芒、兰霞编著：《休闲美学》，中南大学出版社2001年版，第25页。

闲美或者美的休闲必须通过休闲的审美情趣带给人们精神的愉悦；从功能层面来看，休闲美或者美的休闲既能满足休闲者身体的、生理的、心理的需要，也能满足休闲者精神的、文化的、审美的需要："美的休闲既包含着休闲的一般功能，又包含着一种超出消遣闲暇、宜人宜性的一般功能的雅趣情韵。换言之，休闲美既为消遣闲暇、休息身心、松弛紧张、恢复体能，同时又是休闲主体的内在心灵的具体表现，是闲情雅趣的外化。"①休闲美或者美的休闲主要通过"闲情雅趣"或者说闲情逸致的方式来满足人们深层精神的、文化的、审美的需要。

进一步说，休闲美学以"美的休闲和休闲美"为研究对象，这些对象都是精神的、文化的、审美的层面的对象，所以休闲美学自身也必然是有关休闲的、精神的、文化的、审美的层面的学科。从这样的层面对休闲美学进行界定，就从深层切合了它的本性和本质，有利于更好地把握它。具体来说，休闲美学主要是一门以休闲审美活动以及各种休闲审美现象为研究对象的学科，是一门在休闲审美活动中让人产生闲情逸致的体验、感觉，带给人美的享受的学科，是一门在休闲审美活动中让人产生满足感、愉悦感和美好感的学科。简单地说，休闲美学主要是在精神的、文化的、审美的层面研究休闲审美活动中的闲情逸致的学科，或者说是研究闲逸情致之美的学科。顾名思义，"闲情逸致"之"闲"就是"清闲、悠闲"，"逸"就是"安逸、超逸"。从总体上来讲，"闲情逸致"也即"闲逸"中的"情致"，更进一步来讲，也即"悠闲超逸"中的"兴致、情趣、滋味"。因此，从内涵上来讲，以"闲情逸致"之美为研究对象的休闲美学，是一门使生活处于悠闲的心境、超逸的情致状态的学科，是一门研究个体生命在休闲审美活动中的舒展状态的学科，也即一门研究个体生命在休闲审美活动中的自由、自在、自得的状态和"爽"的感觉和体验的学科。它存在于人们的日常生活中，是对人们的日常生活的精

① 吕尚彬、彭光芒、兰霞编著：《休闲美学》，中南大学出版社 2001 年版，第 5 页。

神的、文化的、审美的超越与升华，是日常生活的高层境界和理想状态，是日常生活的优裕富足、自由安乐状态的表征。休闲美学作为一门研究“生命的留白”的艺术，作为一门研究如何诗意地、有情趣地、有滋味地、有境界地、有价值地、有意义地利用和度过可以自由支配的闲暇时间的学问，它要求人们在自己的生命存在中恰当地处理好与休闲审美活动的关系，恰当地处理好“忙”和“闲”的关系，能够从身心疲惫的辛苦劳动中、从奔波劳碌的工作事业中、从劳心费神的追名逐利中、从心机算尽的尔虞我诈中、从戕害身心的一切思想文化中解放出来，去过一种精神的、文化的、审美的，更符合自己自由本性的生活。从归属上讲，休闲美学是生活美学的一部分，是一门有关生活艺术的学问，是一门使生活过得更好、更加艺术化和审美化的学问。正如钱谷融指出的，“生活得好，是最大的学问”。生活这门学问，是高深莫测的，值得我们花费更多的时间和精力去研究。

二、作为生活美学的一部分

日常生活是美的，因为它展现了生命有机体的本质力量，展现了它们顽强地存在下去、“活下去”的生命姿态，展现了它们的生命力本性。正如弗洛姆所说的：“‘活下去’是一个动态，而不是静态的概念。存在就是有机体特有力量的展现。所有有机体都有着一种把其特有的潜力展现出来的内在倾向。”①而对于人这个特定的生命有机体来说，按照其本性展现其本质力量或“特有潜力”，就是要坚定地、诗意地、优美地、快乐地“活下去”，生活下去，把自己的全部魅力展现出来。日常生活与人的本质之间存在着密切联系，人在日常生活中的表现及状态决定了他的本质，呈现了他的本质，流露出了他的本性。而人们在“活下去”、生存下去的过程中，在展现其本质力量、“特有潜力”以及全部魅力的过程中，流露出的内在本性或本质往往是美的，往往能带给人美的感受

---

① 陈学明：《痛苦中的安乐》，云南人民出版社1998年版，第221页。

或享受，而这也是日常生活美学所要研究的。

而究竟什么是“日常生活”，学者们有很多界定，其中一种代表性的界定认为：“所谓日常生活是相对于科学、艺术、哲学等自觉的精神活动和政治经济、经营管理等有组织的社会活动而言的。它是日常的观念活动、交往活动和其他以个人的直接环境(家庭、村落、街区等天然共同体)为基本寓所，旨在维持个体生存和再生产的总称。其中最为基本的是衣食住行、饮食男女以个人肉体生命延续为目的的生活资料的获取与消费活动，以及伴随上述各种活动的非创造性复杂性的日常观念活动。”①在现代社会，日常生活正在受到人们的重视，越来越多的现代人开始在日常生活中寻找美好的、愉悦的、幸福的感觉。正如亚历山德拉·斯托达德所说：“你要让日常的小事尽可能的美丽，尽可能的令人愉悦，这就是幸福人生的诀窍。”②《美国未来学家》杂志也曾刊文指出：“未来社会的主要特征是，个人幸福重要性在增强，人们日益追求良好的感觉，即对个人身体和精神的良好感觉。”③正是在对日常生活的关注中，人自身的本质力量或内在本性得以呈现，日常生活之美得以呈现，日常生活美学随之产生。在日常生活领域，人们得以暂时远离社会事务，摆脱功名利禄等各种杂事的干扰，进入一个相对超越的、自由无拘的私人空间，一个完全属于自己的精神家园，人们得以在其中实现心灵世界的适意、闲散，体验精神上的自由、愉悦，获得美的享受与闲情逸致。正如陆庆祥所说：“外向空间建构出的是社会领域，内向空间建构出的是私人领域。在社会领域，人常常会殉身于名物之中；而在私人领域，人则倾向于寻求一己之自由享受与闲适之体验。”④

---

① 衣俊卿：《衣俊卿集》，黑龙江教育出版社 1995 年版，第 333 页。

② 亚历山德拉·斯托达德著，曾淼译：《雅致生活》，中国广播电视出版社 2006 年版，第 7 页。

③ 马惠娣：《休闲：人类美丽的精神家园》，中国经济出版社 2004 年版，第 110 页。

④ 陆庆祥：《走向自然的休闲美学——以苏轼为个案的考察》，浙江大学出版社 2018 年版，第 121 页。

日常生活美学的兴起，标志着越来越多的现代人的价值取向以及关注重心的重大转变，即由旨在改造外部世界、获取物质利益的价值取向转向追求内在自我的不断丰富、发展与完善，进而推动自身达到完美境界的价值取向。正如杰弗瑞·戈比指出的："历史上，'进步'一直意味着人类对自然界的改变。如今，它的含义将逐渐转变为人类对人类自身的改变。在现代国家中，自然已经越来越有力地控制在人们的手中，进步将逐渐意味着对人类的改变，而这种改变将提高我们继续生存及获取幸福的可能性。"①这一重大转变也是许多现代人生活的发展趋势。就生活美学自身的内涵来说，它本质上是要帮助人们健康地生活，更好地"活下去"，它关注个体人的生存，关注人们生活中的审美情趣、滋味、乐趣等。"生活得好，是最大的学问"，钱谷融的这一治学理念很好地体现了休闲美学的旨趣。人类不仅要"生活"，而且要更诗意地、更审美地"生活"，不仅要"生存"，而且要发展和完善自己，这是符合人类的内在本性的。正如肖恩·塞耶斯在概括其他学者的观点时指出的："人类追求的不仅仅是'生活'，而且是'美好的生活'……人道主义人性观念……并不局限于仅仅维持生存的需求"②。弗洛姆这个"性"善论者就非常热爱自己的日常生活，具有和生活美学理念相似的人生追求，他认为，"争取精神健康、快乐、和谐、爱和创造性的努力，是内在于每一个出生时不是精神上或道德上的白痴的人的"③。亚历山德拉·斯托达德指出："人生是百无聊赖还是充满活力，其中的区别在于日常生活能否使人心情爽朗，而日常生活如何升华成为一种更为充实的人生体验，则取决于其细微之处能否令人愉悦。"④索贝尔和奥恩斯坦也指出：

---

① 杰弗瑞·戈比著，张春波等译：《21世纪的休闲与休闲服务》，云南人民出版社2000年版，第69页。

② 肖恩·塞耶斯著，冯颜利译：《马克思主义与人性》，东方出版社2008年版，第203页。

③ 陈学明：《痛苦中的安乐》，云南人民出版社1998年版，第218页。

④ 亚历山德拉·斯托达德著，曾淼译：《雅致生活》，中国广播电视出版社2006年版，第9、10页。

"许多人苦苦追寻幸福和地位，而他们往往是被人误导才这样做的。其实，能给人带来快乐的并不是那些难以忘怀的、轰轰烈烈的、可歌可泣的大事件；也不是那些堪成追忆的成功和炙手可热的权力。相反，许多经常被忽视的日常小事，甚至是一些琐事和一些显而易见的经验，却能带给人更长久的怀恋。"①这种从公共的社会事务领域退回到个体琐碎的私人生活领域的追求，顺应了人们的生命本性，有利于个体身体和精神的双重解放，甚至能够使个体达到精神的澄明之境，实现个体"诗意的栖居"。② 匈牙利学者阿格妮丝·赫勒也在《日常生活》中指出，"社会的变革无法仅仅在宏观尺度上得以实现，人自身的改变，人的态度的改变无论如何都是一切变革的内在组成部分。而作为人的活动的重要时空——日常生活的价值内涵必须有所改善"③。而日常生活的细枝末节在促成人自身的变革中发挥着重要作用，应该成为人类文化的重要价值追求，她认为，"我们如何养育自己，我们食用何物和如何进餐，我们居住何处以及如何布置我们的房间，所有这些，都表达出人类的人道化"④。其实，在中国古人的日常生活实践中，就已经包含了丰富的生活美学思想，他们往往能在自己的日常生活的细枝末节中，感悟、体验、发现诸多的美好、诗意、情趣、浪漫，并沉浸与陶醉其中，乐而忘返。明末清初的著名戏剧家李渔就是中国古代休闲美学思想的提倡者和实践者，他"善于从坐、立、站、行以及琴、棋、书、画等生活的各个方面去发现乐趣，以陶冶生活情操"⑤，"能从生活的各个细节出发，去

---

① 杰弗瑞·戈比著，张春波等译：《21世纪的休闲与休闲服务》，云南人民出版社2000年版，第199页。

② 陆庆祥：《走向自然的休闲美学——以苏轼为个案的考察》，浙江大学出版社2018年版，第126页。

③ 马惠娣：《人类文化思想史中的休闲——历史·文化·哲学的视角》，《自然辩证法研究》2003年第1期。

④ 阿格妮丝·赫勒著，衣俊卿译：《日常生活》，重庆出版社1990年版，第60页。

⑤ 潘立勇、胡伊娜：《生活细节的审美与休闲品味——李渔审美与休闲思想的当代启示》，《浙江师范大学学报》(社会科学版)2008年第4期。

创造那种能够娱乐生活、给生活增添愉悦的审美因素，营造一种独具匠心的休闲氛围”①，“生活中的细枝末节在他审美与休闲的视野和情趣中得到了优雅的品味，提升到了一种不离生活又超越生活的休闲境界”②。这种对日常生活琐碎细节的关注和追求有利于人自身生命的健康、身心的和谐与精神生态的稳定。

而以休闲审美活动中闲情逸致之美为研究对象的休闲美学，把健康、快乐、幸福、美好的生活作为自身追求的价值理想，和生活美学倡导的价值理念相一致，因此就内在地包含于生活美学之中，成为生活美学的一个组成部分。正如潘立勇、胡伊娜所说：“从生活点滴的审美愉悦中体验悠然自得的切实的舒适感，这正是现代休闲生活的要领所在。”③具体来说，休闲美学研究的是人们在日常生活中的休闲审美活动以及其中包含的闲情逸致之美，它们也是人们在日常生活中展现自己本质力量的方式。

休闲美学很少和重大的社会政治事件、反复无常的权力运作以及奢侈无度的物质享受相联系，而更多的是非功利性的、精神性的、文化性的和审美性的，它往往存在于日常生活的细枝末节中，试图从对这些细枝末节的体验中获得审美情趣和欢乐，“回到私人领域是拥有闲情的关键，也是闲情所具有的最为明显的特征”④。人们往往是在通常被忽视的公共空间之外的日常生活的细枝末节之处获得愉悦的感受、让人怀恋的美好的感觉、回味无穷的快乐以及个人生活的幸福的，而这正是休闲

---

① 潘立勇、胡伊娜：《生活细节的审美与休闲品味——李渔审美与休闲思想的当代启示》，《浙江师范大学学报》(社会科学版)2008年第4期。

② 潘立勇、胡伊娜：《生活细节的审美与休闲品味——李渔审美与休闲思想的当代启示》，《浙江师范大学学报》(社会科学版)2008年第4期。

③ 潘立勇、胡伊娜：《生活细节的审美与休闲品味——李渔审美与休闲思想的当代启示》，《浙江师范大学学报》(社会科学版)2008年第4期。

④ 陆庆祥：《走向自然的休闲美学——以苏轼为个案的考察》，浙江大学出版社2018年版，第123页。

美学的追求，正如陆庆祥指出的，“真正的休闲是个体回归私人领域”①。正是通过这样的方式，休闲美学引导人们在日常生活的闲暇时间和私人空间里做自己喜欢做的事，在生活的细枝末节中享受无穷的自由、乐趣与滋味，以此使他们得以“养育自身”，保护自己，免遭外部世界的伤害，实现身心的健康、精神的愉悦、境界的提升和生活的幸福。苏轼的人生追求就很好地契合了休闲美学的价值理念，他认为“极为简单、微不足道的生活方式恰恰是蕴含了巨大的价值，它能够实现主体在公共生活中失去的自由”②，他能够“把本没有意义或很少有意义的东西看作值得去做的事情，如把空余时间看成自由时间，把私人领域的微不足道之物打点成兴趣的所在以及个人创造力的体现”③。有鉴于此，苏轼的人生追求成为休闲美学价值理念的生动实践。

相反，当一个人没有了生活的激情，失去了对外部世界的兴趣，停止了在日常生活的休闲审美活动中追求和享受闲逸情致之美的冲动，而变得心如死灰的时候，他的生命将会丧失全部意义，那几乎意味着他的生命的终结。正如托马斯·古德尔和杰弗瑞·戈比指出的：“如果人们不能培养起对某种活动的兴趣，不能培养起对世界和寓于其中的生活的兴趣，那么，自由就将是空洞的。如果人们失去了兴趣，那么意义也将不复存在，而这正是今天休闲所面临的最大的障碍。”④而现代人在当下的生存中存在的问题是，在无止境地追求各种物质利益和金钱的过程中失去了自我，失去了对世间众多美好事物的关注与兴趣，失去了乐享人生的自然本性和本能冲动，于是人生的价值和意义也就随之丧失了，人

---

① 陆庆祥：《走向自然的休闲美学——以苏轼为个案的考察》，浙江大学出版社2018年版，第126页。

② 陆庆祥：《走向自然的休闲美学——以苏轼为个案的考察》，浙江大学出版社2018年版，第118页。

③ 陆庆祥：《走向自然的休闲美学——以苏轼为个案的考察》，浙江大学出版社2018年版，第125页。

④ 托马斯·古德尔、杰弗瑞·戈比著，成素梅等译：《人类思想史中的休闲》，云南人民出版社2000年版，第280页。

生的虚无感也就随之产生了，正如弗洛姆所说，“人们劳动是为了赚更多的钱，花钱还是为了赚更多的钱，真正的目的——生活的享乐则被抛到九霄云外去了。……我们已经完全被手段的网络纠缠了，目的置之脑后”①。这是物质利益和金钱蒙蔽了人、日常生活中的休闲审美活动以及闲情逸致远离了人生后产生的严重后果。

三、与劳动美学的关系

马克思主义美学传统一向推崇和倡导劳动美学，而这种美学形态也确实表现出了强大的阐释能力。其实，在马克思、恩格斯那里，不仅认识到了劳动的重要价值和意义，也同样充分肯定了“自由时间”对社会和个人的发展所具有的重要价值和意义，这也是需要我们重视的。特别是在当下，随着科技的发展、生产力的提高、社会的进步，现代人拥有的闲暇时间与劳动时间相比，越来越多，休闲生活在人们生活中的地位，也越来越重要。在这种情况下，我们就不能再仅仅满足于或者局限于传统的劳动美学，而需要根据时代和社会新的需要，发展出一种新的美学形态——马克思主义休闲美学。这种美学形态是一种以传统的劳动美学为基础，并在此基础上发展起来的高级的美学形态，它以各种各样的休闲审美活动、休闲审美现象为研究对象，是对它们的概括、提炼与提升。随着现实生活中诸多休闲审美活动的持续展开、人们对闲情逸致之美的追求与享受以及其他各种新的休闲审美现象的不断涌现，越来越迫切地需要一种新的美学形态来对这一切进行指导、引导、帮助、推进。于是，马克思主义休闲美学就应运而生了。

(一)劳动美学的拓展与休闲美学的产生

劳动美学是马克思主义美学的重要组成部分。从马克思主义的创始人马克思、恩格斯起，就非常重视劳动的作用，认为“劳动是一切财富

---

① 陈学明:《痛苦中的安乐》，云南人民出版社 1998 年版，第 220 页。

的源泉”①，劳动创造的物质财富构成了人们的生活和整个社会的基础，推动了人类社会的发展进步，“就算是到了我们可以随意潇洒的时代，我们仍旧需要工作和劳动。毕竟，劳动‘是一切人类生活的第一个基本条件’(恩格斯语)，没有了劳动我们便失去了获取生存资料的资本”②；劳动带来了人的本质力量的对象化，劳动创造了世界，“创造了人本身”③，创造了美。马克思的经典巨著《资本论》尽管批判了资本主义制度下工人劳动的异化和劳动成果的被剥夺，但是也充分肯定了劳动对包括审美价值内在的诸多价值的创造作用。正是在马克思主义美学家对充满美感和诗意的生产劳动的提炼、提升、抽象、概括的基础上，形成了马克思主义劳动美学。这一美学形态形成以后，为后来的马克思主义美学家所继承，并得到进一步的阐发、丰富、完善，形成了一个积淀深厚的美学传统。具体就中国来说，马克思主义传入中国以后，中国的马克思主义理论家继承了马克思主义劳动美学传统，继续推崇和强调生产劳动所发挥的基础性作用，继续推崇和强调劳动美学在马克思主义美学和各种美学体系中的重要地位。这些马克思主义劳动美学家包括 20 世纪 50、60 年代的朱光潜、李泽厚等，20 世纪 80、90 年代的蒋孔阳、刘纲纪、周来祥、陆贵山等，90 年代以后的朱立元、张玉能等。他们从不同的侧面对马克思主义劳动美学的肯定和阐发，奠定了这一美学形态在中国美学界的重要地位。

马克思主义劳动美学作为一种基础性的美学形态，在解释众多社会现象、审美现象、文艺现象时显示出了广泛的覆盖性和强大的生命力，充分证明了其理论的延展性和有效性，甚至可以说它是一种“元”美学理论。但是毋庸讳言的是，这种理论也是在特定的时间、空间和范围内形成的，它也受时代、社会、环境等的制约和限制，也有其无法有效地解释的边界与局限。因此，我们必须用辩证的、动态的、发展的眼光来

① 恩格斯：《自然辩证法》，人民出版社 1984 年版，第 295 页。
② 张玉勤：《休闲美学》，江苏人民出版社 2010 年版，第 114 页。
③ 恩格斯：《自然辩证法》，人民出版社 1984 年版，第 295 页。

看待它，认识到随着时代、社会、环境的发展与变化，它也需要发展、变化、更新、拓展，甚至在它的基础上形成新的美学形态。正如朱立元、章文颖指出的："物质生产实践是根本、基础和本原，这并不是说人和人的生活只包含同劳动有关的东西，也不是说所有的美的内容都必须处处归结为劳动。恰恰相反，随着生产力水平的提高，人类闲暇时间的获得，物质生产劳动在人类生活中所占的地位和比例越来越小，精神生活的比重却逐渐加大。……美根源于劳动实践，并通过进一步的实践有了新的形态和性质。"①在笔者看来，这种新的美学形态的重要表现形式之一，就是马克思主义休闲美学。

马克思主义休闲美学的产生有其特定的时代和社会背景。随着现代科技的高速发展、自动化生产技术在工业领域的普及，劳动生产力得到极大提高，用较少的劳动时间就可以生产出大量的物质财富，满足整个社会人们的需要，这使劳动者的劳动时间逐步缩短，劳动强度稳步降低，越来越多的劳动者从繁重的体力劳动中解放出来，获得了更多的"自由时间"，获得了自由发展自己的天性和才能、丰富自己的心灵世界的权利。正如有学者指出的，"唯有借助于这些生产力"，"才能够谈到真正的人的自由"，"发展人类的生产力，也就是发展人类天性的财富这种目的本身"。② 这样，劳动在劳动者的日常生活、社会生活以及精神生活中的地位不像以往那样重要了。而与此相对应，劳动美学的影响也相对降低，用劳动美学来解释闲暇时间、"自由时间"中的各种活动，特别是休闲活动、休闲审美活动时，虽然仍然有效，但已经有些力不从心，这就迫切需要新的美学理论来对这些活动进行新的解释。于是理论家们在坚持劳动美学并进一步发展、拓展劳动美学的基础上，逐步形成了新的美学形态——马克思主义休闲美学。这种新的休闲美学能够更好、更有效地解释休闲活动、休闲审美活动以及其他各种各样的休闲

① 朱立元、章文颖：《实践美学的重要推进》，《文艺理论研究》2013 年第 1 期。

② 转引自张玉勤：《休闲美学》，江苏人民出版社 2010 年版，第 214 页。

审美现象，并能够帮助人们更好地利用越来越多的自由支配时间，来开展休闲审美活动，来追求闲情逸致之美，来获得身心的放松、精神的愉悦、境界的提升，来实现自身的发展与成长，来获得生命的意义和价值。这样，马克思主义休闲美学就获得了其存在的合理依据。

（二）休闲美学与劳动美学的关系

当今的马克思主义美学研究在坚持劳动美学的同时，投入越来越多的精力于休闲美学。但是，这并不意味着劳动美学已经过时或者失效。一方面，劳动美学是基础形态的美学，是休闲美学的根基和源泉，失去这个根基和源泉，休闲美学将成为无根之木、无源之水，甚至成为随时都可能坍塌的空中楼阁。从这个意义上说，劳动美学是美学的原点，也是美学的制高点，它始终占据着美学领域的关键位置，而休闲美学是它的补充，只能在它的基础上生发和延伸，只能在它的根基上发育和成长。正如赖勤芳所说："劳动说并不否认休闲……而只是强调劳动构成了一种基础，闲暇是劳动的必要调节、补充。"①另一方面，休闲美学也不是无足轻重的或者可有可无的，它的产生顺应了时代和社会发展趋势，有其必然性，也有其不可代替的独特价值和功能，并且在当下显得越来越重要。两千多年前的亚里士多德对勤劳和闲暇关系的论述已经为我们认识劳动美学和休闲美学的关系提供了基本遵循。他说："勤劳和闲暇的确都是必需的；但这也是确实的，闲暇比勤劳更为高尚……而人生所以不惜繁忙，其目的正是在获致闲暇。"②他还指出，"我们忙碌是为着获得闲暇"③，"我们全部生活的目的应是操持闲暇"④。在这一勤劳和闲暇关系的基本认识的基础上，我们也可以相应地推理出劳动美学和休闲美学大致相似的关系。因为劳动美学建立在大量的劳动实践的基

① 赖勤芳：《休闲美学：审美视域中的休闲研究》，北京大学出版社 2016 年版，第 42 页。

② 亚里士多德著，吴寿彭译：《政治学》，商务印书馆 1965 年版，第 410 页。

③ 亚里士多德著，廖申白译注：《尼各马可伦理学》，商务印书馆 2003 年版，第 306 页。

④ 亚里士多德著，吴寿彭译：《政治学》，商务印书馆 1965 年版，第 410 页。

础上，是对劳动的审美的理想化的形式的概括，而休闲美学建立在大量的休闲活动和休闲审美活动实践的基础上，是对休闲的审美的理想化的形式的概括，是休闲的完善形式：“休闲美学研究休闲的完善，致力于一般的休闲向美的休闲的转化规律的探究。”①那么具体来说，建立在劳动和休闲关系基础之上的劳动美学和休闲美学的关系是怎样的呢？

1. 劳动美学和休闲美学都源于生命本能的需要

第一，劳动对于人的基本生命需要就像吐丝结茧对于春蚕，那是出于人的本能。劳动不仅仅使劳动者获得了基本的物质生活资料，使他们的生存有了保证，更重要的是，它使他们的本质力量得到对象化，从而创造了一个对象化的世界，使他们得以在其中发现自我、审视自我、确证自我。以此为基础，劳动还能满足劳动者的需要，使他们在这一过程中得到丰富、成长、发展与重塑，使他们诸方面的能力得到提高，使他们不断地提升自我、实现自我、完善自我，从而使他们获得满足感、尊严感和成就感。正如肖恩·塞耶斯指出的，“人们需要工作来自我完善，工作本身就是目的。因为，在现代世界，自我实现已经越来越成为一种需求，这种自我实现只有在工作中并通过工作才能得到满足”②，“工作，在自尊、自我认同和使命感的形成过程中起着至关重要，而且可能是无可比拟的心理作用”③。如果没有了工作，就背离了人的本性，远离了人的本能需求，就会产生一系列问题，“没有工作就会使人自尊受挫、精神不振，并且会导致自杀率的上升和精神病患者的增多”④。肖恩·塞耶斯进一步指出，工作在现代社会的存在具有必要性、必然性，

---

① 吕尚彬、彭光芒、兰霞编著：《休闲美学》，中南大学出版社 2001 年版，第 8 页。

② 肖恩·塞耶斯著，冯颜利译：《马克思主义与人性》，东方出版社 2008 年版，第 6 页。

③ 肖恩·塞耶斯著，冯颜利译：《马克思主义与人性》，东方出版社 2008 年版，第 50 页。

④ 肖恩·塞耶斯著，冯颜利译：《马克思主义与人性》，东方出版社 2008 年版，第 49 页。

它能够给人们带来自由，“在各种方式之中，工作是必然性的活动，但并非因此就不可避免地异化和不自由。与此相反，工作的必然性正是工作潜在自由特征的基础”①。这样的观点与弗洛伊德等人的认为工作就意味着压抑和不自由的错误观点截然相反。第二，正是由于这样的原因，在劳动特别是自由劳动的过程中，会产生发自内心深处的愉悦和美好感，会产生闲情逸致之美的体验和感受。第三，就社会层面来看，劳动创造了人类社会一切的物质财富和精神财富，是经济发展和社会存在的前提和基础，它创造了美的存在，是世间美的源泉，它创造了多种多样的休闲形式，为人们开展休闲审美活动、追求闲情逸致之美提供了充裕的时空条件和丰富的对象。“劳作形式越高级，人就越有可能达到多方面发展自我的休闲境界。”②第四，劳动过程推动了人们感受美的感官和能力的形成与发展，为人们开展休闲审美活动、追求闲情逸致之美提供了主体素养和条件。与之相应，劳动美学作为一种基础形态的美学，为休闲审美活动中闲情逸致之美的孕育提供了土壤和外部条件，构成了休闲美学的基础和前提。

而休闲美学则是以劳动美学为基础的高级形态的美学。其原因有三：第一，休闲审美活动源自人们的生命本能的需要，使人们疲惫和破碎的身心得到恢复，被破坏了的精神生态走向平衡，受到损害的生命健康得到维护，甚至使人们获得身体和精神的自由和解放。正如有学者指出的，“人一方面沉沦为劳动的动物，另一方面又被物化为劳动的机器。因此，那些理解了工作和劳动的生活意义的人们，便学会了忙里偷闲”③。G. 弗利特曼以休闲的重要表现形式娱乐为例，进一步指出：“娱乐将使人真正从劳动中解放出来。一方面，由于更长的休息和恢复

---

① 肖恩·塞耶斯著，冯颜利译：《马克思主义与人性》，东方出版社 2008 年版，第 88 页。

② 于光远、马惠娣：《劳作与休闲——关于休闲问题对话之五》，《洛阳师范学院学报》2008 年第 3 期。

③ 陈琰编著：《闲暇是金：休闲美学谈》，武汉大学出版社 2006 年版，第 128 页。

时间，劳动的辛苦会减弱，另一方面娱乐应该作为对使人遭受痛苦的劳动的补偿而起作用。所谓补偿，是指找回被劳动破坏的精神和生理平衡的可能性。”①从而为生产劳动的继续进行创造了条件。甚至可以说，休闲是“劳动创造的一个重要条件”，能够“全面自由发展劳动者素养”，而“休闲中劳动力价值的提升又反作用于劳动生产力”②。第二，劳动时间之外的闲暇时间为人们开展休闲审美活动、追求闲情逸致之美提供了时间保证，使他们能够在这些时间里从容地审视、发现、欣赏、体验、玩味人类创造的美的世界，想象、感悟、咀嚼、回味人类的劳动过程以及生命力的释放过程，进而感受到自己的本质力量，获得美的享受和由衷的喜悦。第三，闲暇时间里人们开展休闲审美活动、追求闲情逸致之美，可以推动人们精神文化素养的提高，使人们感受美的感官和能力得到训练，例如使人们对美的感觉更敏锐。

总之，无论是劳动还是劳动之外的休闲，都源自人们生命本能的需要，“都是人类须臾不可离开的”③。正如肖恩·塞耶斯指出的：“工作和休闲，尽管是历史地发展的，在当今世界，却是人们真正的、基本的需求，这种需求已经成为人性不可缺少的一个部分。”④它们都会带来人的本质力量的对象化，都会使人们以不同的方式实现自我，实现自我的发展与成长，它们都利于自我的发现与完善，从而产生美的感觉和愉悦，进而构成劳动美学和休闲美学的基础。

2. 劳动美学和休闲美学的相互统一和转化

在马克思主义美学看来，生产劳动和休闲活动是可以融合和统一起

---

① 马惠娣：《休闲：人类美丽的精神家园》，中国经济出版社 2004 年版，第 102 页。

② 于光远、马惠娣：《劳作与休闲——关于休闲问题对话之五》，《洛阳师范学院学报》2008 年第 3 期。

③ 于光远、马惠娣：《劳作与休闲——关于休闲问题对话之五》，《洛阳师范学院学报》2008 年第 3 期。

④ 肖恩·塞耶斯著，冯颜利译：《马克思主义与人性》，东方出版社 2008 年版，第 71 页。

来的，具有审美色彩的生产劳动和休闲审美活动也是可以融合和统一起来的，以此为基础，劳动美学和休闲美学也是可以融合和统一起来的。具体来说，自由自觉的理想状态下的生产劳动往往包含着休闲审美的因素、美感的因素、闲趣的因素，从而成为一种休闲活动或者休闲审美活动。而休闲活动或者休闲审美活动也可以存在于生产劳动或者具有审美色彩的生产劳动中，它们的开展也可以以生产劳动的方式（包括具有审美色彩的生产劳动的方式）进行，从而在追求和享受休闲以及闲情逸致之美的过程中生产出物质财富或者精神财富，推动社会和文明的进步。从动态的角度看，在特定的情况下，生产劳动或者理想状态下的生产劳动可以直接转化成休闲活动或者休闲审美活动，反过来，在特定的情况下，休闲活动或者休闲审美活动也可以直接转化成生产劳动或者理想状态下的生产劳动，从而使两者在相互转化的过程中实现融合。正如帕克（S. Parker）指出的，“工作将失去它目前所具有的强制性，获得现在主要同休闲联系在一起的创造性。同样，休闲将不再是工作的对立面，而得到一种现在主要同工作联系在一起的创造财富的地位，值得人们认真计划，获得人类所能得到的最大限度的满足感”①。无论是在过去的社会、现实的社会或者未来的理想社会，都可能存在这种情况，只不过有些较为普遍，有些只是偶尔出现罢了。

从历史发展的角度来看，在原始共产主义社会，劳动和休闲之间没有严格的界限，通常是融合在一起的，即在劳动中可能包含休闲的因素，而休闲也可能具有劳动的色彩。正如肖恩·塞耶斯指出的，“在以打猎和采集为生的早期共有社会诸形式中，不可能明显区分工作和休闲”②，“在这些社会中，需求很少，生活很简单，工作从现代标准看是

---

① 转引自张玉勤：《休闲美学》，江苏人民出版社 2010 年版，第 115 页。

② 肖恩·塞耶斯著，冯颜利译：《马克思主义与人性》，东方出版社 2008 年版，第 91 页。

休闲式的，这不仅指工作的速度和节奏，而且体现在工作期间。”①这种原始共产主义社会中劳动和休闲的融合状态，也可能是未来理想社会两者关系的重要特征。在后来漫长的阶级社会(特别是资本主义社会)中，劳动和休闲在广泛的社会领域中发生了分裂。随着生产力的提高以及经济的发展，人们的工作时间变得越来越少，自由时间变得越来越多。利用这些自由时间，人们就可以更多地考虑“自主的事情”，所以高兹和其他“后工业”社会的理论家就认为，“休闲已经取代工作，它已经成为人类优先考虑的主要事情和目标”②。高兹等人似乎对人类社会休闲的发展现状过于乐观，人类社会还远远没有进入“休闲已经取代工作”的发展阶段，但是高兹等人还是看到了人类社会未来的发展趋势：休闲在人类生活中的地位将变得越来越重要，它必将向工作领域渗透，甚至使工作越来越带有休闲的色彩，包含着更多闲情逸致的因素。在这种情况下，无论是工作还是休闲，它们都能带给人“‘畅’(flow)的感觉”③。戈比也敏锐地察觉到人类社会的这种发展趋势。他指出：“在即将到来的新世界中，休闲将不断地演变为人类生活的中心内容。”④而作为休闲活动审美层面的高级表现形式——休闲审美活动，更将在其中占据重要位置。张玉勤曾对人类社会发展中劳动与休闲关系的历史演变进行总结，他指出，“休闲是我们生活的一部分，工作同样是我们生活的一部分。我们甚至可以说，一部人类的存在史，就是工作和休闲此消彼长、或分或合的历史”⑤，而在“以休闲为中心”的未来社会中，“工作与休闲将

---

① 肖恩·塞耶斯著，冯颜利译：《马克思主义与人性》，东方出版社 2008 年版，第 92 页。

② 肖恩·塞耶斯著，冯颜利译：《马克思主义与人性》，东方出版社 2008 年版，第 97 页。

③ 杰弗瑞·戈比著，张春波等译：《21 世纪的休闲与休闲服务》，云南人民出版社 2000 年版，第 201 页。

④ 杰弗瑞·戈比著，张春波等译：《21 世纪的休闲与休闲服务》，云南人民出版社 2000 年版，第 2 页。

⑤ 张玉勤：《休闲美学》，江苏人民出版社 2010 年版，第 115 页。

成为推动社会全面发展的双轮动力"①。纵观工作与休闲关系的发展历史，可以说，"休闲与工作历经了'整合'(浑整不分)——'分化'(工作与休闲对立，如工作的人不休闲，休闲的人不工作，休闲是为了工作，休闲是一种罪恶)——'再整合'(工作与休闲共生，工作休闲化，休闲工作化)的演变过程"②。

总之，工作与休闲相互统一、相互依存、相互转化，都是个体和人类生活的不同方面，也是人类生存和发展必不可少的组成部分。它们的功能不同，却又相互补充，缺一不可："如果说工作和劳动(指狭义的物质劳动，而非哲学意义上的人类实践活动)为人类的文明和文化发展提供了物质保障，那么休闲则为人类的文明和文化发展提供了精神动力；如果说劳动和工作创造出更多的物质文化产品，那么休闲则创造出更多的精神文化产品。"③相应地，一个全面发展、完整完善的人，必然善于在劳动中找到休闲的感觉，从而使自己的劳动充满趣味，也必然善于在休闲中找到劳动的方式、体悟到劳动之于人生的意义，也必然在劳动和休闲的相互切换中，找到"人类社会生活的节奏"④。劳动与休闲是如此，以之为基础的劳动美学和休闲美学也是如此。

3. 劳动美学与休闲美学分裂的严重后果

劳动美学与休闲美学的分裂将造成严重的后果。不能带给人休闲感、美感、乐趣与愉悦的劳动形式是低级的、低效的、反人性的、不可持续的，会导致清教徒式的禁欲主义倾向，甚至会让人坠入"地狱"；相反，完全脱离劳动而一味开展休闲审美活动，一味追求生活中的闲情逸致，也会滑入享乐主义的深渊，造成人生意义的丧失，虚无主义的产

① 王小波：《工作与休闲——现代生活方式的重要变迁》，《自然辩证法研究》2002 年第 8 期。

② 张玉勤：《休闲美学》，江苏人民出版社 2010 年版，第 112 页。

③ 张玉勤：《休闲美学》，江苏人民出版社 2010 年版，第 217 页。

④ 张玉能、张弓：《身体与休闲》，《华中师范大学学报》(人文社会科学版) 2014 年第 5 期。

生，这是当前我们需要警惕的一种倾向。

将劳动和休闲对立起来，是一种非常有影响的观点。西方国家早在资本主义萌芽时期的清教徒那里，就坚持这样的观点："工作是第一位的，而休闲和娱乐主要被认为是起到了休息的作用并为继续劳动作准备"。① 18世纪的卢梭也坚持这样的观点，推崇原始自然人的"懒惰"，而贬抑现代文明社会的劳动，他认为"文明的人总是在迁徙、流汗、辛苦工作，并且绞尽脑汁去寻求更多的劳动机会"，他"把现代忙碌的、生产性的需求视为'人造的'需求、错误的需求——并认为这些需求危害和破坏人性的发展"②。莎林斯和其他许多著作家与卢梭的观点相似，他们对欧洲人在工作中过度劳累的现象表示不满，对"原始人"的劳动态度表示理解和同情，认为"不能用那种令人担忧的欧洲式强制所带来的优势，来评判狩猎者与采集者的工作习惯和态度"③。高兹进一步夸大了两者的对立，他错误地认为"工作的需求是错误的，它是现代工业社会人为的创造。而在其他的非工业社会，我们看到了不同的——更真实和更自然的——工作态度"④，"他们对工作和希望在工作中获得满足的需求都是一种错觉，是社会调控下的人为的产物，应该被丢弃"⑤。弗洛伊德和高兹一样，夸大了劳动的副作用，认为劳动必然造成人的本能的压抑，但是劳动也通过压抑人的本能推动文明的进步。他把文明的进步归结为这样的逻辑："本能压抑——于社会有用的劳动——文明"，认为劳动就意味着苦役，没有任何乐趣。这样的观点显然是片面的，但

---

① 张玉勤：《休闲美学》，江苏人民出版社2010年版，第113页。

② 肖恩·塞耶斯著，冯颜利译：《马克思主义与人性》，东方出版社2008年版，第67页。

③ 肖恩·塞耶斯著，冯颜利译：《马克思主义与人性》，东方出版社2008年版，第68页。

④ 肖恩·塞耶斯著，冯颜利译：《马克思主义与人性》，东方出版社2008年版，第68页。

⑤ 肖恩·塞耶斯著，冯颜利译：《马克思主义与人性》，东方出版社2008年版，第72页。

如果认为它仅仅适用于资本主义的异化劳动以及由此带来的苦役和压抑以及随之而来的资本主义文明的进步，也还是有某种程度的合理性的。马尔库塞在批判地继承弗洛伊德观点的基础上，将弗洛伊德所说的压抑分为基本压抑和额外压抑，认为劳动的存在有其合理性，而为资本家谋取剩余价值的资本主义劳动及其造成的额外压抑都是没有必要的，应该取消，他呼唤一种创造性的、充满爱欲的劳动形式和劳动关系。他说："一种非压抑性的现实原则的出现就将改变而不是破坏劳动的社会组织，因为爱欲的解放可以创造新的、持久的工作关系。"①他认为资本主义社会的现实原则和快乐原则、工作和爱欲是对立的，前者往往压抑后者，因此他希望通过工作日长度的缩短、"非压抑性的现实原则"的实施实现爱欲的解放，创造一种新的工作关系，实现工作与闲暇、自由、爱欲、乐趣等的统一与和谐。发达资本主义国家的经济和金融危机以及越来越高的过简朴生活、清洁生活、精神生活的呼声，都有利于爱欲的满足以及非压抑文明的实现，都有利于额外压抑的消除。② 如果把马尔库塞的观点限定在资本主义的异化现实里，有很强的说服力，那里的人们对完全异化的劳动非常不满，因为它和闲暇完全分裂开来了，没有任何创造性可言。正如阿格尔所说："在发达资本主义社会中，异化也表现为人们对劳动领域感到不满……人们为闲暇时间而活着，因为只有这时他们可以逃避高度协调的和集中的生产过程(不管是蓝领工人还是白领工人都是如此)。"③但是如果把这样的观点加以绝对化，认为任何社会、任何形式的劳动都会给人带来压抑、不幸和痛苦，并把它看成永恒不变的真理，则是完全错误的。劳动源自劳动者的本性和本能需要，他们往往要在这一过程中实现自身的成长、发展与重塑，提高自己诸方面的能

---

① 赫伯特·马尔库塞著，黄勇、薛民译：《爱欲与文明》，上海文艺出版社1987年版，第112页。

② 赫伯特·马尔库塞著，黄勇、薛民译：《爱欲与文明》，上海文艺出版社1987年版，第110页。

③ 本·阿格尔著，慎之等译：《西方马克思主义概论》，中国人民大学出版社1991年版，第495页。

力，实现自己的本质力量的对象化，展现自己的生命之美，因此对他们来说有重要的意义。而完全拒绝劳动，一味地贪图安逸享乐，这也是危险的，它将造成相关主体的退化，人生无尽的苍白与空虚的产生，甚至沦为完全被动的、消极的、惰性的、毫无价值与意义的废物。如果“让人处于一个不劳而获、衣食无忧的生活状态，看看这种生活状态究竟能让人坚持多久。结果是一般人一周内就觉得无聊至极，只有一个人坚持了近一个月，当逃离这种生活状态的时候，他的感觉几近发疯”①。可见，适度的劳动对一个人来说有多么重要的意义，多么必不可少。“当‘不劳动’或者‘不能劳动’让一个人觉得度日如年及至感到难以生存之时，惟有劳动，才会让黑暗的人生重新发光。”②当今社会的一些退休老人，虽然拿着数额不低的退休金，没有缺衣少食的担忧，但是由于从劳动领域中退出，使他们失去了确证自我的方式，感受不到人生的价值和意义，变得无聊空虚，有的甚至很快走向了生命的尽头。可见，充满愉悦的劳动对人们来说是何等重要，从中他们可以发现自己存在的理由。

实事求是地说，在现代社会，对大多数人来说，劳动带给他们的感觉并不总是那么美妙，而是让他们感到痛苦和厌倦，原因在于，大多数的劳动方式都是异化的和破坏性的，就像马克思从不忘强调的：“在奴隶劳动、徭役劳动、雇佣劳动这样一些劳动的历史形式下，劳动始终是令人厌恶的事情，始终表现为外在的强制劳动，而与此相反，不劳动却是‘自由和幸福’”③。在这样的社会里，劳动和休闲完全走向了分裂，劳动沦为摧残人的异化劳动，没有任何休闲的元素，没有任何美感和愉悦，而包含着闲趣的休闲审美活动也完全脱离了劳动，休闲者厌恶劳动，追求人生的享乐，甚至成了享乐主义者。马克思基于资本主义社会

① 于光远、马惠娣：《劳作与休闲——关于休闲问题对话之五》，《洛阳师范学院学报》2008 年第 3 期。

② 于光远、马惠娣：《劳作与休闲——关于休闲问题对话之五》，《洛阳师范学院学报》2008 年第 3 期。

③ 《马克思恩格斯全集》第 30 卷，人民文学出版社 1995 年版，第 615 页。

的现实，认为两者确实存在着对立，“社会必要劳动需要抛弃作为本能的思想和行动的个人创造力和与同伴的非极权的关系”①。这种社会必要劳动与人的本能、个人创造性以及与同伴的平等关系的对立，正是资本主义社会劳动与休闲对立的具体表现形式。在资本主义社会的异化劳动中，劳动往往并不创造美，并不创造美好的未来，人们也很少能体会到闲情、欢乐和趣味，而更多的是在异化消费中寻找人生的意义与价值，感受片刻的刺激和满足，这也是一种异化状态。西方社会越来越多的工作狂和“过劳死”现象正是对异化劳动的绝妙讽刺。而只有走出资本主义制度，劳动的性质才可能发生根本的变化，劳动才能普遍地拥有美，劳动美学也才能受到人们普遍的推崇和欢迎。

总之，劳动和休闲相互依存、紧密相关、缺一不可。正如马惠娣指出的：“没有休闲、娱乐与游戏的社会，必定是沉闷的社会；但没有劳动和工作作为基础，休闲就会成为生命中不能承受的空闲(如：失业者)。”②“只享有休闲而没有劳作，只能是‘神谕’的生命活动(事实上，神根本不存在)，而只劳作没有休闲那是‘非人’的生命存在。”③庄穆也指出：“没有工作的休闲，休闲只会成为一种‘乌托邦’或沦为无所事事与游手好闲，反之，没有休闲的工作，工作则可能变成对人的一种奴役，两者都失去其存在的本来意义。”④这些清醒的认识有力地反驳了将劳动和休闲完全对立起来的观点。而以劳动和休闲的关系为基础的劳动美学和休闲美学的关系也应该作如是观。

(三)理想状态下的劳动美学与休闲美学

在马克思早期对共产主义社会的论述中，就包含着对劳动与休闲关

---

① 本·阿格尔著，慎之等译：《西方马克思主义概论》，中国人民大学出版社1991年版，第498页。

② 马惠娣：《休闲：人类美丽的精神家园》，中国经济出版社2004年版，第55页。

③ 于光远、马惠娣：《劳作与休闲——关于休闲问题对话之五》，《洛阳师范学院学报》2008年第3期。

④ 庄穆：《休闲：理想与现实》，《自然辩证法研究》2002年第8期。

系的辩证统一的看法，认为理想状态下的非异化劳动可以给人带来全面发展和自我展现，可以给人带来自由与解放，可以给人带来美好与快乐，从而使他们能够实现自由与必然的统一。他指出："一方面，任何个人都不能把自己在生产劳动这个人类生存的自然条件中所应参加的部分推到别人身上；另一方面，生产劳动给每一个人提供全面发展和表现自己全部的即体力的和脑力的能力的机会，这样，生产劳动就不再是奴役人的手段，而成了解救人的手段，因此，生产劳动就从一种负担变成一种快乐。"①这也就意味着能带给人愉悦和美感的劳动完全可以和包含着闲趣的休闲审美活动实现完美的统一，这应该是劳动和休闲关系的理想的状态。阿格尔从对资本主义社会现实的批判出发，发展了马克思的思想，他期待改变资本主义社会的"异化消费"和"异化劳动"状态，转而产生一种带有理想性质的休闲活动和生产劳动，即"生产性闲暇"和"创造性劳动"，"人们可以在社会有用的生产活动中实现自己本身的基本愿望和价值"②。在这种带有理想性质的"生产性闲暇"和"创造性劳动"中，劳动与休闲、闲暇紧密地联系在了一起，劳动带上了更多闲暇、休闲、闲趣的因素，变成了"乐生要素"，"快乐的劳作会给每一个劳动者带来激情、灵感、效率与创造力"③；而闲暇、休闲、闲趣也可以通过带有理想性质的劳动的方式来展开，它们都可以给人带来更多的自我满足与自我实现，使他们的高层次的精神文化需求得到满足。马克思在《资本论》中对生产劳动和包含着闲趣的自由的休闲审美活动合一的理想状态做过描述："使我有可能随自己的兴趣，今天干这事，明天干那事，上午打猎，下午捕鱼，傍晚从事畜牧，晚饭后从事批判。"④不过他认为，这种包含着闲趣的休闲审美活动、这种自由的理想的生产劳动在

---

① 《马克思恩格斯选集》第3卷，人民出版社1995年版，第644页。

② 本·阿格尔著，慎之等译：《西方马克思主义概论》，中国人民大学出版社1991年版，第497页。

③ 于光远、马惠娣：《劳作与休闲——关于休闲问题对话之五》，《洛阳师范学院学报》2008年第3期。

④ 《马克思恩格斯选集》第1卷，人民出版社1995年版，第85页。

资本主义社会是不多见的，它将更普遍地存在于未来的共产主义社会中。就现实情况而言，随着现代科技的发展和社会的进步，生产劳动和包含着闲趣的休闲审美活动将实现更好的融合，这是一种历史的发展趋势。正如于光远、马惠娣所说："劳作与休闲融合的社会是历史发展的必然规律，是生产力发展的必然结果。未来的劳作将会更多地凝聚人的休闲智慧，休闲智慧将使未来的劳作充满创造的激情与乐趣。"①

就当下中国社会而言，社会制度的优势使生产劳动和包含着闲趣的休闲审美活动融合的社会理想具有了实现的可能性。那种认为开展休闲审美活动、追求闲情逸致之美是腐化堕落的"小资"情调的过时观念、那种认为休闲美学是属于剥削阶级的美学的过时观念需要改变，前者完全可以和带给人们美感和愉悦的生产劳动和谐地统一起来，后者完全可以和劳动美学和谐地统一起来，它们共同修复人们饱受摧残的生命，维护他们身心的和谐、精神生态的平衡以及社会生态的稳定。生产劳动和包含着闲趣的休闲审美活动融合的社会理想，较普遍地存在于文艺活动中。即使在古代的文艺创作中，也存在这样的融合现象。例如在《诗经·国风·周南》里，有这样一首诗篇："采采芣苢，薄言采之。采采芣苢，薄言有之。采采芣苢，薄言掇之。采采芣苢，薄言捋之。采采芣苢，薄言袺之。采采芣苢，薄言襭之。"②这首诗描写了古代的劳动妇女采摘车前子时的劳动情景，那轻松明快的节奏、回环往复的韵律、清新质朴的语言，充分表现了她们轻松、愉悦、欢快的心情。这哪里是劳动，这完全是一种审美享受的过程、一种追求闲情逸致之美的过程、一种开展休闲审美活动的过程。在古代奴隶社会异化劳动普遍存在的情况下，这样一种"生产性闲暇"，这样一种自由的充满闲情逸致之美的劳动，这样一种休闲审美活动，确实是不多见的，它带有未来理想社会生产劳动的性质，是生产劳动和休闲审美活动完美融合的典型例证。再

① 于光远、马惠娣：《劳作与休闲——关于休闲问题对话之五》，《洛阳师范学院学报》2008 年第 3 期。

② 袁愈荌等译注：《诗经今译》，贵州人民出版社 2000 年版，第 11 页。

如，在陶渊明充满诗意的农业劳动中，也往往包含着生命的欢愉和乐趣，包含着对闲情逸致之美的沉醉，包含着自我实现的满足，包含着本真自我的发现以及本然性情的流露，因此也完全是一种休闲审美活动，是生产劳动和休闲审美活动完美融合的生动实践。他诗歌中所描写的“采菊东篱下，悠然见南山”“晨兴理荒秽，草盛豆苗稀”都是这种完美融合的形象体现。可以说，往往正是在这种创造美的文艺活动中，两者能够达到完美融合的理想状态。作家、艺术家的文艺创作是一种生产劳动，它创造了美的文学和艺术，而作家、艺术家如果用休闲审美的心境来创作他们的作品，那么它实际上就是一种“生产性闲暇”，或者说是一种包含着闲趣和闲情逸致之美的休闲审美活动。文艺创作活动作为一种创作文艺作品的充满审美色彩的生产活动，以特殊的形式体现了劳动美学的审美本性。而在休闲审美主体追求闲情逸致之美的过程中，他们往往怀着休闲审美的心境，展开文艺创作活动，生产文艺作品，这一过程虽然可能包含了紧张的精神活动和辛苦的体力劳动，但是相关休闲审美主体却是自由的、畅快的、愉悦的，从而以特殊的形式体现了休闲美学的审美本性。这一活动构成了劳动美学和休闲美学完美融合的具体而微的形式和形态。在当下中国社会出现的“休闲化工作”或者“工作化休闲”中，也很好地实现工作和休闲的完美融合，从而带上了未来理想社会的特征。

在当下中国的社会背景下，在坚持传统的马克思主义劳动美学的前提下，必须与时俱进，发展和完善马克思主义休闲美学这一更高层次、更高形态的美学，以实现对前者的有益补充，进而实现生产劳动和休闲审美活动的完美融合，这是时代赋予我们的重要使命。

第三节　休闲美学的性质

通过对休闲美学的性质的探讨，可以让我们对休闲美学有更深入的理解和把握。休闲美学的性质从不同的角度可以有不同的界定，从自然属性的角度看，休闲美学具有深刻的自然人性属性；从社会属性的角度看，休闲美学具有鲜明的社会阶级属性；从精神文化属性的角度看，休闲美学具有深层的精神文化属性。

一、深刻的自然人性根基

休闲美学深刻的自然人性根基表现在慵懒闲散和闲情逸致两个层面：

（一）基本的生存欲——懒惰闲散

休闲和休闲审美，最初都根源于人类的生命本能和生存欲，都是为了人类生命的存在、延续以及更好的生存，因此都具有深刻的自然人性根基。其基本的表现形式就是对慵懒闲散的渴望。正如有学者指出的："休闲是一种植根于人的生命节奏中的本源性需要，它是人的一种本能。"①马尔库塞认为，从哲学本体论来看，包括人类在内的生命有机体具有两种主要的本能，即死亡本能和生命本能。死亡本能推动着生命有机体走向死亡，走向无机界，这是生命有机体往往竭力避免的；而生命本能推动着生命有机体实现自身的保存和发展，形成"更高的心理表现"②。具体就人类这一特殊的生命有机体来说，在他的人性结构诸要素中，覆盖面最广泛、地位最基本的是他的生命本能或者生存欲，这是人类最原始的欲望或本能，它抑制或延缓人类个体向无机自然界回归的趋向（源自死亡本能的推动），而竭力追求和维护生存以及更好的生存，以实现各种各样的趋向于"生"的本能、欲望、心理、情感、精神等。人类为了保护生命安全所进行的斗争，或者为了逃避死亡的恐惧所进行的挣扎，都是在生存欲的驱动下进行的。弗洛姆对此深有体会，他说，人性，不论是出于基本生存层次的食欲和性欲，还是出于由此升华而起

---

① 吕尚彬、彭光芒、兰霞编著：《休闲美学》，中南大学出版社 2001 年版，第 4 页。

② 赫伯特·马尔库塞著，黄勇、薛民译：《爱欲与文明》，上海文艺出版社 1987 年版，第 76 页。

的情感和性格，都源于“生命的本质”，即“维护和肯定自己的生存”。而生命本能或者生存欲的重要表现形式之一就是惰性。它出于保存生命的需要，表现出对爱欲本能的执著，顽强地反抗和抵制着回归自然的死亡本能，从而使通往死亡的道路得到延缓。卢梭认为“懒惰”是人的“自然”属性之一，例如处于“自然状态中的”人——“原始的”人——就是这样，他们“是一种几乎没有什么需求的动物(creature)，并且对身外的事情不感兴趣。‘他只希望脱离劳动而自由的生活’”①。其实对于现代人来说，也是这样。正如肖恩·塞耶斯指出的：“我们除了需要活动，也需要不活动：休息和睡眠，这些都是自然的身体需要。”②这是人类普遍性的生命本能或者生存欲的表现，它通过要求满足人的最低层次的生理、生命需要，使人在劳动过程中产生的身体损耗得到恢复、生命力得到复苏，从而使人的生命及其持续存在得到保护。

有人把休闲分为四个层次，从低级到高级依次为休息、闲暇、有意休闲、追求休闲意蕴。③ 休息、闲暇这两个层次，包括睡眠、懒惰、有空闲时间却什么事也不做的闲散状态等，实际上都是一种低层次的休闲，它们都源自人的本性、生存欲或生命本能，是他们维持自身基本的生存以及延续的需要。正如马惠娣指出的：“休闲通常被看作是从属于工作时间以外的剩余时间，休闲的意义和功能主要体现在恢复体能和打发时间上……是从事劳动后进行身心调整的过程，和劳动的再生产及必要劳动的补偿相联系。”④因此，低层次休闲的诉求有其存在的合理性，我们不应该轻易否定和批判(而后两个层次——有意休闲、追求休闲意

---

① 肖恩·塞耶斯著，冯颜利译：《马克思主义与人性》，东方出版社 2008 年版，第 67 页。

② 肖恩·塞耶斯著，冯颜利译：《马克思主义与人性》，东方出版社 2008 年版，第 89 页。

③ 马惠娣：《休闲：一个新的社会文化现象》，《科学对社会的影响》2004 年第 3 期。

④ 马惠娣：《休闲问题的理论探究》，《清华大学学报》(哲学社会科学版) 2001 年第 6 期。

蕴——则属于高层次的求乐欲的表现，我们将在下面细说）。睡眠、懒惰、有空闲时间却什么事也不做的闲散状态等，作为源自生命本能需求的低层次的存在状态，体现在休闲和休闲审美中，就是对慵懒闲散的渴望，它们作为生存欲望的表现，有利于个体生命的滋养和自我的保护，是个体生命在漫长的生命历程中的短暂歇脚，它们能够使个体生命在慵懒闲散的休息之后在特定时间内蓄积能量，进而更好地呈现自己的生命本质力量。因此，它们构成了休闲以及休闲审美的深刻的自然人性根基。在物质匮乏的社会里，为了维持基本的生存，人们往往把能够生产物质产品的辛勤劳作当作美好的品质加以歌颂，而把空耗物质资料而不产生任何效益的慵懒闲散当作恶劣的品质加以嘲讽与鞭挞，这样的情况在文学作品里比比皆是。如果从休闲学以及休闲美学的角度看，这是不公允的。在以往的阶级社会里，一些奴隶主、地主、资本家等，不劳而获地占有劳动人民创造的物质财富，追求慵懒、闲散，贪图安逸、享乐，固然应该被揭露、嘲讽、批判。但是这些追求如果放在辛勤劳作的底层人民身上，实际上是一种维护自身生存、延续以及更好的生存的行为，是其生命本能或生存欲的表现，有其深刻的自然人性根基，因此则变成了合情合理的诉求。特别是在现代社会，底层劳动人民对慵懒闲散的渴望显得更加强烈。其重要的原因在于：一些国家出于特定的目的，采用种种办法推动本国的劳动者超强度工作，这违背了他们的自然人性，必然损害他们的身心健康；而现代科技的高速发展，推动着自动化机器高速运转，这使相关的劳动者为了适应机器，也被迫提高工作效率，这也违背了他们的自然人性，伤害了他们的身心健康；现代社会严密、高效的生产、工作机制及巨大的生存压力、激烈的生存竞争等形成一股合力，也推动着劳动者被迫以过度的辛劳工作着，这违背了他们的生命运行规律，严重地透支了他们的身心健康，使他们的心理出现问题，身心和谐遭到破坏，精神生态失去平衡。在这种情况下，再提倡闲散，提倡在特定时间内什么事也不做的生命状态，提倡休闲和休闲审美，就有了深刻的自然人性依据，因此也就显得合情合理、迫切而又必要，这有利于他们生命的调养与维护。例如相关劳动者像个“无事人”一样，什么事也不做，只是静观流水、青禾、绿草，或者散步、静坐，“流水之声可以养耳，青禾绿草可以养目”“逍遥杖履可以养足，静坐调息可以养筋骸”①，都达到了休闲活动和休闲审美活动应该达到的效果。特别是给生命留点空白的悠闲自得的闲坐，在休养身心的同时，还能给相关休闲主体带来不少生活的乐趣。正如陈琰所说，这是一种“忙中偷闲”的休闲审美状态，既不至于让人过分忙碌，从而“失去生存的意义”，也不至于让人过分闲散而“产生无聊和空虚”。不但如此，在他的笔下，这种“闲坐”甚至具有艺术和审美色彩：“闲坐充满了乐趣，特别是独自一人闲坐，既有身体上的快适和心理上的快乐，又有心灵上的自由。……在闲坐的寸金光阴里争得一点闲云野鹤般的时光，这不只是人生的一次小憩和养精蓄锐，也应该是一种艺术的人生吧。”②

（二）高级的求乐欲——闲情逸致

马克思认为，人的需求即人的本性（也即自然人性），而出于乐生需要的对闲情逸致的追求正是人的本性的体现。这种体现人的本性的追求往往就是人们“真正爱的东西”，就是人们“真实的需要”，即符合他们本性、本质的需要，因此应该得到充分的满足。如果说慵懒闲散有深刻的自然人性根基，满足了休闲者基本的生存欲望，那么建立在慵懒闲散基础上的闲情逸致也源于人的自然人性，它满足了休闲者高层次的生命本能——求乐欲望，满足了休闲者奢侈的欲望。马尔库塞所说的“存在本质上是对快乐的追求”③正是这种乐生需要的体现。古希腊的亚里士多德早在两千多年前就指出休闲是一种“不需要考虑生存问

---

① 马惠娣：《休闲：人类美丽的精神家园》，中国经济出版社 2004 年版，第 50 页。

② 陈琰编著：《闲暇是金：休闲美学谈》，武汉大学出版社 2006 年版，第 134~135 页。

③ 赫伯特·马尔库塞著，黄勇、薛民译：《爱欲与文明》，上海文艺出版社 1987 年版，第 89、90 页。

题的心无羁绊"①，大多数人在解决了基本的生存问题后，拥有了什么事也不做的休闲的权利，在此基础上才会去进一步追求快乐，追求生活中的闲情逸致，这也是他们乐生需要的本性使然。而在现代社会，在工作之外的休息、闲暇时间里，人们通过休闲活动、休闲审美活动获得满足和快乐，追求更好的生存、更理想的生存、更高级的生存。这种对闲情逸致之美的高层次追求源自人们的自然人性，是他们的乐生需要的具体表现。正如马惠娣指出的："人性不能局限于生存层次的食欲与性欲，还要看到，人类具有人所特有的和超越生存的功能和热情。"②这里所说的"超越生存的功能和热情"就属于这种高级的乐生需求，它满足了人们自我追求、自我表现、自我发现、自我确证、自我发展、自我完善、自我实现的高层次的本能需求。以人类高级的乐生需要的表现形式之一——"玩"为例，它就源于人类自然人性的需要。正如于光远指出的："人之初，性本玩"，"人一生下来就喜欢玩"，"人爱玩是天性"③，"玩是人生的根本需要之一"④。刘耳认为："休闲起源于人幼童时期的玩耍本性。实际上，动物也有玩性，从动物进化到人，玩性并没有消失，而是随着人类社会组织、语言、文字的产生而逐渐具有文化的丰富内容和形式。"⑤

从需求层次理论来看休闲者高层次的自然人性的满足，休闲者高级的生命本能的满足，也许能够对人们追求闲情逸致之美的行为有更深刻的认识。马斯洛的需求层次理论把人的需求从低级到高级分为七个层

---

① 转引自李爱军、陈曦：《休闲美学研究综述》，《韶关学院学报》2009 年第 8 期。

② 马惠娣：《休闲：人类美丽的精神家园》，中国经济出版社 2004 年版，第 105 页。

③ 马惠娣：《休闲：人类美丽的精神家园》，中国经济出版社 2004 年版，第 31 页。

④ 于光远：《论"玩"》，《消费经济》1997 年第 6 期。

⑤ 马惠娣：《休闲：人类美丽的精神家园》，中国经济出版社 2004 年版，第 224 页。

次：生理需要、安全需要、归属与爱的需要、尊重的需要、认知的需要、美的需要、自我实现的需要。① 人的初级的、基本的需要满足了，高级的、奢侈的需要就随之产生了；生存的需要满足了，发展的需要以及自我实现的需要等就随之产生了。在这个需求层次不断发生质的跃升的过程中，最终会满足休闲者精神的、文化的、审美的需要，带给他们极致的快乐。例如处于最高层次的“自我实现的需求”的满足，往往能释放相关主体的全部潜能，使他们的本质力量得到充分的呈现和对象化，从而能带给他们极致的快乐。上面提到的基本的生存欲——慵懒闲散显然属于生理需要、安全需要，属于初级的生存的需要，但是还没有达到一般的更好的生存的需要——归属与爱的需要、尊重的需要、认知的需要——的层次，而这里所说的乐生需要的重要表现形式之一——对闲情逸致之美的追求——显然超越了初级的基本的生存的需要，也超越了一般的更好的生存的需要，而是属于特殊的高级的乐生的需要——“美的需要”和“自我实现的需要”，这是高层级的奢侈的需要，是生存的理想状态和高层境界，它往往能给人带来极致的快乐。这种追求闲情逸致之美的乐生境界的达成，这种“美的需要”和“自我实现的需要”的满足，建立在基本的生存的需要——慵懒闲散的需要——得到满足以及一般的更好的生存的需要——归属与爱的需要、尊重的需要、认知的需要——得到满足的基础上。具体就西方的情况而言，工业经济几百年的发展创造了极其丰富的物质财富，让西方人也拥有了更多的闲暇时间，从而使他们的初级的基本的生存需要，即能够让人慵懒闲散的生理的、安全的需要具备了满足的条件。但是受西方社会制度的限制，这种需要要想得到真正的满足，还需要在社会层面继续付出努力。而奢侈的、理想状态的、高层境界的需要——“美的需求”以及“自我实现的需求”——追求闲情逸致之美的需要——的满足则需要超越慵懒闲散这样

① 钱谷融、鲁枢元：《文学心理学》，华东师范大学出版社 2003 年版，第 444 页。

的低层次的生存层面的生理需要和安全需要。如果无法超越这样的需要而沉沦其中，将会使高层次的乐生需要的满足被抑制，从而生出精神世界的空虚、无聊、不安、痛苦、焦虑和不幸来，无法实现需求境界的提升，也无法获得极致的快乐。

事实上，在人们的初级的基本的生存需要——能够让人慵懒闲散的生理的、安全的需要——得到满足后，只要他们在物质生活上没有太多的奢求并沉湎其中，就能够自然地从中超越出来并进入高级的乐生境界，将自己的生活过得怡然自得、自得其乐，甚至在这一过程中自由地追求和享受闲情逸致之美，从而产生无限的情趣和极致的快乐。长期以来，中国的大多数老百姓在物质生活中并不富足，但是国家为他们提供了基本的外部条件，使他们得以在有限的意义上实现慵懒闲散的基本需要的满足，“老婆孩子热炕头”的生活理想就是这种基本需要得到满足的具体表现形式。这甚至在某种程度上已经超越了基本的生存需要，因为这在给相关主体带来其乐融融的家庭温暖的同时，也可以使他们感受到一定程度的闲情逸致之美，甚至可能使他们获得满足感和幸福感。有时，他们对这种满足感和幸福感的需要还相当强烈。休闲学家于光远曾经讲过一个真实的故事：“1979 年我去日本访问，有幸多次见到法部大臣古井喜实先生。他谈起一件事：有一位日本妇女，年轻时嫁给中国人。她的丈夫早已去世，自己无儿无女，年纪也很老了。她被接回日本，日本政府为她安排了家，过着富裕的生活。但是她在日本住了一段时间之后，坚决要回中国自己住过的东北农村。理由只有一条，在日本她的邻居各自忙着自己的事情，闲暇时间也各自在自己家休息，没有人和她闲谈，因此感到很孤独。而在她住过的中国农村，有很熟悉的邻居老太婆经常互相串门，或者一起晒太阳聊天。她觉得那样过穷日子反而比在日本过富裕的生活愉快。古井先生讲了这个故事之后，说了一句：‘可见富裕并不就等于幸福。’”①对于这个日本老太太来说，在慵懒闲

① 于光远：《论普遍有闲的社会》，中国经济出版社 2004 年版，第 33、34 页。

散的基本的生存需要得到满足以后，“互相串门”“晒太阳聊天”“闲谈”等可以带给她无法代替的生活趣味，这对她来说显然比单纯的物质生活的富足有意义得多，重要得多，幸福得多。总之，只有在满足了“植根于人的本性”的“真正需要”之后，人的本质力量才能充分展现，人的生命潜能才能充分发挥，人对高雅情致的追求才能充分实现。

所以，人们应该顺应着自己的本性，在初级的、基本的生存需要即慵懒闲散的需要得到初步满足后，应该积极地追求乐生层面的、奢侈层面的需要——对闲情逸致之美的追求——的满足，获得精神上的极致的快乐，实现精神世界的丰富与充实，达到一种有意义、有价值的高境界的生存状态。就当下中国的情况来说，在经济发展上已经取得了巨大的进步但是发展得仍然不全面、不充分，不能够很好地满足广大人民群众的基本需要，这就对他们追求实现乐生层面的、奢侈层面的需要——对闲情逸致之美的追求——的满足形成了很大的制约。这就要求国家继续大力发展生产力，持续提高人民群众的物质生活水平和需求层次。

二、鲜明的社会阶级属性

休闲审美活动植根于自然人性，并且它作为人们普遍追求的生活理想，“遍于各个民族、各个阶层、各个行业之中，因此，它具有广泛性”①和普遍性。但是在不同时代、不同社会里，它又不是为社会成员均衡地享有，而是一部分社会成员（可能是较少的社会成员）更多地享有，甚至成为他们所属的那个阶级、阶层的特权的象征，从而形成某些“有闲阶级”；而另一部分社会成员（可能是大部分社会成员）较少地享有，甚至可能在终日劳碌中被剥夺了享有的权利。这就使休闲审美活动呈现出鲜明的社会阶级属性。

（一）有闲阶级的休闲美学

在中国传统社会，从事休闲审美活动的主体主要是那些具有较高社

① 马惠娣：《建造人类美丽的精神家园——休闲文化的理论思考》，《未来与发展》1996年第3期。

会政治地位的官僚贵族，如帝王将相、皇亲国戚、宰相大臣、士大夫等。他们作为特权阶层，生活悠闲安逸、优裕富足甚至花天酒地，例如“历代的帝王将相和富豪之家，蓄养了大批的歌儿舞女，以供他们消遣娱乐。从两汉直至唐宋，女乐盛行不衰。王室、贵族、士大夫文人沉溺于歌舞之中，享受声色之乐的狂热情状，简直非今人所能想象”①。而广大劳动人民则在统治阶级的残酷剥削和压迫下，在巨大的生活压力下，艰难度日，疲于奔命，根本没有那样的物质条件和那份闲心去享受悠闲的生活、高雅的情致。在太平盛世，他们或许有了一点自由稍作喘息，享受一些悠闲，追求一点美丽，但由于受自身的经济、政治、社会和文化条件等的限制，仍然很难达到追求和享受闲情逸致之美的生命境界。正如张玉勤指出的：“劳动和休闲在过去分属两个不同的阶层，劳动的人往往得不到休闲，特权阶级的休闲时间则是‘通过将广大劳动人民的“生活时间”变为劳动时间而获得的’(马克思语)”②，“到了阶级社会，人们的财富、地位、等级都发生了变化，出现了罗歇·苏所说的‘将其时间花费在休闲上的有闲阶级和献身于劳动的广大被奴役的群众’的社会分层”③。马惠娣认为，在前工业的阶级社会里，由于生产力极端低下，拥有自由时间只能是少数有闲阶级的特权，他们依靠自己的统治权力和地位，无偿地剥夺了劳动人民创造的物质财富，并驱使他们不停地劳动，又剥夺了他们的自由时间以及享受休闲生活的权利：“中国有关休闲文化的历史相当悠久，但在近代以前，主要反映在官宦、士大夫阶层以及文人墨客中。……对于大多数平民百姓来说，则是可望而不可即的事情。”④因此，上层统治阶级在物质财富、自由时间、享受休闲生活等方面对普通劳动人民的剥夺，使他们的体能得不到充分恢复，

---

① 吕尚彬、彭光芒、兰霞编著：《休闲美学》，中南大学出版社 2001 年版，第 72 页。

② 张玉勤：《休闲美学》，江苏人民出版社 2010 年版，第 115 页。

③ 张玉勤：《休闲美学》，江苏人民出版社 2010 年版，第 23 页。

④ 马惠娣：《文化精神之域的休闲理论初探》，《齐鲁学刊》1998 年第 3 期。

更使他们的精神缺乏滋养。

西方的阶级社会也存在着和中国相似的情形，有闲阶级不用工作，不用负担各种家庭的和社会的责任和义务，不用为生活的基本需要而操心操劳，他们依靠或者继承来的或者剥削来的物质财富过着悠闲的生活，追求着生活中的闲情逸致，而底层劳动人民却很少能享受到无忧无虑的休闲生活带来的乐趣。凡勃伦指出了富人阶级拒绝劳动、追求悠闲的社会心理动因："摒绝劳动不仅是体面的，值得称赞的，而且成为保持身份的、礼俗上的一个必要条件。"①托马斯·古德尔、杰弗瑞·戈比进一步概括了凡勃伦的观点，他们指出："富人已经形成了一个'有闲阶级'，对于他们来说，休闲并不是一个自我完善的机会，而仅仅是一个炫耀个人财富和拉大同普通百姓之间距离的机会。天性好掠夺的有闲阶级靠着不断欺压那些无权无势的人来保持自己的生活风格。这样看来，在广泛参与愉快的和自由选择的活动这个意义上来说，休闲显然是一种分裂了的东西——它由于财富、阶层和权力而发生了变化。在所有这些情况中，休闲成了精英阶层的特权。"②

如果把开展休闲审美活动、追求闲情逸致之美作为一种权利来看待的话，那么有闲阶级和底层劳动人民对它们的争夺就带有了阶级斗争的色彩，底层劳动人民对这些活动的追求往往被诬蔑为"懒散"，而有闲阶级对这些活动的追求往往被尊称为"休闲"。正如托马斯·古德尔、杰弗瑞·戈比所说的："对于富人和穷人、有权者和无权者来说，休闲往往具有不同的含义。在评论英国的工业化时期时，霍尔(Hall)说道：'穷人的休闲和富人的休闲被认为是非常不同的，而且，其所使用的名称也不一样。穷人的休闲被认为是一种懒散，被认为是祸根'。"③在这

① 凡勃伦著，蔡受百译：《有闲阶级论——关于制度的经济研究》，商务印书馆1997年版，第35页。

② 托马斯·古德尔、杰弗瑞·戈比著，成素梅等译：《人类思想史中的休闲》，云南人民出版社2000年版，第212页。

③ 托马斯·古德尔、杰弗瑞·戈比著，成素梅等译：《人类思想史中的休闲》，云南人民出版社2000年版，第211、212页。

种情况下，劳动者有意识的“懒散”甚至罢工就是对有闲阶级强迫他们进行异己劳动的一种消极的反抗，带有反抗压迫、保护自我生命健康的味道。而对底层劳动者来说，不仅名正言顺的“懒散”得来很不容易，而且开展休闲活动或者休闲审美活动，也不是顺应着自己的本性就可以了，而是需要花费很大的气力去争取，有时甚至不得不为此进行顽强的政治斗争。对他们来说，争取休闲权利的过程是一个艰难曲折的政治斗争的过程：“休闲涉及基本人权和政治自由，人类的休闲史就是摆脱工作奴役的历史。”①这充分地体现了休闲美学的阶级性。

（二）平民的休闲美学

按照通常的观点，开展休闲审美活动、追求闲情逸致之美、享受悠闲人生往往是有权有钱有闲阶级的特权，因为权力和金钱能够为他们过上这种生活提供可靠的政治保障、坚实的物质基础、充足的时间以及文化上的条件等。从历史上看，富有情趣的悠闲生活也确实和普通劳动人民关系不大，而更多地属于这些有权有钱有闲的阶级。那么底层劳动人民是否开展过休闲审美活动、追求过闲情逸致之美？是否有自己的休闲审美观念？毫无疑问，他们的物质生活条件较为恶劣，往往在巨大的生存压力下，为自己的基本生活而奔波劳碌，为自己的衣食住行、油盐酱醋等琐事而忧心忡忡，为自己的安全经常受到威胁而恐慌不已。很难想象，一个人在基本的物质生活需求得不到满足，经常处于吃不饱、穿不暖的状态，生命安全经常受到威胁的情况下，会产生出追求和享受闲情逸致之美的冲动来。但据此就认为底层劳动人民完全没有自己的悠闲生活和闲情逸致就大错特错了，也不符合历史事实。正如上文所说，开展休闲审美活动，追求闲情逸致之美，根植于人性之中，是每个人生来就有的天性。只是在底层劳动人民那里，这种天性因为政治权利的缺失、物质的匮乏或时间的不足，常常处于被压抑的潜在状态，只有在少数情

① 章辉：《论休闲学的学科界定及使命》，《中央民族大学学报》（哲学社会科学版）2012 年第 2 期。

况下才会被激活并呈现出来。并且，开展休闲审美活动，追求和享受生活中的闲情逸致之美，物质条件和外部环境等并不居于关键地位，而居于关键地位的更多的是一种生活姿态和生命情怀。正如林语堂所说："在中国，消闲生活并不是富有者权势者和成功者独享的权利，而是一种宽怀心理的产物。"①在具备基本的物质生活条件的前提下，只要能够热爱生活和人生，有一颗宽怀的心灵，乐天达观，对功名利禄不放在心上，底层劳动人民也完全可以产生出闲雅情致来。林语堂指出："享受悠闲的生活是不需金钱的，有钱的人也不一定能真正领略悠闲生活的乐趣，只有那些轻视钱财的人才真正懂得此中的乐趣。他须是有丰富的心灵，爱好简朴生活，对于生财之道不放在心头。"②

在中国历史上，在简朴的物质生活条件下追求悠闲的生活、享受闲情逸致之美的人有不少。一个典型的例子，就是为历代的人们津津乐道的"颜回之乐"。颜回作为孔子的学生，在贫寒的、简朴的物质生活条件下，在简陋的外部生活环境中，仍然保持着对生活的乐观态度，保持着悠闲的生活情致，这种超逸的人生境界得到了孔子的高度评价："贤哉，回也！一箪食，一瓢饮，在陋巷，人不堪其忧，回也不改其乐。贤哉，回也！"③颜回用自己的生命实践告诉人们，闲情逸致的人生境界的达成并不需要以丰富的物质财富的拥有为前提。而孔子本人也是这样，他曾经为实现自己的政治理想而周游列国、四处奔波，但是他能够超越艰苦的物质生活条件以及陷入困境的政治遭遇，在个人生活方面随遇而安、乐观从容，追求简朴的物质生活、丰富的精神生活、高雅的闲逸生活，坚持"君子固穷"却"饭疏食饮水，曲肱而枕之，乐亦在其中"④，表现出安贫乐道的精神境界，为历代知识分子做出了表率。正如马秋丽指出的："在当时社会动荡、物质贫乏的状况下，孔子为人们提供了一

---

① 杨虹编：《休闲四韵——逍遥游》，贵州人民出版社 1994 年版，第 28 页。
② 杨虹编：《休闲四韵——逍遥游》，贵州人民出版社 1994 年版，第 29 页。
③ 张明林：《论语》，中央民族大学出版社 2002 年版，第 79 页。
④ 张明林：《论语》，中央民族大学出版社 2002 年版，第 98 页。

种依然可以让心灵宁静愉悦的生活态度和生活方式。”①陆庆祥在概括颜回和孔子的这种休闲的、超迈的人生境界时指出：“在苦中依然能作乐。苦中作乐，体现出人生的境界，是人的一种内向超越精神。……苦中作乐，即在困境中得休闲之乐。……这是达观者的姿态，也是人类面对困境人生的一种超拔。”②实际上，在中国历史上，有很多士大夫并不是在仕途得意、官位显赫的情况下享受闲适人生和闲情逸致的，因为严肃繁忙的官场往往使他们无暇顾及生活的美好和生活中的闲情逸致；反倒是官场的失意为他们提供了充裕的闲暇时间，使他们有充分的自由去发现生活的美好，去享受生活中的闲情逸致。正如林语堂在《悠闲生活之崇拜》中所说的，像苏东坡、陶渊明“这些古代的名人并不是空谈着农村的情形，他们是过着穷苦的农夫生活，在农村生活中发现了和平与和谐”③。

不论是孔子、颜回，还是陶渊明、苏东坡，都属于高级知识分子，他们的生活处境穷困潦倒、人生道路坎坷曲折、文化修养极高，有的人的人生境界已经达到了圣人境界，凡夫俗子很难达到。因此，他们并不能算作普通劳动人民。即便是物质生活条件贫乏的普通劳动人民，他们发自生命本能的对悠闲生活的向往、对闲情逸致之美的追求、对内涵丰富的超越性人生境界的渴望，在中国历史的发展中也从来没有中断过。正如俞灏敏所说：“在古代社会，由于人的文化素养高低不同，悠闲也有品位的雅俗之分，士大夫文人有士大夫文人的悠闲，平民百姓有平民百姓的悠闲。”④中国传统社会一个特殊的社会阶层——禅农——的生活方式就为我们提供了一个有说服力的例证，他们是名副其实的普通劳动

---

① 马秋丽：《〈论语〉中的休闲理论初探》，《山东大学学报》(哲学社会科学版)2006年第5期。

② 陆庆祥：《走向自然的休闲美学——以苏轼为个案的考察》，浙江大学出版社2018年版，第182页。

③ 杨虹编：《休闲四韵——逍遥游》，贵州人民出版社1994年版，第27页。

④ 林语堂、傅斯年、鲁迅：《闲说中国人》，北方文艺出版社2006年版，第55页。

人民，他们过着自食其力的农田劳作生活，“锄头下讨活计”，“一日不作，一日不食”。但是，正是在耕种劳作这样的朴实的生活方式中，他们获得了内心的宁静与愉悦，体会到了生活中的闲情逸致。虚堂禅师曾作一偈来描述他们的生活状态：“烟暖土膏农事动，一犁新雨破春耕。郊原渺渺青天际，野草闲花次第生。”①它生动地描述了禅农在劳动中的宁静、闲适与喜悦，包含着浓厚的生活气息，充满了诗情画意、闲情逸致以及无言的欢乐，表达了禅农对生活由衷的热爱。这充分说明：只要有爱生活、爱美的人生态度和悠然的心境，即便是在贫乏的物质生活条件下，也能够开展休闲审美活动，也能够产生闲情逸致之美。正如林语堂所说：“悠闲生活的浪漫崇拜我以为根本是平民化的。”②在他看来，要享受悠闲的生活，要体味生活中的闲情逸致，其实具备很简单的条件就足够了，“只要有一种艺术家的性情，在一种全然闲暇的情绪中，去消遣一个闲暇无事的下午”③。

历史发展到今天，较为充裕的物质财富的积累为人们开展休闲审美活动、追求和享受闲情逸致之美提供了坚实的物质基础。普通劳动人民完全可以运用自己的勤劳双手和聪明才智获得一定的物质财富，并以此为基础过上充满闲逸之美的休闲审美生活。可以说，在传统社会里更多为统治阶级所享有的休闲审美乐趣，在当今的平民社会里，已经能够为普通老百姓所共享，让休闲“从贵族走向了贫民大众、从乌托邦走向了现实、从少数人的专利走向广大人民群众普遍拥有的权利”④——正在变成现实，这是一个巨大的历史进步。正如肖恩·塞耶斯指出的：“现代的显著特征是，随着群众休闲的增加，纯粹懒惰富裕的休闲阶级已经

① 胡伟希、陈盈盈：《追求生命的超越与融通：儒道禅与休闲》，云南人民出版社 2004 年版，第 188 页。

② 杨虹编：《休闲四韵——逍遥游》，贵州人民出版社 1994 年版，第 27 页。

③ 杨虹编：《休闲四韵——逍遥游》，贵州人民出版社 1994 年版，第 27、28 页。

④ 马惠娣：《休闲：人类美丽的精神家园》，中国经济出版社 2004 年版，第 94 页。

明显减少。”①赖勤芳也指出：“如果说休闲在过去是少数人或精英阶层的专利，那么在今天它已经成为多数人的生活选择。”②潘立勇更具体地描述了随着时代的变迁，休闲逐步走向普通老百姓的生活的巨大变化：“在农耕时代，休闲只是贵族们的特权……在蒸汽机时代，休闲只是上层‘有闲阶级’的专利……那么，到了电子化、信息化时代，休闲对于平民已不再是一种遥不可及的奢侈，审美通过休闲进入生活已是生活的普遍现实与必要需求；而到了21世纪，‘全民有闲’使休闲在公民的个人生活中占据越来越突出的地位。”③可以说，人类的休闲审美理想在现代社会的普通劳动人民那里已经初步具备了实现的条件，并且在很多人那里已经或正在变成现实。

就当下中国的情况来说，我们的国家和社会应该为普遍劳动人民提供更多、更好的工作机会，使他们能够获得更多的物质财富和充裕的闲暇时间，进而使他们能够在丰衣足食、衣食无忧的前提下，追求、体验和享受生活中的闲情逸致之美。当今的中国社会应该是一个底层劳动人民彻底解放的社会，应该是一个“天下寒士俱欢颜”的社会，应该是一个人人能够享受悠闲生活和闲情逸致之美的社会，应该是一个“普遍有闲”的大同社会。

三、深层的精神文化性质

休闲不仅具有自然属性、社会属性，从深层来看，休闲还具有精神文化属性，并且这种属性关涉着它的本质。正如马惠娣指出的，“休闲的本质主要体现人的一种精神生活”，“指个体在完成日常生活基本需

---

① 肖恩·塞耶斯著，冯颜利译：《马克思主义与人性》，东方出版社2008年版，第97页。

② 赖勤芳：《休闲美学：审美视域中的休闲研究》，北京大学出版社2016年版，第69页。

③ 潘立勇：《走向休闲——中国当代美学不可或缺的现实指向》，《江苏社会科学》2008年第4期。

要后的一种精神活动，一种对高层次需要的追求"①，也即一种对精神文化层面需要的追求；"休闲的价值不在于实用，而在于文化。……它是有意义的、非功利性的，它给我们一种文化的底蕴，支撑我们的精神"②。而休闲美学作为一门对休闲审美活动、对休闲的审美的精神的层面进行研究的学问，更是与精神文化密切相关。休闲美学既有自然人性属性，也有社会阶级属性，但它们都不是休闲美学的根本属性，或者关涉本质的属性。而关涉休闲美学本质的属性是其精神文化属性，这也是它的根本属性。从根本上来说，休闲美学是属于精神文化层面的，它主要满足人们的精神文化需要。正如张立文指出的："休闲作为人的生命的自觉，经历了从生理体能的要求，到生存消费的需求，再到文化精神诉求的过程。"③那么它是如何满足人们的精神文化需要的？"休闲可以提高人的文化修养，培养人的审美情趣，增进人的感情友谊，磨炼人的意志品质，提升人的精神境界，唤起人的生命活力。"④当然，休闲审美活动就更是如此，而以休闲审美活动等休闲审美现象为研究对象的休闲美学也是如此。从根本上说，判断一项活动是否属于休闲活动(包括休闲审美活动)，关键或主要标准是看它是否与"文化精神等相通"⑤，是否能上升到精神文化层面，是否具有"文化精神向度上的意义"⑥，是否体现出深层的精神文化内涵。正如马惠娣指出的，"休闲的本质主要体现人的一种精神生活"⑦，陆庆祥也指出，"休闲只有进入精神层次才

① 马惠娣：《文化精神之域的休闲理论初探》，《齐鲁学刊》1998 年第 3 期。

② 马惠娣：《21 世纪与休闲经济、休闲产业、休闲文化》，《自然辩证法研究》2001 年第 1 期。

③ 吴小龙：《适性任情的审美人生：隐逸文化与休闲》，云南人民出版社 2005 年版，第 2 页。

④ 张玉勤：《休闲美学》，江苏人民出版社 2010 年版，第 74 页。

⑤ 张玉勤：《休闲美学》，江苏人民出版社 2010 年版，第 181 页。

⑥ 张玉勤：《休闲美学》，江苏人民出版社 2010 年版，第 180 页。

⑦ 马惠娣：《休闲：人类美丽的精神家园》，中国经济出版社 2004 年版，第 102 页。

算真正的休闲，也是最高境界的休闲”①。这里都把休闲活动的本质、核心、意蕴归结到它的精神文化层面。就休闲活动的精神文化内涵而言，通过这些活动的开展以及对闲情逸致之美的追求，可以展现出休闲主体以及休闲审美主体的生命本质力量，呈现他们生命的独特性、丰富性和多样性，释放他们的全部生命潜能，从而丰富、充实他们的精神生活，提升他们的精神境界，使他们体验到生命的自由、愉悦与趣味，获得审美的享受，感悟到生命存在的意义与价值，找到精神的家园。正如张玉勤指出的：“休闲……是个体在满足日常生活基本需要后的一种精神活动，是出于主体内在需要的一种高层次的文化追求，是提高生存质量、寻求生命意义的高境界，它直接指向了休闲主体的诗意、本真和自由全面发展。”②可以说，休闲活动(包括休闲审美活动)主要是一种主观的感受、一种心灵的体验、一种非功利的心态、“一种思想或高尚的态度”③，一种悠闲自得的心境，它能让人们精神放松、感觉美好、心灵愉悦、境界提升。只有具有了这样的精神文化内涵的休闲活动(包括休闲审美活动)，才是真正意义上的休闲活动(包括休闲审美活动)。

从另一个角度看，休闲活动(包括休闲审美活动)还是一种精神文化的创造。作为一种精神文化现象，它是“为不断满足人的多方面需要而处于的一种文化创造、文化欣赏、文化建构的生命状态和行为方式。……她使你在精神的自由中历经审美的、道德的、创造的、超越的生活方式”④，它“通过人的个体或群体的行为、思维、感情、活动等方式，创造文化氛围、传递文化信息、构筑文化意境，从而达到个体身心

---

① 陆庆祥：《走向自然的休闲美学——以苏轼为个案的考察》，浙江大学出版社 2018 年版，第 153 页。

② 张玉勤：《休闲美学》，江苏人民出版社 2010 年版，第 69 页。

③ 马惠娣：《休闲：人类美丽的精神家园》，中国经济出版社 2004 年版，第 116 页。

④ 马惠娣：《休闲：人类美丽的精神家园》，中国经济出版社 2004 年版，第 79 页。

的全面完整的发展”①。它的重要价值和意义在于它实现了精神文化层面的超越，这赋予休闲者以人生态度、价值取向、观念、意义和精神。休闲活动、休闲审美活动的这种精神文化的创造，是其精神文化属性和内涵的重要表现形式。

休闲活动的文化创造意义表现在日常生活的方方面面。例如逛街、购物，有人逛街、购物仅仅是为了满足现实生活中的物质需要，有人逛街、购物是为了实现无止境的物质欲望的满足或生命优越感的炫耀，而有人逛街、购物则是为了获得一种超越现实的自由之感，是为了感受生活的气息、乐趣与温馨，是为了了解某一个地方独特的民风、民俗、文化，或者是为了获得一种对异乡的独特的审美体验，这就上升到了精神文化层面，成为一种包含着闲情逸致之美的休闲活动。再如吃饭，有人吃饭仅仅是吃饭，为了生理层面的吃饱不饿，有人却将吃饭变成了精神文化生活，变成了休闲活动，他们不仅从中吃出了色、香、味，还吃出了情趣、愉悦、美感，上升到了审美的、精神的、文化的层面，具有了丰富的内涵、较高的境界与特殊的意义。马惠娣指出：“它早已超越人的本能的范围，而带上更强烈的主观意识色彩，甚至是某种精神意识的体现。”②例如孔子吃饭就讲究“食不厌精，脍不厌细”，孔子吃肉“割不正，不食”，“就是说他是绝对不会吃那些不按照正确的方式乱割而成的肉的”③，“就是说吃饭不是追求一般地吃饱，而是要追求吃得好，吃好也不是一般意义上的吃好，而是要吃出美和艺术，将吃饭作为一种审美和艺术的活动”④。当然，这种在吃饭上的讲究也表现了孔子在深层

---

① 马惠娣：《休闲：人类美丽的精神家园》，中国经济出版社 2004 年版，第 116 页。

② 马惠娣：《建造人类美丽的精神家园——休闲文化的理论思考》，《未来与发展》1996 年第 3 期。

③ 陈琰编著：《闲暇是金：休闲美学谈》，武汉大学出版社 2006 年版，第 150 页。

④ 陈琰编著：《闲暇是金：休闲美学谈》，武汉大学出版社 2006 年版，第 151 页。

意义上对正统的、中庸的文化理想的坚守。再如喝茶，有人喝茶仅仅是为了解渴，满足生理上的需要，有人喝茶则超越了日常生活的考虑，是为了获得某种悠闲的感觉，某种精神上的愉悦、情趣、格调、韵味，某种宁静的平和的心境，从而上升到精神的文化的审美的层面，成为一种休闲活动。再如收藏，有人收藏是为了投机，为了发财，为了实现一夜暴富的梦想，而有人收藏则仅仅是出于自己的兴趣与爱好，是为了把玩对象，欣赏对象的美，是为了获得生活的乐趣与精神的享受，这就上升到了精神的文化的审美的层面，成为一种休闲活动或休闲审美活动。再如，在钓鱼、下棋的闲趣中可以实现性情的修养，在读书的痴迷中可以获得精神的愉悦、宁静的心境，它们都指向超越性的精神的文化的审美的层面，从而成为休闲活动或者休闲审美活动。总之，日常生活中的诸多活动，都包含着丰富的精神文化审美内涵，都具有文化创造、文化欣赏、文化建构的意义，也都能够升华成休闲活动或休闲审美活动。

休闲活动和休闲审美活动的文化创造意义还表现在休闲者开展的各种各样的包含着丰富的精神文化审美内涵的游戏中。相对于日常生活中的其他活动，作为休闲活动或者休闲审美活动的游戏活动，能够更好地摆脱现实生活中的各种羁绊，获得审美的愉悦、情趣与滋味，实现精神的自由、超越与创造。这样，游戏活动就成了精神文化审美现象，具有了精神文化审美的性质。例如打麻将，有人打麻将出于功利动机，是为了赌博、赚钱、发财，结果可能招惹是非、违法犯罪甚至家破人亡，这当然没有什么精神文化审美内涵可言，也算不上真正意义上的休闲活动或休闲审美活动；有人打麻将是一种充满乐趣的成人游戏，是为了娱乐消遣，调节生活，体验生活的悠闲和自得，是为了实现对美的欣赏，获得美的享受，当然也可能是为了操练思维，活跃精神，这就上升到了精神的、文化的、审美的层面，成为一种真正意义上的休闲活动或休闲审美活动。正如有学者指出的："麻将休闲是一种大境界、高境界。这个境界首先是麻将本身所彰显出来的一种艺术境界，麻将牌本身的设计、花样、组合等，不能不说是巧妙绝伦。这个境界又是一种参与者畅所欲

‘玩’的游戏境界，打麻将过程中所夹杂着的技艺、手气、运气真可谓是出神入化，充满魔力和魅力。参与者置身于麻将休闲的这一艺术境界、游戏境界，总能感受到无限的审美情趣。”①再说作为游戏的能给人带来快乐和趣味的“玩”，就是“人接受文化的一种途径”②，就是一个文化创造、文化欣赏、文化建构的过程，就是一个升华精神文化意义的过程，因此也是一种精神文化现象，具有精神文化的属性。正如于光远指出的，“玩是人生的第一本教科书，我们要有玩的文化，要玩得有文化，要发展玩的技术，要研究玩的艺术。这是一种非常深刻的休闲观，它把休闲的活动正确地提升到了文化和艺术的高度”③，因此，“我们不仅要玩，而且要会玩，玩得好，玩得美，玩得健康，玩得有艺术”④。总之，包括“玩”在内的各种各样的游戏，是否能成为具有一定品位的休闲活动或休闲审美活动，一个重要的判断标准就是看它是否有闲趣、情趣、雅趣，是否包含着超越性的精神文化审美内涵。正如有学者指出的，“有无趣味乃是评判休闲品位高下的一大标准”⑤，“雅趣是休闲的灵魂，也是休闲美的核心。有趣并懂得美的人，吃能吃出雅趣，玩能玩出情趣，谈能谈出情韵，看似极普通极平常的休闲活动，都能显出闲趣和雅趣来”⑥，否则这一切都将陷入庸俗无聊中去。

从更深的层次来看，休闲活动和休闲审美活动的文化创造意义还表现在对各种具体的文化艺术形式的创造中。通过休闲活动和休闲审美活动孕育出的开放、包容、放松、自由想象力和创造力，可以营造出良好

---

① 张玉勤：《休闲美学》，江苏人民出版社 2010 年版，第 158 页。

② 马惠娣：《休闲：人类美丽的精神家园》，中国经济出版社 2004 年版，第 31 页。

③ 陈琰编著：《闲暇是金：休闲美学谈》，武汉大学出版社 2006 年版，第 180~181 页。

④ 张玉勤：《休闲美学》，江苏人民出版社 2010 年版，第 160 页。

⑤ 吕尚彬、彭光芒、兰霞编著：《休闲美学》，中南大学出版社 2001 年版，第 43 页。

⑥ 吕尚彬、彭光芒、兰霞编著：《休闲美学》，中南大学出版社 2001 年版，第 43 页。

的社会氛围和环境，有利于创造出人类的精神文化，有利于创造出各种各样的文化艺术形式如科学、哲学、艺术、文学、诗歌等。正如林语堂指出的，“文化本来就是空闲的产物。所以文化的艺术就是悠闲的艺术”①。因此，“一部人类文化史在某种意义上说就是一部休闲文化史”②。这从另一个侧面体现了休闲活动和休闲审美活动的精神文化性质。

休闲活动和休闲审美活动的精神文化属性还表现在，它们反过来也受既有精神文化的深刻影响，从而具有精神文化属性。具体来说，这些活动往往带有特定的国家、民族、宗教、地域、文化的色彩，都受到这样那样的文化形式的影响。正如马惠娣指出的：“休闲植根于时空的文化中，世界观、价值体系、概念过程、语言、思维方式以及与年龄相关的学习环境，都是我们所想、所做、所发展的休闲的一部分。”③例如，中国的民族舞蹈与西方的民族舞蹈作为各具特色的休闲审美活动，会带给人明显不同的体验和感受；中国传统的绘画创作与西方的绘画创作，作为风格迥异的休闲审美活动，也各具特色；中国人的饮酒和西方人的饮酒，作为趣味不同的休闲审美活动，也存在着明显的习惯和方式的差异。这些不同是因为它们各自受到不同的民族文化传统的熏染造成的。由此看来，特定的民族文化传统特别是那些积淀深厚、特色鲜明的民族文化传统，对休闲活动或者休闲审美活动产生着深刻的影响，从而使这些活动具有特色鲜明的精神文化属性。

正是因为休闲活动和休闲审美活动的最根本、最重要、最本质的属性是精神文化属性，所以以它们为研究对象的休闲美学也就具有了深刻的精神文化属性。

---

① 林语堂：《中国人的生活智慧》，陕西师范大学出版社 2007 年版，第 167 页。

② 王宁：《消费社会学》，社会科学文献出版社 2001 年版，第 227 页。

③ 马惠娣：《休闲：人类美丽的精神家园》，中国经济出版社 2004 年版，第 117 页。

第二章 休闲美学的功能

西方生态马克思主义者奥康纳认为，历史结构处在不断演替的过程中，不同的社会有不同的历史结构，也就有不同的社会矛盾、冲突和斗争的聚焦点，也就相应地存在着不同类型的历史主题的书写。以西方资本主义社会的历史书写为例，由于“资本主义本身的结构性变迁”，“现代西方的历史书写从政治、法律与宪政的历史开始，在 19 世纪的中后期转向经济的历史，在 20 世纪中期转向了社会与文化的历史，直到在 20 世纪晚期以环境的历史而告终”①，环境史是“先前各种历史类型的发展顶点”②。需要特别指出的是，不同社会历史结构中不同历史主题书写的演替，并不完全是后者代替前者、消灭前者的过程，后者虽然在社会历史结构的演替中居上，占据了主导地位，但前者仍然会继续存在，甚至会换一种历史形式继续发展，只不过处于从属地位罢了。这就是奥康纳所说的“不平衡发展、联合性的发展”，“历史的每一种新的模式（在最好的状态下）都是先前模式的一种激活、扬弃以及激进化”③。奥康纳虽然说的是西方资本主义社会的历史书写，但是他所用的历史结构演替的方法却带给人重要启示。如果把这种方法运用到中国宏观的长时段的社会历史结构的发展演变的过程中，可以在总体上概括为三种先

---

① 詹姆斯·奥康纳著，唐正东等译：《自然的理由——生态学马克思主义研究》，南京大学出版社 2003 年版，第 84~85 页。

② 詹姆斯·奥康纳著，唐正东等译：《自然的理由——生态学马克思主义研究》，南京大学出版社 2003 年版，第 87 页。

③ 詹姆斯·奥康纳著，唐正东等译：《自然的理由——生态学马克思主义研究》，南京大学出版社 2003 年版，第 85 页。

后演替而又同时并存的典型的社会形态：政治权力社会、市场经济社会和生态社会。这和中国学者以特定的方式对中国社会的发展阶段的划分有内在的对应关系。例如孟宪俊等指出："从人与自然的关系的历史演化来看，人类社会的发展迄今经历了三个发展阶段，即农业社会阶段、工业社会阶段、生态化社会阶段。"①政治权力社会、市场经济社会和生态社会分别对应着"农业社会阶段、工业社会阶段、生态化社会阶段"。政治权力社会主要存在于中国几千年漫长的前现代社会(主要指奴隶社会、封建社会)中，在这一社会中，政治权力往往处于至高无上的地位，它主导着社会生活中的一切，但经济发展往往较为落后；市场经济社会往往处于现代社会，经济发展处于主导地位，它构成了社会发展的主要目标，政治权力的合理性往往要接受它的检验，社会生活中的一切往往受它的影响、支配和摆布，它也是现代大多数国家推崇的社会形态和模式。当下中国就属于这种社会形态。生态社会是尚处于萌芽状态的、具有趋势性的未来理想社会的主要存在形态，当今欧美发达国家的市场经济社会有向它演进的趋势，当下中国也是如此。在这种社会形态中，自然生态的优良、社会生态的和谐、人们精神生态的平衡以及人们生活的自然、健康、宜居等成为社会发展主要追求的目标，政治权力和经济发展都将以它为目标，为它服务，受它支配。而中国社会历史的发展已经逐步走出了漫长的政治权力社会形态，几十年来强势崛起的市场经济社会形态逐步居于主导地位，并且有向理想的生态社会形态演进的趋势。当然中国经历的政治权力社会形态、市场经济社会形态和即将经历的生态社会形态中都包含或将要包括其他社会形态中的因素，即或者政治或者经济或者生态的因素，当特定因素占据主导地位时，也就意味着这种因素将上升为一种具有普遍渗透性的、处于全面支配地位的社会形态。当然，社会形态的划分有其复杂性，往往并不那么简单，也并不那么绝

① 孟宪俊、赵安启、张厚奎：《试论生态社会的新伦理学——生态伦理学》，《西安建筑科技大学学报》(社会科学版)2003年第1期。

对。本章要探讨的是，在中国经历或即将经历的这三种社会形态中，休闲活动、休闲审美活动以及休闲美学思想或休闲美学在其中分别处于什么样的地位，发挥什么样的功能，从而使这些社会形态中的人们能够更好地生存下去，实现生命的健康、身心的和谐、精神的愉悦、境界的提升以及精神生态的稳定与平衡。显然，这些思想和实践中包含着丰富而深刻的生存智慧，值得人们好好领悟与体会。

第一节 政治权力社会的休闲美学思想

中国有历史悠久的政治权力社会传统，中国人长期生活在这一传统中，并在其中积累了丰富的生存智慧，而休闲活动、休闲审美活动以及其中包含的休闲美学思想就是这种生存智慧的重要体现，它有效地帮助了这一社会的人们应对和度过了各种社会和人生的困境、重压，为他们实现身心的和谐、精神生态的平衡以及生命的健康发挥了重要作用，为现代人如何更好地生存于当下提供了重要借鉴和启发。

一、政治权力社会的重压

政治权力社会在中国曾经长期存在，并且对生存于这一社会中的人们产生着持久的、深入的、全面的影响。为了深入地理解这一社会，我们需要对它做出科学的界定。中国学者晏辉在这方面做出了有益的尝试，他认为政治权力“能够排除各种抗拒以贯彻其意志，而不问其正当性基础为何的可能性”①。政治权力的主要特征表现在：“其一，没有任何权力能像政治权力那样，与每个社会成员有关，它不但相关于所有人，且涉及每个人的根本权利与义务。……其二，其所产生的效力是广泛而持续的。其三，政治权力并不仅限于它的意识形态化，即演变为意

① 晏辉：《从权力社会到政治社会：可能性及其限度》，《东北师大学报》(哲学社会科学版)2019 年第 4 期。

识形态权力，还必然演变为经济权力、社会权力和军事权力。”①这种政治权力构成了政治权力社会的基础。那么政治权力是在什么样的条件下才能演变成覆盖社会生活一切领域的政治权力社会？政治权力的垄断性、强制性、不可逆性使它“有可能被滥用，成为权力拥有者单方贯彻其意志、谋取私利的有力工具”②，“如果滥用权力的程度与广度已完全超出了社会正常运转所需要的最低限度，就会使社会失去秩序，我们就把这样一个以权力为轴心且把权力作为获取最大化个人利益的手段的社会称之为权力社会”③。就中国政治权力社会的存在和发展历史而言，大致上从中国第一个王朝夏王朝的建立开始，到中华人民共和国成立前，中国持续地处在政治权力社会中。在这漫长的政治权力社会中，虽然生产力与生产关系的辩证运动从根本上决定了社会历史的发展、演变，但“政治权力”的巨大威力仍无所不在地笼罩着社会生活的各个角落以及每一个成员，普天之下，莫非王土，率土之滨，莫非王臣。政治权力从根本上决定着一个人的社会地位，最高统治者掌握着每一个人的荣辱进退、生杀予夺、生死存亡。而以谋利为生的商人，即使拥有巨额财富，社会地位仍然较为低下，受尽了歧视和嘲弄，难以对社会政治产生重大影响。中国普通百姓内心深处根深蒂固的“官本位”意识，是几千年来政治权力社会的重压对他们持续不断的、潜移默化的影响的必然结果，尽管他们已经逐渐从这种政治权力社会的强大影响中艰难地跋涉而出。

二、政治权力社会的休闲审美

在中国几千年漫长的政治权力社会中，虽然国家政治生活始终是社

① 晏辉：《从权力社会到政治社会：可能性及其限度》，《东北师大学报》（哲学社会科学版）2019 年第 4 期。

② 晏辉：《从权力社会到政治社会：可能性及其限度》，《东北师大学报》（哲学社会科学版）2019 年第 4 期。

③ 晏辉：《从权力社会到政治社会：可能性及其限度》，《东北师大学报》（哲学社会科学版）2019 年第 4 期。

会生活的中心，对整个社会以及每一个社会成员的一切方面产生了重要影响，甚至造成了他们坎坷曲折、多灾多难的命运，但是他们中的大多数人却依然没有忽视自己情趣盎然的日常生活，没有放弃追求和体味其中显现出的闲情逸致之美，那浓浓的温情、甜蜜的爱情、温馨的家庭……这一切总是给人们带来回味不尽的欢乐与幸福。这些日常生活中不可或缺的情趣欢乐与幸福常常使人耽溺与沉醉，使人激动与兴奋，并让他们乐此不疲，这“就是中国人在闲暇中所获取的那种乐趣，或称之为闲情逸致，它们构成了中国人漫长历史中的一段快乐光阴，是古人愿意生活于世、乐于生活于世的重要理由之一。也正是由于存在着这样的一种生活，中国的历史才不至于被沉重的政治纷争、道德庄严与功利追逐等所压垮，仅留给后人一段深重的记忆，而是也能显现出一种优雅、曼妙的轻快与轻松来，在东方的天空下，才会依然如故地呈现出平明、斑驳与灿烂的景观。于是我们可以说，东方并不只有沉重与困苦的记忆，也有东方式的值得追怀与挂牵的绚丽与闲雅”①。更具体地说，在中国漫长的政治权力社会中，国家无论是强盛还是衰落，家庭和个人无论是富有还是贫穷，人们总是满怀着对生命的热爱、呵护与珍惜，总是利用极其有限的条件尽力地开展着休闲活动，追求着闲情逸致之美，拥有和享受着悠游而快乐的人生，尽可能地实现身心的和谐、精神生态的稳定、生命的健康。这与一些在西方文化影响下的民众对待生活的态度、人生追求和价值观念形成了鲜明的反差。正是在这样的休闲活动以及休闲美学思想的作用下，古代的中国人才能在黑暗反动的政治势力的统治下，在沉闷的令人窒息的社会空气中，在封建道德、伦理纲常的严格束缚下，不至于被压垮，仍然热爱生活，乐享人生，自由呼吸，快乐成长。正如黄卓越、党圣元所说：“对闲情逸致的追求恰恰是出于一种补救与解救的意识，即使生命的真实性能从虚构的主导意识形态下解脱

① 黄卓越、党圣元：《中国人的闲情逸致》，广西师范大学出版社 2007 年版，第 1、2 页。

出来，将个体的人从约束性的社会事务中引出，而走向自然生活、志趣相投的友群，或者自己的心灵状态等。……将人引向一个心灵所属的更无所拘束的自由境界。”①

在政治权力社会的极端恶劣的社会状况下，例如在统治阶级黑暗的、反动的、高压的、令人窒息的统治下，普通劳动人民在日常生活中痴迷地开展着休闲活动，追求着闲情逸致之美，从而使他们能够在悄无声息中从容地超越着现实，抗拒着高压，抵制着专制，最终实现身心的和谐、精神生态的稳定、生命的健康，获得人生的幸福和欢乐。享受生活中的闲情逸致，是一种高层次的精神层面的追求，往往需要在悠闲安逸、安稳舒适、从容自在、自由逍遥的外部环境中进行，如果外部环境不是这样而是相反，例如在某些极端的政治高压、社会混乱黑暗、统治者疯狂反动的外部环境中，普通人在失去身心自由的情况下，往往会因为精神被抑制而变得紧张、焦虑、害怕，甚至会出现张皇失措、失魂落魄、狼狈不堪的情况，一些人甚至经受不住超强的压力、精神的折磨、沉重的打击而最终发疯发狂，甚至走向人生的不归路，完全忘记了休闲的、超逸的、充满乐趣的美好人生的存在。这样的例子在中国历史上不胜枚举，究其原因，可能与这些人的生命境界、精神修养不高有关。但也有少数达到极高人生境界的人，例如历史上的志士、仁人、智者或者圣人，他们的精神修养极高，生命境界超拔，面对这种极端情况时，能够做到举重若轻，若无其事，谈笑风生，挥洒自如，尽情地开展着休闲活动，自由地追求和享受着生活中的闲情逸致，显得超逸、洒脱、从容与散淡，很好地保持了身心的和谐、精神生态的稳定、生命的健康。例如在晋代，政治统治腐朽、黑暗而反动，以“竹林七贤”为代表的士大夫阶层审时度势，不再留恋于政坛，而是采取了明智的退却，不再关心世事，深居简出，或者游深山，做隐士，倡“清谈”，纵情饮酒，尽兴

① 黄卓越、党圣元：《中国人的闲情逸致》，广西师范大学出版社 2007 年版，第 2 页。

赋诗，在尽情享受私人生活的闲情逸致的同时，远离、忘却了政治的纷争与烦恼，进而实现了身心的和谐、精神生态的稳定与生命的健康。正如有学者指出的，“竹林七贤”“遭逢乱世，不满于朝廷，但喜怒又不能形于言色，因此只能终日以酒为乐。阮籍本有济世之志，只因魏晋之际，天下多故，因此他不再过问世事，而以酣饮为常……刘伶更是一个嗜酒如命的人”①。在《三国演义》中，也有一个有趣的故事让人津津乐道，这就是妇孺皆知的诸葛亮巧设“空城计”的故事。诸葛亮在徒守空城、孤立无援的情况下，面临曹魏的大军压城而沉着冷静，不乱方寸，从容自若，谈笑风生，弹奏古琴，异趣横生，完全沉浸在艺术的美妙境界中，流露出生命的美好、从容、超逸与洒脱，维持了精神生态的稳定与身心的和谐。更重要的是，诸葛亮借此稳住了阵脚，迷惑甚至震慑了老谋深算的司马懿，避免了原本可能发生的灭顶之灾，逃过了人生的一大劫难。这个故事在历史上是否确有其事姑且不论，值得注意的是故事主人公在生死存亡的危急关头没有惊慌失措、手忙脚乱、失魂落魄，而是沉醉于自己的兴趣与爱好之中似乎忘记了一切，显得从容不迫、镇定自若、自由洒脱、旷达超逸，显现出非凡的生命的姿态、人生的境界、生存的智慧，给人带来强烈的震撼和深刻的人生启迪。这样，看似对人生毫无实际功用的休闲审美活动在风轻云淡中有效地抗拒住了外来的压力，舒缓了极度紧张的氛围，发挥了挽狂澜于既倒的关键作用。更极端的情况是，休闲审美活动甚至可以使人在面对死亡的情况下实现人生的超越，面不改色，若无其事，从容洒脱，趣味盎然，谈笑风生，诙谐幽默，达到了风轻云淡地忘却世事纷争与生死存亡的非凡境界。一个典型的例子就是临死之际的金圣叹，他在清政府对他严刑拷打、判处死刑、全家入狱、抄没家产的情况下，仍然能够趣味盎然地品味着日常生活的细枝末节中显现出来的闲情逸致，他临终前的三首诗《绝命词》《与儿子

---

① 陈琰编著：《闲暇是金：休闲美学谈》，武汉大学出版社2006年版，第58页。

雍》《临别又口号遍谢弥天大人谬知我者》，表达了他对世俗生活和人生的真挚的热爱，对儿子的关切与挂念。以上都是一些极端的例子，在漫长的古代社会的历史中也较为少见，而更常见的情况是，在通常意义上的政治利益纠葛、冲突与斗争的社会环境中，出仕为官的文人通过休闲审美活动，通过对闲情逸致之美的追求，来实现“对个体人生的审美调节”①，达到身心的和谐、精神生态的稳定与生命的健康。处于政治纷争与宦海沉浮中的唐宋文人如白居易、苏轼、王安石、司马光等都是较为典型的例子，他们往往在游山玩水、徜徉园林、醉心诗词书画等休闲审美活动中达到了忘我的沉醉状态，排除了外部的压力与纷扰，显得波澜不惊，优雅从容，实现了精神上的和谐与稳定。以王安石为例，他往往以下棋来排遣人生的苦闷，保持自己精神上的平衡与稳定，“王安石因变法而受到攻讦，时常处于忧烦之中，难以排遣。在棋枰上，他攻城略地，拼搏厮杀；在楚河汉界上，他痛快淋漓地鏖战，一腔烦恼、满腹忧愤就灰飞烟灭，消失殆尽”②。这样的例子在宋代文人那里不胜枚举。

在中国现当代的历史上，通过醉心于休闲审美活动，通过追求生活中的闲情逸致，来超越沉重的现实带来的压力，来排除外部世界的纷扰带来的痛苦、焦虑与恐怖，最终实现精神上的稳定、身心的和谐与生命的健康的例子也比比皆是。例如中国当代作家阿城的《棋王》是一篇优秀的小说，它充分表现了在那个特殊的年代，超越世事纷扰和利害纷争的休闲审美活动所具有的巨大魅力，它对保持人们精神上的平衡、身心的和谐以及生命的健康所具有的重要作用。在那个特殊的年代，主人公王一生表现出了对下棋这种闲情逸致的超乎寻常的迷恋，甚至到了忘世的境界。下棋作为一种“坐隐”和“手谈”的方式，使王一生在风轻云淡中避开了外部世界的风吹雨打，躲过了那个动乱时代可能带给他的灾

---

① 陆庆祥：《走向自然的休闲美学——以苏轼为个案的考察》，浙江大学出版社 2018 年版，第 51~52 页。

② 吕尚彬、彭光芒、兰霞编著：《休闲美学》，中南大学出版社 2001 年版，第 199 页。

难，超越了世事纷争可能带给他的诸多烦恼、痛苦、不幸，“敌军围困万千重，我自岿然不动”，这使他拥有了一种平静淡然、安闲从容的心境。下棋作为一种“手谈”的方式，它在棋子的碰撞之中实现了人与人之间的无言倾诉、情感宣泄与精神交流，悄然加深了朋友之间的友谊，使人们获得了心灵的安慰，有利于实现人们内心世界的宁静、和平以及内在精神生态的平衡、稳定与和谐。在这里，下棋成为度过时代的难关、人生的低谷以及个人的寂寞、孤单、无聊时光的有效的方式。正如白居易所说：“职散优闲地，身慵老大时。送春唯有酒，销日不过棋。”①鲁迅在进步的社会文化运动陷入低潮时，也曾用收集和研究碑拓的方式消磨掉了沉闷、压抑而无聊的时光，最终等到了新的革命高潮的到来。

中国的政治权力社会在整体上和中国的农业社会是交叠的和契合的，自然在其中扮演着重要的角色。回归自然，在自然中从事休闲活动或者休闲审美活动，追求和享受闲情逸致之美，在这一社会人们的生活中占据着重要位置，发挥着重要功能。生活在政治权力社会中的人们，当他们不幸遭遇到了黑暗、腐朽、反动、严酷的社会环境，遭受到了异常的政治打压、摧残与迫害，这些活动往往能够及时地为他们提供温馨的心灵的港湾，使他们有地方可以躲避，有生命乐趣可以向往，有心灵空间可以皈依，有手段可以抵制、反抗，从而为他们提供了多样化的生存智慧，有利于他们精神生态的稳定、身心的和谐以及生命的健康。正如陈盈盈所说：“严酷的社会现实与有志之士的理想愿望往往是矛盾的，并常常成为阻碍他们实现其政治理想和人格追求的否定性力量，使他们长期处在一种被限制、被压抑的精神状态，不断寻求着摆脱痛苦心灵的出路，以实现其精神的超越与升华。于是，隐居山林、退避田野、回归自然，在大自然中寻求新的精神寄托，以求得精神的解放和自由，便成为‘独善其身’的人们一种生活目标和生活方式。既然在社会现实中，

① 徐海荣编：《中国娱乐大典》，华夏出版社 2000 年版，第 403 页。

不能实现自身的价值，回归自然的审美体验便为他们提供了一个驰骋理想的高度自由的精神空间，只有在这种审美体验和自由的精神空间，方能保持心灵的完美和精神的自由。”①这样，在大自然中开展的休闲活动、休闲审美活动、追求的闲情逸致之美，就有效地养护了这些仁人志士的精神、心灵，为他们提供了生命的乐趣、精神的归宿。以魏晋名士为例，他们往往就是通过在大自然中纵情享乐、放浪形骸来排解专横残暴的政治高压带给他们的压抑和苦闷，从而宣泄了情绪，保持了精神生态的健康。正如有学者指出的：“魏晋人常常借自然山水、鱼跃鸟啼来排解心中的压抑与苦闷，使他们过于物质化的生活平添一点雅兴。因此，他们怡情山水，流连自然，为的是借山水之美启迪灵性，从中发掘生活之美，以获得精神上的极大享受……鼓楫泛舟、游猎垂钓，在自然中体认如诗如道的人生状态，过着一种淡泊闲适的审美生活。”②嵇康说：“游山泽，观鱼鸟，心甚乐之。”“淡淡流水，沧胥而逝；泛泛柏舟，载浮载滞。微啸清风，鼓楫容裔；放棹投竿，优游卒岁。”正是在美丽的大自然中开展的这些休闲审美活动，让嵇康感受到了人生的美好，忘却了人生的不幸和痛苦，获得了从容宁静的心境，保持了精神生态的平衡。正如吴小龙指出的：“自然界的那种宁静安谧，更成了饱经政治斗争和社会动荡的文人那痛苦、悲凉的心灵的安慰。当他们置身自然之中时，他们或许找到了心灵的皈依、思想的自由和情感的快乐。”③日本学者合山究对此也深有体会，他说：“当人们对无聊乏味的世态人性感到厌倦时，必定对大自然产生一种眷恋之情。此时此刻，如果静静地玩味这些中国的清言，它们如同摇篮曲一般，温柔亲切地讴歌投身于自然怀抱中的山居生活的闲情乐趣，我们定能进入东方世界所特有的天人合一

---

① 胡伟希、陈盈盈：《追求生命的超越与融通：儒道禅与休闲》，云南人民出版社 2004 年版，第 103 页。

② 胡伟希、陈盈盈：《追求生命的超越与融通：儒道禅与休闲》，云南人民出版社 2004 年版，第 159 页。

③ 吴小龙：《适性任情的审美人生：隐逸文化与休闲》，云南人民出版社 2005 年版，第 271 页。

的幽深境界。”①合山究所说的以讴歌大自然中的“闲情乐趣”为重要内容的“清言”，往往带给人们心灵的安慰与生命的滋养。

钱谷融说“生活得好，是最大的学问”。使广大人民群众的生活过得更加美好应该是一切学问的根本出发点和最终归宿点。休闲美学更是这样的学问，它通过休闲审美活动的理论化分析、引导人们过上一种审美化、理想化的生活。这种生活较少地存在于严肃压抑的政治活动或者紧张繁忙的社会活动中，而更多地存在于普通老百姓的日常生活中，而不仅仅存在于人们通常认为的狭窄的文学艺术领域。正如黄卓越指出的：“闲暇中的情致，也是一种审美化的人生，一种美感人生。过去对中国古代审美活动的探寻，往往偏向于从狭义的艺术范围入手，即从诗歌、美术、音乐、舞蹈等中提炼美的经验。但日常生活的概念却打开了一个更广阔的领域，使我们大大地扩大了美的领受范围。美固然在艺术的建构及对之的领略中，但也在更为广大的经验世界中分布，在无甚关及功利的那些技能性的活动中（如博弈）、在自然山水的随意性徜徉中、在感官性的精神升华中（如饮茶）、在对生活场景的安排中（如盆栽与园艺等），同时也自然会出现在艺术的一些边缘化活动中（如古玩与金石爱好）、在一些群体性的娱乐事件中（如观戏与捧场等）。”②

与古人相比，现代人在诸多方面都取得了巨大的进步。但是，中国古人在相对贫乏的物质生活条件下，在较为沉重的政治压力下，却能够自由从容地开展休闲活动，追求日常生活中的闲情逸致，乐活自在地享受人生。他们的这种闲逸、疏放与洒脱，对保持他们精神生态的稳定、身心的和谐极为重要，这与某些现代人脆弱的精神生态与失衡的身心状态形成了极大的反差。中国古人的这种超越性的生命境界是很多现代人无法企及的，值得他们好好学习。正如黄卓越所说：“当今生活方式或闲暇方式虽然已经有了很大的增进，但以在宽松时光所享有的宽松心情

---

① 合山究：《明清文人清言集》，中国广播电视出版社 1991 年版，第 196 页。

② 黄卓越、党圣元：《中国人的闲情逸致》，广西师范大学出版社 2007 年版，第 2 页。

来细腻地料理自己的一掬乐趣而言，则我们依然远为不及前辈所达到的境地，从他们平静、安逸的眼神中，我们能够感知到一种不可企及的奢侈。”①

第二节　市场经济社会的休闲美学

政治权力社会的重压在工业、商业经济的快速发展中逐渐被缓解、稀释与淡化，其影响力在日渐增长的市场经济势力的强劲冲击下已经大不如前，而占有巨额财富的市场经济势力在社会上的影响力却与日俱增，在悄无声息中成为整个社会的主导力量，并在它的推动下形成了一种新的社会形态——市场经济社会。在这一社会中，休闲审美活动以及蕴含其中的休闲美学思想依然发挥着重要作用，它们帮助生活在其中的人们有效地应对着这一社会带来的新的压力、困扰与烦恼，帮助他们实现精神生态的平衡、身心的和谐以及生命的健康。

一、市场经济社会的威力

在当今世界，无论是西方还是中国，市场经济社会已经成为主流的社会形态。那么具体来说，什么是市场经济社会？左羽、书生曾经对此做出了较为准确的界定：“在理论传统上，把物质的生活关系称作市民社会。现在对资本主义国家的市民社会，我们已定性地称为资本主义社会，或称之为市场经济社会。同样，对中国目前的有中国特色社会主义的市民社会，我们也定性地称之为社会主义市场经济社会。”②由此看来，市场经济社会的形成是市民的物质生产、工业、商业等经济势力发展并在社会生活中逐渐占据主导地位的必然结果。相对于政治权力社会

---

① 黄卓越、党圣元：《中国人的闲情逸致》，广西师范大学出版社 2007 年版，第 3 页。

② 左羽、书生：《市场经济社会中的国家财产所有权》，《中国法学》1996 年第 4 期。

而言，它带给人们更多的平等、民主与自由，是一种历史的进步。具体就西方社会来说，西方资本主义社会经过三百多年的快速发展，逐步确立了其在全球各种社会形态体系中的主导地位。这种社会形态是典型的以工商业发展为基础的经济势力主导的社会形态，简单地说，就是一种市场经济社会。在这一社会中，手中掌握着巨额财富的经济势力在社会生活中占据着主导和支配地位，发挥着关键作用，而传统上占主导和支配地位的不可一世的政治势力在这一社会中则逐步走向衰落，被无往而不胜的经济势力所取代。正如有学者指出的："在市场经济社会中，由于政治活动中心地位的消失，诸领域的相对分离和经济活动"的"重要性"日益"增长"①。并且经济活动反过来逐渐成为这一社会中"最为重要的实践活动"②。晏辉也指出：市场经济社会"可以分解或削弱权力的支配力量，扩展其他的权力形式，如经济权力、知识权力、社会权力，等等，通过提高社会自治能力而降低人们对政治权力和行政职权的绝对依赖"③。当然，政治势力在这一社会中仍然在表面上发挥着重要作用，但是在其身后无不显现着强大的经济势力的影子，这种经济势力总是用含蓄的方式无处不在地对政治势力施加自己的决定性影响。不但是对政治势力，这种经济势力还以这种方式对社会生活的一切领域发挥着根本性的支配作用。西方较为普遍的现象是：政治家们往往为强大的经济势力所操纵和支配，像"傀儡"和"时装"一样，被反复拨弄，换来换去，"你方登罢我登场"，政坛上各级官员、政客的频繁更换早已是司空见惯的事情。

在西方市场经济社会中，随着政治制度的日益完善和法律体系的日益健全，即使是善于玩弄权术、争权夺势的政治家，也会按期遵循法律

---

① 王南湜：《传统文化在市场经济社会中的命运》，《中国社会科学院研究生院学报》1997 年第 5 期。

② 王南湜：《传统文化在市场经济社会中的命运》，《中国社会科学院研究生院学报》1997 年第 5 期。

③ 晏辉：《从权力社会到政治社会：可能性及其限度》，《东北师大学报》(哲学社会科学版)2019 年第 4 期。

程序被替换下来，成为政坛上的过眼云烟；并且，即使他们处于权力的巅峰，但由于受到其他政治势力的制约和各种政治规则的限制等，能够实施的根本改变现实的重大举措也十分有限。而就西方政治家自身来说，当今西方政坛上拥有宽广胸怀和高远理想、为了国家的强盛和民族的振兴而努力奋斗的政治家凤毛麟角，而更多的是运用手中掌握的具有严重时效性的政治权力为某些经济势力集团或者一己自我谋求利益。而这些经济势力集团随着工业、商业的发展而逐步发展壮大起来，对政治家的操控能力越来越强。例如西方流行的家族企业集团，他们可以运用自己的经济势力、战略眼光、经营能力、聪明才智以及其他多种方式占有巨额资本和财富，并聘请专业人员进行经营管理，长期稳定地发展下去，能持续几十年、上百年甚至几百年，美国、日本、英国等西方发达国家都不乏这样的家族企业集团的存在。他们在政治和社会生活中地位显赫，占据主角，如鱼得水，呼风唤雨，无所不能，其影响力甚至超过政治家；他们还常常通过多种方式潜在地影响、控制、支配着政府要员，使他们按照自己的意愿行事。一些看不惯当权政客做派和习气的家族集团领袖甚至还可以以家族强大的财力为后盾，亲自披挂上阵，代替这些政客，出任国家要职，行使管理国家的权力，从而对政治和社会生活施加直接的影响。以市场经济社会的典型代表美国社会为例，正如荀遂山所说的："美国的银行家，电脑专家，钢铁、汽车、石油大王……比总统更有钱、阔气、显赫，甚至总统都要听他们的摆布。在一个州的大财阀可以呼风唤雨，州长在他眼里是小菜。往往最有权的站在最有钱的一边，实质上钱在左右权。"①大企业家俨然成了威风八面的、能够呼风唤雨的、在社会上最具影响力的统帅，成了人们普遍羡慕和崇拜的对象。这种市场经济社会中独特的社会现象也可以从美国硅谷富家子弟夸耀自己家庭的优越感的话语方式中看出端倪："早些年是说'我爸爸可

---

① 林语堂、傅斯年、鲁迅：《闲说中国人》，北方文艺出版社 2006 年版，第 217 页。

以打败你爸爸’，现在则说‘我爸爸可以买下你爸爸’。一字之差，体现了社会价值观念的再次蜕变，由‘权力’向‘金钱’的蜕变。‘金钱’以及由‘金钱’代表的物质财富成了权衡优越的主要尺度。”①

就近几十年来的中国社会而言，其市场经济社会的形成既受在世界范围内占主导地位的西方市场经济社会的深刻影响，也与中国社会改革开放以来工业、商业以及现代化的快速发展有关。改革开放以来，中国社会在短短几十年的时间内从延续了几千年的政治权力社会中蹒跚而出，迈向了市场经济社会，工业、商业经济蓬勃发展，商人、企业家在政治和社会生活中的地位持续提高，发挥着越来越重要的作用。在这一社会中，普通的劳动者也越来越能够通过聪明才智、辛勤劳动、用心经营，拥有更多的财富和较强大的经济实力，在社会和政治生活中占据更重要的位置，发挥更大的作用。这在无形中改变了中国社会固有的格局，改变了中国的社会和政治面貌，是一种历史的进步。更重要的是，当下中国社会正在以前所未有的开放姿态全方位地融入世界，这使世界主流市场经济社会对中国社会产生的影响越来越强烈，从而推动了中国市场经济社会进一步走向成熟，并进一步动摇了中国延续几千年的政治权力社会的根基。

二、市场经济社会的休闲美学

与漫长的政治权力社会相比，中国市场经济社会的到来是一个巨大的历史进步。在这个新的社会形态中，一个人的血统、出身、门第等不再对他的社会处境具有决定作用，相反，一个人在工业、商业发展中的盈利能力以及拥有的巨额经济财富对他的社会处境逐渐开始发挥决定性影响。这就为出身普通的人们通过自己的努力改善自己的社会处境、争取更好的社会处境提供了机会，他们完全可以运用自己的辛勤劳动、聪明才智，精心经营，获取更多的经济财富，改变自己的社会处境，过上

① 鲁枢元编：《精神生态与生态精神》，南方出版社2002年版，第305页。

优裕富足的生活，甚至去开展休闲活动或休闲审美活动，享受生活中的闲情逸致。这样，曾经主要为少数上层的有闲阶级所拥有的休闲审美活动以及闲情逸致开始为更多的平民百姓所共享。不但如此，市场经济社会创造出来的更丰富的物质财富和物质条件还能为人们开展休闲活动或休闲审美活动提供更充分的物质保障，使他们能够在无忧无虑中自由地追求生活中的闲情逸致。由此看来，与中国传统的封闭的、保守的、充满依附与不自由的政治权力社会相比，市场经济社会是一种更加进步、开放、自由、民主、解放的社会形态。但是中国市场经济社会也存在着问题与弊端，这些问题与弊端在西方市场经济社会长期的发展中已经充分暴露出来了，值得当今中国吸取教训，引以为戒。

首先，市场经济社会中使用价值与交换价值地位的新变化造成精神文化领域地位的衰落，使实用价值不高的超越性的、精神性的、审美性的事物遭到轻视甚至忽视，这不利于人们休闲活动或休闲审美活动的开展，不利于人们追求精神领域的闲情逸致。原因在于，在市场经济社会中，商品的作用被前所未有地凸显了出来，作为商品价值的两个关键因素的使用价值和交换价值的关系和地位也发生了明显的变化：曾经被轻视甚至忽视的交换价值的作用日益凸显，而体现事物自身有用性的使用价值开始变得不那么重要。商品交换价值的极端表现形式就是金钱，这是在市场经济社会中几乎能和一切事物相交换的特殊商品。在以金钱为主导的市场经济社会中，具有直接实用性的、容易用金钱衡量的、与商品的交换价值紧密相关的领域如科技领域、工业领域、商业领域等在社会生活中的重要性日益凸显，而缺乏直接实用性的、不容易用金钱衡量的、交换价值不明显的领域如精神领域、文化领域、文艺领域以及人生价值与意义的领域等则受到轻视甚至忽视，日益走向委顿。正如西美尔指出的：“由于货币经济的原因，这些对象的品质不再受到心理上的重视，货币经济始终要求人们依据货币价值对这些对象进行估价，最终让货币价值作为唯一有效的价值出现，人们越来越迅速地同事物中那些经济上无法表达的特别意义擦肩而过。对此的报应似乎就是产生了那些沉闷的、十分现代的感受：生活的核心和意义总是一再从我们手边滑落”。① 在市场经济社会中，交换价值的恶性膨胀与使用价值的急剧萎缩必然造成看似缺少有用性、可交换性的现代人文精神的衰落、现代人生命价值与意义的丧失，导致人们精神生活的贫乏与内在精神世界的空虚。具体来说，随着社会生活各个领域商品化趋势的不断增强，现代人自身也在浑然不觉中逐渐被卷入商品化浪潮的漩涡而成为特殊的商品。他们具有交换价值的能够带来经济利益的方面如智慧、见识、才学、美貌、经管能力等方面日益凸显出来，而他们没有明显交换价值的、缺少盈利考量的方面如存在的价值与意义、内在精神世界、气质、品格、风度、个性、尊严等方面则被忽视甚至无视，变得无足轻重，急剧贬值。当然，缺乏直接有用性、不能带来直接经济利益的闲暇时间以及在其中开展的休闲活动或者休闲审美活动也往往被不懂休闲的意义和价值、缺乏丰富的精神生活的人们所排斥、贬抑或者批评，其结果是它们被放在无足轻重的位置上甚至被完全忽视了(当然对特定的休闲、娱乐、旅游行业来说可能是例外，它们因为明显的盈利能力而受到重视)而这些被一些人认为用处不大的、被有意无意轻视或忽视的、正在急剧贬值的东西，往往是能真正肯定人的本质方面的东西，能够凸显人的精神需求方面的东西，能够凸显人的价值与意义方面的东西。正如西美尔指出的：“一种纯粹数量的价值，对纯粹计算多少的兴趣正在压倒品质的价值，尽管最终只有后者才能满足我们的需要。”②这些在市场经济社会中出现的现象必然会带来一系列问题，如人们的精神世界走向空虚，人们的无力感、无用感变得强烈，人们存在的意义和价值难以追寻，从而使人们变得焦虑、孤独、空虚、无聊、痛苦。这些精神问题的出现，有待于人们寻找办法去解决和克服。

---

① 西美尔著，顾仁明译：《金钱、性别、现代生活风格》，学林出版社 2000 年版，第 8 页。

② 西美尔著，顾仁明译：《金钱、性别、现代生活风格》，学林出版社 2000 年版，第 8 页。

其次，在市场经济社会中，人们往往为经济利益而奔波劳碌，为获得更多的社会财富而绞尽脑汁，为拥有更高的经济地位而不遗余力，这会给生活于其中的人们带来巨大的生存压力，并使他们的身心和谐、精神生态平衡以及生命健康遭到严重破坏。在这种形态的社会里，人们往往在沉重的经济压力下，在激烈的利益竞争中，在高效的生活节奏中，在无尽的奔波劳碌中，没有了闲暇时间，不去开展休闲审美活动，没有心情享受生活中的闲情逸致。而在这一过程中，他们逐渐丧失了自我，身心不再和谐，精神生态不再平衡与稳定，生命不再健康。

面对市场经济社会可能会产生的这一系列问题和弊端，必须寻找解决与补救的办法，而休闲审美活动以及蕴含其中的休闲审美思想将在这一过程中发挥独特的功能，从而有利于解决这些问题，补救这些弊端，拯救陷入困境的精神文化领域、人的价值与意义领域、人的本质领域，进而维护人们精神生态的平衡、身心的和谐以及生命的健康。现代人在闲暇时间中开展的休闲活动、休闲审美活动，追求的闲情逸致，其会被一些人认为交换价值不高、缺乏实际效用，也不带来具体利润，但是恰恰是它们能够引导人们关注现实的交换价值之外的事物，关注那些具有长远的、潜在的、深层次的价值的事物，关注人类的精神文化领域、人文精神领域，关注个体人的精神生活领域，它们往往根植于人们灵魂的深处。正如马尔库塞指出的，“只有灵魂才真正不具有交换价值”，“在一个价值是由经济法则决定的社会中，只有借助灵魂和精神性的事件，才能展现出这样一些理想：诸如人类、个体或不可代替的人是超越所有自然和社会差异的东西”①。健康的休闲活动以及蕴含其中的休闲审美思想往往不耗费过多的物质财富，而把注意力更多地集中在实用价值之外的人们的精神领域。通过对它们的提倡，有利于抑制交换价值的恶性膨胀，使曾经被轻视或者忽视的使用价值重新恢复自己的尊严，使人们得以在社会的、政治的、经济的领域之外寻找日常的、家庭的、人伦的

---

① 马尔库塞著，李小兵译：《审美之维》，三联书店1989年版，第21页。

乐趣，并使它们普及化，成为老百姓生活中的常见景观，这有利于实现对市场经济社会的精神的审美的文化的超越，有利于涤荡人们内心深处的杂念、物欲、私欲，有利于使人们重新找到自我并回归自我，重获自身存在的意义与价值，有利于人们再次张扬自己的个性、价值、尊严，进而实现自己人生的逍遥与洒脱，拥有超凡脱俗的人格，最终达到澄明高远的境界。而对整个精神文化领域来说，对它们的提倡则有利于人文精神的张扬，有利于文学艺术的繁荣。

健康的休闲活动以及蕴含其中的休闲审美思想强调物尽其性，对存在之物各自的特性、价值和功能表现出极大的尊重。这有利于消弭人与人之间的恶性竞争与攀比，有利于人和自然万物按照自己的本性自由地存在，有利于人与自然万物关系的和谐。具体就人本身来说，对于处于休闲活动的生命状态中的人们来说，一方面他们的生命在这一过程中得到充分的尊重，他们的心态变得乐生、达观、向上，精神生态变得平衡、稳定，身心变得和谐，精神世界变得丰富、充实、完善。另一方面，这些活动也往往使相关参与者能够怀着平静悠然的心境和美好的情思与身边的亲人、朋友以及大自然和谐相处，相互交流，享受美好的人生。

第三节 生态社会的休闲美学

相对于漫长的政治权力社会，发源于西方的市场经济社会的存在时间并不长，而中国真正意义上的市场经济社会的存在时间则只有几十年，但呈现出蓬勃发展的活力。从发展趋势来看，无论是在西方还是在中国，这一社会形态都将在未来相当长的历史时期内继续存在和发展下去。政治权力社会生产力低下，经济发展水平落后，对现实的改造能力有限，社会发展长期停滞甚至倒退，它的存在虽然持久而稳定但显然不是理想的社会形态。而市场经济社会则不然，它往往以工业、商业发展为中心，把经济利益放在首要位置予以强调，高度重视生产力和科学技术。这在带来经济和社会的快速发展、人们物质生活水平的不断提高、人们生活便利和舒适程度的不断增加的同时，也带来了一系列问题，如对自然资源的过度掠夺，对人们生存的自然环境的过度开发与破坏，在一些国家甚至引发社会的动荡，给人们内在的精神世界带来的问题可能会更多，甚至可能引发严重的自然生态危机、社会生态危机或者精神生态危机。由此看来，市场经济社会虽然在当下和未来很长一段时间内仍然有其存在的合理性和必要性，但显然也不是理想的社会形态。这样，在市场经济社会创造出极其丰富的物质财富的基础上，人们会将更多的注意力转向关注自身生活的自然环境是否优美、宜居，社会生态是否和谐、稳定，生活质量是否不断得到提高，精神生活是否丰富，精神生态是否健康……这样，一个更加和谐、稳定、平衡的生态社会在可预期的未来将会出现，从而实现对市场经济社会的超越，而当下中国蓬勃开展的生态文明建设将为此奠定坚实的基础。正如有学者指出的，“生态文明是生态社会的基础”，“只有在全社会大力建设生态文明，才能使生态社会的建设落到实处”①。也有学者指出：“生态文明建设，或有希望以生态社会全面转型的形态出现”。②

一、生态社会的超越

显然，生态社会是一个在可预期的未来将会出现的社会形态。那么具体来说什么是生态社会？有学者对此进行了概括：“生态社会是以社会高度生态文明为基础，生产力高度发展情况下的人与自然界和谐共处的社会”，“它包括政治、经济、文化的生态化”，“生态社会的建设是马克思主义生态观在中国发展的新阶段，也是马克思主义生态观发展的必然趋势”③。就社会形态演替的趋势来说，相对于历史悠久的政治权

① 袁记平：《马克思主义生态观与生态社会建设》，《求实》2011 年第 12 期。

② 黄承梁：《论习近平生态文明思想对马克思主义生态文明学说的历史性贡献》，《西北师大学报》(社会科学版) 2018 年第 5 期。

③ 袁记平：《马克思主义生态观与生态社会建设》，《求实》2011 年第 12 期。

力社会，市场经济社会的到来具有历史的进步性和必然性，但是由于这一社会形态自身存在着诸多问题、弊端与局限，它也将在经历一段较长时期的发展后，走向衰落，最终被生态社会取代。在从政治权力社会到市场经济社会然后到生态社会的演替中，奥康纳认为，环境史书写是“先前各种历史类型的发展顶点”。但他的认识也有自己的局限性，这种局限性表现在，他所关注的仅仅是人类与自然环境的关系，不包括社会生态也不包括精神生态，而它们其实都是新的社会形态——生态社会——的重要组成部分。在生态社会中，自然生态得到很好的维护，社会生态健康而和谐，人的内在精神生态平衡而稳定。新的关注休闲活动以及休闲审美思想在其中得到孕育与发展，人们的生命本质力量得到充分的展开，自我实现得到充分的完成，人们能够更自由地享受生命中的欢乐和闲趣，拥有更加丰富多样的精神生活、文化生活、审美生活，他们的人生境界不断得到提升，身心和谐和生命健康得到维护，人与人、人与自然的关系和谐而融洽。这一切都是生态社会的必然产物，也反过来有利于推动生态社会的形成，两者之间构成一种互动关系。

二、生态社会的休闲美学

市场经济社会固然为人们自由地开展休闲活动、享受生活中的闲情逸致创造了必要的物质条件以及其他外部条件，在某种程度上促进了休闲活动的发展。但是就休闲活动的本性来说，市场经济社会的利益驱动机制和经济运行规律，并不完全符合它的本性。

具体来说，市场经济社会受制于自身的利益驱动机制和经济运行规律，在经济利益的驱动下不断扩展与膨胀，它引导人们通过大规模的物质生产和消费实现利润的增长，这在有意无意中助长了人们物质欲望的膨胀，而人们物质欲望的不断膨胀又反过来推动了无节制的大规模的物质生产与消费，从而形成了一种难以遏制的惯性的循环。这种循环固然有利于推动社会经济的发展，有利于更好地满足人们各种各样的物质需求，但是它也不可避免地带来了一系列严重后果：浪费了地球资源，破坏了自然环境，造成了能源枯竭、环境污染、气候异常、生态恶化，甚至引发了严重的生态危机。而与自然生态恶化紧密相关的是，人们为了争夺越来越稀缺的自然资源的控制权而爆发了激烈的矛盾冲突，从而导致社会生态失去平衡与稳定而不断走向恶化，这在西方社会显得尤其严重。而人们自身物质欲望的无止境膨胀也可能严重损害他们的内在精神世界，使其日益走向苍白与空虚，人生的价值和意义不断丧失，从而引发人们精神生态的失衡，甚至造成严重的精神危机。在西方资本主义的市场经济社会中，由于缺乏社会制度层面的约束，其自然生态、社会生态与精神生态更容易走向全面恶化，这将严重地削弱西方人存在的根基。

为了使人类能够在这个星球上持续地生存和发展下去，从市场经济社会走向生态社会就是人类社会在未来不得不选择的一条道路，这将帮助人们从不断扩张和膨胀的生产和消费走向绿色的、持续的、稳定的、高质量的生产和消费。正如阿格尔指出的，因为生态问题关系到人类的根本生存，所以从生态危机催生出来的“生态命令”就会成为高于一切命令的“第一命令”，这“第一命令”将迫使国家对经济政策作出调整，有计划地缩减生产能力和消费能力，进而从根本上约束人类社会肆意破坏自然环境和无节制消耗自然资源的行为，转而使自然资源得到应有的保护、自然环境得到改善、生态系统的平衡和稳定得到恢复，最终使生态危机得到彻底的解决。具体来说，可以通过“改组生产和消费”，“阻止工业的无限增长”，“在生产与消费之间恢复一种适于生存的、非扭曲的关系”，使人知道“生产多少就足够”，从而过上一种像样的物质生活，实现人生的幸福。① 约翰·斯图亚特·穆勒在他的《政治经济学原理》中表达了一种建立稳态国家和稳态社会的理想，对生态社会应当如何建设、管理和组织提供了启发。他认为当社会发展到一定阶段后，就

① 本·阿格尔著，慎之等译：《西方马克思主义概论》，中国人民大学出版社 1991 年版，第 494 页。

要实现稳定化，“生产能力和人口水平不需要再进一步发展了”，因为“量的增加并不能必然改善整个人类的命运”①。因此，未来社会应实现由量的标准向质的标准的转变，在“量”的稳定的基础上实现“质”的提升。阿格尔和穆勒基于西方资本主义社会的发展现实提出的对未来社会发展模式的设想未必完全正确，也未必具有现实的可行性，但是他们的设想中的某些合理因素还是值得我们认真思考和借鉴。例如，在未来的生态社会中，无论是社会发展还是人类生活，在保证足够的“量”的前提下，应该更加重视“质”，并积极推动由“量”向“质”转变。在这一过程中，休闲活动将自然而然地受到人们的高度重视，成为人们内在的精神追求。

莱斯进一步指出，工业生产的发展对人类生存于其间的自然生态系统造成极大的压力，人口的过度膨胀使地球生态系统不堪重负，这些严峻的现实从根本上威胁着人类的生存和发展，迫使他们关注的中心从审美的层面转向生态的层面，他说：“工业生产和人口的无情增长已使人们把(对稳态经济的)关注中心由审美的教育转向生态生存。”②因此，为了使人类能够在健康的稳定的生态系统中持续地生存和发展下去，就必须“阻止工业的无限增长”，由不断膨胀的社会进入稳态化的社会，进入生态化的社会。莱斯设想的这种社会模式究竟符不符合当今人们对未来社会的期待，究竟是不是顺应了当今社会的发展趋势，需要我们进一步观察，也需要时间来检验。但是毫无疑问，它将给人类社会带来种种限制，如造成商品生产和供应的相应减少、物质生活水平一定程度的下降。但是在阿格尔看来，物质产品供应的减少造成人们物质生活水平的相对下降也许不是坏事，它或许有利于改变人们过去那种对物质消费的过度依赖，推动人们的生活方式向更高层次提升，“我们认为这些破

① 本·阿格尔著，慎之等译：《西方马克思主义概论》，中国人民大学出版社 1991 年版，第 476、477 页。

② 本·阿格尔著，慎之等译：《西方马克思主义概论》，中国人民大学出版社 1991 年版，第 476 页。

灭了的期望也许会产生意料不到的后果：人们对物品供应有限的世界的最初觉醒，将最终在那些习惯于把幸福等同于受广告操纵的消费的人们中间产生全新的期望及满足这些期望的新办法"①，例如"承认生态的种种制约性将为自傅立叶和马克思以来的许多激进人士所主张的那种根本的社会改造提供机会"②，进而为从根本上提高人们的生活质量特别是精神生活质量提供机会。具体来说，人们生存的物质节约精神将迫使他们改变自己的需求结构，转而向高层次的精神需求和审美需求提升，使他们得以过上一种简朴的物质生活、丰富的精神生活、诗意的审美生活，甚至为按照审美的原则改造社会提供机会。在这种情况下，生态和审美之间的紧张关系就消除了，两者反而能更和谐地结合在一起。阿格尔正是从这种"期望破灭"中看到了希望，看到了一种可能出现的新的社会形态，看到了一种审美的、富于诗意的生活方式，这就是他的著名的"期望破灭了的辩证法"。阿格尔对未来社会的设想究竟能不能实现，未来社会究竟会不会朝着他预期的方向发展，还有赖于实践和时间的检验。但是他的设想却毫无疑问带给我们这样的启示：人类应该对自己生存于其间的自然生态系统进行严格的保护，人类应该从对物质生活的过度关注转向对精神生活的关注，拓展自己的内在精神空间，开发自身的精神资源，开掘头脑中蕴藏的休闲智慧，更多地开展休闲审美活动，追求生活中的闲情逸致，获得高层次的精神的审美的享受，进而实现自身的不断丰富、发展、完善。这一方面缓解了奢侈无度的物质享受对自然生态系统造成的巨大压力，另一方面又推动了人们身心的和谐以及精神生活的丰富。

在未来的生态社会中，休闲活动将受到高度关注和重视，甚至成为人们日常生活中必不可少的组成部分。由于生产力的不断提高、高科技

---

① 本·阿格尔著，慎之等译：《西方马克思主义概论》，中国人民大学出版社1991年版，第495、496页。

② 本·阿格尔著，慎之等译：《西方马克思主义概论》，中国人民大学出版社1991年版，第476页。

的普遍引入、工业生产目标和模式的转变，越来越多的人将从沉重的劳动中解放出来，拥有更多的闲暇时间，去开展休闲活动，去修身养性、怡养性情，去充分呈现自己的自由自觉的生命本质力量。毫无疑问，休闲活动将在生态社会中发挥越来越重要的作用。

从另一个角度看，在未来的生态社会中，良好的自然生态也将为人们开展休闲活动提供理想的场地和外部环境。优美的自然环境天然地会带给人们愉悦的心情、宁静闲适的心境，让他们得以更好地投入到休闲活动或休闲审美活动中去；优美的自然环境甚至还能直接地成为休闲活动的场地、载体与对象。在以上这些情况下，休闲活动与自然生态和谐、完美地融合在了一起。而在未来的生态社会中，人们在优美的自然环境中开展休闲活动，追求生活中的闲情逸致，这种高层次的精神生活将会缓解与他人、与社会的关系，消弭人与人之间可能出现的各种矛盾与冲突，从而使社会生态走向和谐与稳定。

未来的生态社会不仅会大大增加人们的闲暇时间，为人们开展休闲活动提供机会，也有可能反过来使劳动变成一种充满闲趣和休闲色彩的活动。在西方生态马克思主义理论家看来，在未来可能出现的生态危机的威胁下，人类将不得不放缓向自然索取的步伐，消费者的奢侈消费行为也将不得不进行改变，他们的需求将不再靠由广告引导的无止境的商品消费来满足，而是靠创造性的、非异化的劳动来满足，① 于是劳动者的生产行为也将从官僚化和强制性中解放出来，成为一种符合人的本性的自由自觉的活动，成为一种富于理想色彩的活动，它也就相应带上了休闲和休闲审美的色彩，劳动的过程也就变成了开展休闲审美活动的过程和追求闲情逸致的过程。正如阿格尔所说："期望破灭了的辩证法……可以使人们对从劳动中获得满足的前景改变看法。我们认为，非异化的社会不仅是实现经济无增长的社会，而且还必须使人们能通过生

---

① 本·阿格尔著，慎之等译：《西方马克思主义概论》，中国人民大学出版社 1991 年版，第 488 页。

产性活动来自我表达。"①例如文艺创作活动就既可以是一种具有创造性的非异化的生产劳动，也可以是一种休闲审美活动、一种追求闲情逸致的活动。

总之，奥康纳的资本主义历史结构演替理论带给我们深刻的方法论启迪。把这样的理论方法运用到中国，我们认为中国在历史结构的演替中也经历了或者即将经历三种典型的社会形态：政治权力社会、市场经济社会和生态社会。这三种社会形态在历史的发展中顺次出现，并将交叉并存于现代社会中，但在一定的历史阶段，必定是某种社会形态占主导地位，其他社会形态则以构成因素的形式处于从属地位。而在这三种社会形态中，休闲审美活动分别发挥不同的功能，它们通过规避政治权力社会的沉重压力，通过超越市场经济社会的商品化、物欲化、庸俗化趋向，实现人们的休闲美学理想，达到人们身心的和谐、精神生态的平衡与稳定以及生命的健康。

---

① 本·阿格尔著，慎之等译：《西方马克思主义概论》，中国人民大学出版社1991年版，第499页。

第三章　休闲美学与现代人精神生态的维护

尽管休闲审美活动及其中蕴含的休闲美学思想在人类的精神生活中从未取得过主导地位，但它们一直在人类的精神生态系统中占据着独特的生态位，发挥着不可代替的重要作用，如使人生获得快乐与趣味，赋予人生以价值和意义等。没有它们，人类的精神生态系统将会失去平衡与稳定，各种精神病症就会随之产生。正是由于这一独特的功能和作用，使休闲审美活动及其中蕴含的休闲美学思想在一次又一次遭受排挤和打击之后，依然能够顽强地生存下来，并且蓬勃地发展下去，形成一个历史悠久的传统，发挥着对人们的精神生态系统的调节、平衡和稳定作用。就中国的具体情况来说，正如潘立勇指出的："中国传统的休闲观……强调的是'内向的调节'。在传统中国哲人看来，休闲重视的是内在的精神品格。心闲相对于身闲更具有根本之意义，所谓由内向调节达至休闲也就意味着是一种心灵的自我调适。"①

第一节　现代人的精神状况

对个体人这个有机生命体来说，他的内在精神生态系统往往是有机的、完整的、统一的、平衡的、和谐的、稳定的，如果发生对立、矛

---

① 潘立勇：《当代中国休闲文化的美学研究和理论建构》，《社会科学辑刊》2015 年第 2 期。

盾、冲突、失衡、分裂，就会造成内在精神生态系统无法正常运转，进而诱发各种精神疾病的产生，甚至会带来严重的精神危机。正如严春友所说："在各部分间的精神生态关系协调平衡的时候，这个人的精神就是健康的，否则，精神生态会失衡，该人的精神就不正常"，"一个正常的个体精神生态系统是这样的：各部分比例得当，各在其位，各谋其职，不能僭越。如果是相反，就会导致精神失常"，"从精神生态学角度看，精神病是由个体精神生态失衡造成的，由于患了精神肿瘤，某些部分过分膨大，从而压抑了另一部分，于是使精神向某个方面方向倾斜下去，精神生态链失去平衡"①。对于人们生活于其中的社会有机生命体来说，情况也大抵如此："社会精神的生态系统也是这样，社会精神的各个部分如果失衡，有的部分膨胀为社会精神肿瘤，而其他部分则被压抑，那么这个社会的风气就不正常。……如果社会精神生态系统处于正常状态，那么社会风气就会好转，正气上升，邪气不作"②。总之，个体精神生态系统和社会精神生态系统，都是在动态中保持平衡的有机生命体，都需要维持和谐与稳定。同时，两者之间又相互作用、相互影响："如果社会精神生态系统正常，那么个体精神生态系统一般也正常，因为在这样的社会精神场中，个体精神是开放的、愉快的，很少压抑感；如果是相反，那么个体精神就会受到压抑，从而导致个体精神生态系统失常。另一方面个体精神生态状况对社会精神生态状况也存在着巨大影响，因为社会精神生态场无非是不同个体精神交互作用的结果。"③

一、现代人精神生态的失衡

世界上许多被轻易抛弃的、看似毫无价值的事物，却可能包含着无

---

① 严春友：《精神生态学》，鲁枢元编：《精神生态与生态精神》，南方出版社2002年版，第531页。

② 严春友：《精神生态学》，鲁枢元编：《精神生态与生态精神》，南方出版社2002年版，第531~532页。

③ 严春友：《精神生态学》，鲁枢元编：《精神生态与生态精神》，南方出版社2002年版，第532页。

尽的价值。因为事物价值的大小总是与人们对这些事物特性的认识程度的深浅紧密相关，某些事物的特性人们还没有能够深入认识，所以他们感觉它们没有大的价值或者压根就没有价值。而事实上，它们可能有很大的价值甚至无限的价值，而我们可能因为自身认识能力的局限没能把它们充分挖掘出来。这些事物中尚未被人类发现并开掘出来的价值，我们称之为“潜在价值”，而那些已经被人类发现并开掘出来的价值，我们称之为“显在价值”。所以，就事物的价值而言，往往是潜在价值和显在价值的统一体，是在场因素与不在场因素的统一体。正如张世英所说：“任何出现在当前的某一事物，或者说任何一个在场或出场的东西，都与不在场或者说未出场的无穷事物结成一个血肉相联的整体，也就是说，显示出来了的东西都与隐蔽在背后的无穷事物结成一个整体。所以，脱离不在场而专注于在场，脱离隐蔽而专注于显示，是不现实的。要理解某事物，或者说，照亮某事物，就必须指向——参照——不在场的、隐蔽的事物。”①鲁枢元把事物的这种显在价值与潜在价值或者说在场的东西与不在场的东西形象地比作电磁波“波谱系列”中的“可见光”与“潜在波段”。现代社会的发展极大地深化了人们对事物特性的认识，使事物的“潜在价值”不断被发现和挖掘出来，变成“显在价值”，而事物的“潜在价值”在不断地减少中甚至被人们有意无意地忽略了。而事实是，事物的“潜在价值”虽然在不断地减少，但却永远不会穷尽，因为随着人们对事物特性认识的深化，事物新的层面上的“潜在价值”又会不断地涌现出来。现代人的偏颇之处就在于，对自己的认识能力过分自信，总是偏激地把事物的显在价值当作事物的全部价值，并盲目地认为自己已经认识到了事物的全部价值，这毫无疑问是错误的。正如鲁枢元指出的：“人们在自己的价值光谱上犯下的错误是：看不到的就以为是不存在的，或被有意无意忽略掉的。问题出在‘人眼’上边，‘眼见为

① 张世英：《进入澄明之境——哲学的新方向》，商务印书馆 1999 年版，第 132 页。

实'，被物质化、科学化、技术化了的人的眼光只承认可见的'光谱'，而无视于这段'光谱'的两端。与电磁波的谱系相应，人眼可见的这段'价值光谱'在整个'价值光谱系列'中也只是很狭窄的一段，现代人用目光看到的往往只是可以用货币加以度量的那一段。"①在现代社会，人们在理解和处理物质财富与精神生活的关系上，在理解和处理物质欲望的满足与精神生态的和谐、平衡与稳定的关系上，就犯了这样的错误。

从19世纪早期开始，在工业革命的推动下，西方资本主义经济获得了快速发展，整个社会出现了普遍的物质繁荣景象，许多人获得了越来越多的物质财富，并尽情地挥霍和享受。于是社会上逐渐形成这样一种风气：人们对物质的欲求急剧膨胀，而曾经被高度重视的内在精神生活(例如文艺生活)则被认为是虚无缥缈的、可有可无的，遭到了有意无意的忽视。于是，人们的精神世界开始走向荒芜，人性开始堕落，受极端物欲主义支配的各种异常行为开始盛行，这是个体精神生态系统和社会精神生态系统失衡的重要表征。黑格尔在1816年10月28日的哲学史演讲中，曾提及这一现象，他说，"时代的艰苦使人对于日常生活中平凡的琐屑兴趣予以太大的重视，现实上很高的利益和为了这些利益而作的斗争，曾经大大地占据了精神上一切的能力和力量以外的手段，因而使得人们没有自由的心情去理会那较高的内心生活和较纯洁的精神活动"②。这种建立在资本主义制度基础上的物质的繁荣、对物质财富的疯狂攫取以及极端物欲主义的盛行，带来了经济、社会、精神、文化等多方面的问题。例如它们造成了贫富差距的扩大，使很多人失去了基本的经济来源和生活保证，陷入了极度的贫困；它们也带来了人性的异化，造成人们对物质的偏执、疯狂以及其他畸形病态心理，例如心理失常、情感麻木、精神障碍、焦虑、紧张、抑郁、孤独、恐惧等，内在精

① 钱谷融、鲁枢元：《文学心理学》，华东师范大学出版社2003年版，第431~432页。

② 黑格尔著，贺麟、王太庆译：《哲学史讲演录》(第1卷)，商务印书馆2017年版，第1页。

神状态急剧恶化，精神家园慢慢走向荒芜。正如马尔库塞指出的："工业文明的焦点是让人停留在心理和文化的贫困中。"①例如在卡夫卡的《变形记》中，"异化"成甲壳虫的商品推销员格里高利的精神状态就是这样，他的心理失常、焦虑、紧张、孤独、恐惧，惶惶不可终日，精神生态遭到严重破坏进而走向失衡。这种现象在西方资本主义社会有很强的代表性。

单方面地重视物质财富的偏颇还会带来其他相关的问题，如物质生活成本不断提高，职场上人与人之间的竞争加剧，一些人为了过上体面的生活甚至为了满足虚荣心而过于拼命地、努力地工作等。这一切都会带来一系列的经济、社会、精神、文化等方面的问题。具体就精神领域来说，在上述诸多因素的作用下，一些人的精神生态系统走向失衡，精神状况开始恶化，甚至引发他们系统性的、多方面的精神疾病的产生，如心理压抑、抑郁、忧愁、孤独、紧张、焦虑、苦闷、烦恼、恐惧、害怕、绝望、空虚、无聊、失落等，严重影响他们的身心健康。

总之，这些重视"显在价值"而忽视"潜在价值"、重视在场的东西而忽视不在场的东西、重视"可见光"而忽视"潜在波段"、重视物质财富而忽视精神生活、重视物质欲望的满足而忽视精神境界的提升的行为，造成了部分现代人精神生态的严重失衡与不稳，进而引发了一系列问题。

二、现代人精神生态的救治

那么如何解决一些现代人精神生态的失衡与不稳的问题，进而解决由此而生的一系列相关的问题？这需要我们在特定的物质手段的基础上，更加重视事物显在价值之外的潜在价值，更加重视在场的东西之外的不在场的东西，更加重视"可见光"之外的"潜在波段"，更加重视物

---

① 转引自马惠娣：《休闲：人类美丽的精神家园》，中国经济出版社 2004 年版，第 120 页。

质财富的占有之外的精神生活的富足，更加重视物质欲望的满足之外的精神世界的升腾，也就是说，我们需要精神文化的帮助。正如马尔库塞指出的，“人的解放并非物质层面的解放，经济学的解放并不等于哲学——文化的解放，理性的自由并不等于感性的幸福。人的解放的根本标志和现实途径，便是以艺术—文化为手段”①。通过这样的方式，才能给现代人带来精神生态的和谐、平衡与稳定，进而解决现代社会存在的一系列与之相关的问题。就中国的具体情况来说，为了医治当下一些中国人存在的诸多精神病症，消除他们面临的诸多精神困扰，使现代中国社会和个体人的精神生态系统在新的时代和社会条件下更加和谐、平衡与稳定，我们必须在西方文化之外重拾民族自信，重新重视中国传统文化，重新审视中国传统民族文化中的休闲审美活动以及休闲美学思想，从中发掘出有益于个体精神生活的富足、精神世界的提升、精神生态的稳定的因素，并将它们发扬光大，以实现对现代人精神病症的救治，进而实现对中国社会和个体人的精神生态系统的有效调节，使它们保持和谐、平衡与稳定，进而解决中国社会存在的一系列与之相关的问题。

可以说，中国传统文化中的休闲审美活动以及休闲美学思想，就是“显在价值”之外的“潜在价值”，就是在场的东西之外的不在场的东西，就是“可见光”之外的“潜在波段”，它们在现代社会虽然似乎并不能给人们带来肉眼可见的实际利益、货币尺度可以衡量的显在价值，但它们却可以让人们看淡对物质财富的占有，看轻对物质欲望的追求。正如赖勤芳所说的，“休闲活动是一种自清运动，可以把填塞的心理污染主动、积极地清除”②，转而在悄无声息中丰富人们的精神生活，提升人们的精神境界，给人们的精神生态带来和谐、平衡与稳定。更具体地说，休

① 马尔库塞著，李小兵译：《现代文明与人的困境》，上海三联书店 1995 年版，第 8 页。

② 赖勤芳：《休闲美学：审美视域中的休闲研究》，北京大学出版社 2016 年版，第 80 页。

闲审美活动在给人们带来“消遣闲暇、休息身心、松弛紧张、恢复体能”①之外，它还以自身丰富的精神内涵作用于人们的精神世界，滋润着人们的心灵，培养着人们的生活和审美情趣，彰显着人们独特的个性，提升着人们的精神品格，从而有利于人们精神生态的和谐、平衡与稳定。中国传统文化实际上对此早就有成熟的看法，它认为休闲审美活动可以通过帮助人们“养心”，维护人们精神生态的平衡、身心的和谐和生命的健康。道家的“虚其心”“坐忘心斋”“致虚极，守静笃”，儒家的“我善养吾浩然之气”等，佛家的“佛向性中作，莫向身外求”等，它们作为中国传统文化中休闲“养心”的重要方式，都能帮助人们达到这一目的。当然，中国传统文化中休闲审美活动的对象、载体、方式多种多样，如诗词歌赋、琴棋书画、绿水青山、绿树青草等，它们都能使人们在悠闲的心境中获得闲情逸致，进而修身养性，陶冶性情，提升人格，达到精神生态的平衡、身心的和谐与生命的健康的目的。正如中国古人所说的，“闲能生慧”“心闲体静”“心宽体健”，也如马惠娣所说的：“流水之声可以养耳，青禾绿草可以养目，观书绎理可以养心，弹琴学字可以养脑，逍遥杖履可以养足，静坐调息可以养筋骸。”②例如就创作和欣赏音乐这样的休闲审美活动来说，它们就可以改变人们的精神状态，使人们获得精神生态的平衡：“音乐培育人的激情，也陶冶人的心灵，音乐给人以美的享受。当你休息时，音乐给你舒适；当你拼搏时，音乐给你支持；当你软弱时，音乐给你力量；当你忧伤时，音乐给你慰藉；当你无聊时，音乐是你自由驰骋的天地，是你心灵的家园。”③下面我们就来看看，根植于中国文化传统的休闲审美活动可以通过什么样的

---

① 吕尚彬、彭光芒、兰霞编著：《休闲美学》，中南大学出版社 2001 年版，第 4 页。

② 马惠娣：《休闲：人类美丽的精神家园》，中国经济出版社 2004 年版，第 50 页。

③ 陈琰编著：《闲暇是金：休闲美学谈》，武汉大学出版社 2006 年版，第 13 页。

方式作用于一些现代人的病态的精神世界，并使之得到调节、改善、救治与修复，进而恢复精神生态的和谐、平衡与稳定。

(一)失落、苦闷、烦恼、忧愁与休闲审美活动

在现代社会，经济社会高速发展，社会生活中的一切方面都发生着快速而剧烈的变化，这严峻地考验着人们适应这一新现实的能力。如果适应不过来，内在精神世界的变化赶不上外部世界的变化，人们内心深处的失落感就会油然而生，甚至会在心灵深处爆发激烈的矛盾冲突，造成人们心理上的混乱，产生犹豫不决、苦闷彷徨、烦恼忧愁等消极心理现象。如果长期持续下去，将会使个体产生严重的心理疾病，不利于其精神世界的健康与精神生态的平衡。那么在这种情况下，各种各样的休闲审美活动将为人们改善、修复和治愈上述精神的病态发挥重要的作用。它们可以帮助人们重获对生活的热爱与眷恋、对未来的美好憧憬，进而树立一种乐观、豁达的人生态度，甚至达到一种以苦为乐、苦中求乐的人生境界。像林语堂所说的那样，“即使这尘世是一个黑暗的地牢，但我们总得尽力使生活美满”①，只有这样，人们才能“乐天知命以享受朴素的生活”②。当然在此基础上，人们还可以进一步通过对生活中的闲情逸致的追求，带来自身的轻松快乐，从而摆脱不健康的心境，“中国人生活苦闷，得以不至神经变态，全靠此一点游乐雅趣”③。例如人们可以在家人和朋友的陪伴下，远离现实世界的喧嚣与躁动，怀着悠闲的无事人的心境，到老城古巷闲逛，在古村民居穿梭，去探古寻幽，去追怀历史，缅怀古人。在这种独特的充满历史感的平和宁静的环境和氛围中，他们得以搁置现实中的利害关系，似乎超越了时空，进入另一个时代的另一个世界，和另一群人相遇并进行心灵的沟通与交流，这时他们心灵世界激烈的矛盾冲突就可能化为平和、宁静，生活世界中的失

① 林语堂：《生活的艺术》，中国戏剧出版社 1991 年版，第 23 页。

② 林语堂：《吾国与吾民》，陕西师范大学出版社 2002 年版，第 84 页。

③ 林语堂：《拾遗集》下，《林语堂名著全集》(第 18 卷)，东北师范大学出版社 1994 年版，第 26 页。

落、苦闷、烦恼与忧愁也可能被一扫而光，转而获得轻松、舒适、惬意、愉悦的精神世界。再如，体育健身这样的休闲审美活动，在改善人们的身体状况的同时，也可以改善人们的心灵状况，带给人们无限的自由感，帮助他们在短时间内摆脱心灵上的忧愁、苦闷与烦恼，如果长期坚持，将使他们受益无穷。再如，练习与欣赏书法这样的休闲审美活动，在使人们产生闲情逸致的同时，也会净化他们的心灵，有效地消除他们的烦恼和愁苦，“书法艺术之路是一条通往心灵深处的休闲审美之路”①，“在书法形式的创造过程中，在点横竖撇捺的无穷变化中，体验乐趣，抒发情感，陶冶性情，适意逍遥，排忧解闷”②。总之，通过开展多种多样的休闲审美活动，可以使一些现代人的不健康的精神状态得到改善，使他们重获精神生态的平衡、身心的和谐与生命的健康，进而在不知不觉中适应了外部新现实。

（二）紧张、焦虑与休闲审美活动

在现代人的生活中，经常会出现紧张、焦虑的精神状态。从深层意义上看，这种紧张和焦虑主要来自人们心理上的压力，来自人们对变幻莫测、难以把握的外部世界以及对自身的前途、命运、未来的茫然无措。外部世界的不确定性和自身的无方向感使人们在心理上产生了莫名的压迫感，于是变得紧张、焦虑，惴惴不安，寝食难安，显得迷茫、渺小而又无助。正如有学者指出的：“焦虑作为焦躁、焦急和忧虑，它是一种极端形态的压迫感。因为人们所焦虑的事物既可能是人所不能拒绝的，又可能是人所无法企及的，所以焦虑显现为一种不可捉摸和无法左右的强大的力量。”③这种不健康的精神状态如果长期持续下去，会使人们产生严重的精神病症，造成他们精神生态的失衡。在这种情况下，同

---

① 吕尚彬、彭光芒、兰霞编著：《休闲美学》，中南大学出版社 2001 年版，第 143 页。

② 吕尚彬、彭光芒、兰霞编著：《休闲美学》，中南大学出版社 2001 年版，第 143 页。

③ 陈琰编著：《闲暇是金：休闲美学谈》，武汉大学出版社 2006 年版，第 168 页。

样可以发挥休闲审美活动的作用，去缓解他们这样的精神病症，去重新恢复他们精神生态的平衡。例如人们可以怀着从容悠闲的心境，暂时地沉浸于文学、音乐、书法、下棋、饮酒、品茶、游戏等多种休闲审美活动中，获得舒缓、轻松、惬意、自由、愉悦的感觉，从而有效地缓解、调节、改善他们那不堪的精神状态。以品茶为例，人们可以在幽静的环境中，怀着"无事人"的闲适优雅的心境，泡上一杯清茶，慢慢细品，从容回味，氛围舒适而温馨，这时，他们的紧张、焦虑、躁动、不安等不良精神状态将会在不知不觉中烟消云散，他们将变得头脑清醒、耳聪目明、轻松愉快、平静如水、散淡洒脱、优雅安静起来。这样，品茶以一种清新淡雅的方式，滋养、调节、改善了人们的精神，使他们获得了宁静、平和、悠闲的心境。正如有学者指出的："它以含蓄蕴藉的方式抚慰我们内心的情感。所以，饮茶能陶冶性情。通过饮茶来感受茶的情趣，净化人的心灵……"①再以书法艺术为例，它通过充分呈现书写者的情思和意趣，使他们能够在这个喧嚣、浮躁的世界中获得平和、从容、和谐、宁静的心境，获得难以言说的心灵愉悦。有人形象地描述了这一过程："铺开纸，在端砚里注入清水，用块集锦墨磨出墨汁来，聚精会神地摹写王羲之或柳公权的字，慢慢地会沉浸入心平气和的境界中，体会到静的乐趣，让肉体和心灵都彻底地放松。"②从更深层次来看，这一过程也在潜移默化中改变了人们的性情、趣味、品格，使他们的性情得到陶冶，审美趣味得到培养，品格得到重塑，心灵得到丰富，虚静的人生境界得以形成。正如古人所说："澄神静虑，端己正容，秉笔思生，临池志逸"。③ 也有学者指出："它会逐渐消除外界干扰和排除人内心杂念，最终达到人内心世界中的各种情感的纯粹性和身心合一的

① 陈琰编著：《闲暇是金：休闲美学谈》，武汉大学出版社 2006 年版，第 48 页。

② 吕尚彬、彭光芒、兰霞编著：《休闲美学》，中南大学出版社 2001 年版，第 143 页。

③ 王大胜：《生命・衰老・长寿》，内蒙古人民出版社 1983 年版，第 31 页。

宁静境界。”①在这一过程中，人们的紧张、焦虑在宁静悠然的境界中悄然消失了。再如，文学创作和欣赏等充满趣味的文学活动作为休闲审美活动，也可以有效调节人们的精神生态，“使人精神返乡、灵魂归静、心态趋静”②，使他们紧张焦虑的精神状态舒缓下来。再以广受老百姓喜爱的钓鱼为例，当一个人在幽静的溪水边，怀着宁静悠闲的心境独自垂钓时，时间和空间似乎在他那里停止了，他沉默无声，无忧无虑，自在逍遥，乐趣无穷，甚至进入一种虚静状态，这使他曾经躁动不安、紧张焦虑的精神状态在这样的情境中悄然缓解下来，变得平静如水、悠闲从容。下棋也是一个很好的例子，它能改变人们那种紧张、急躁、易怒的心性，使他们的精神生态走向平衡与稳定。宋代一个真实的故事给我们以深刻的启迪：“仆射李纳‘性躁急，酷尚弈棋。每下子安详，极于宽徐’。所以，每当他急躁发怒不能自抑时，家人便悄悄把棋局放在他的面前，李一见棋具就欣然改容，‘以取棋子布弄，忘其恚矣’。”③下棋有效地调节了李纳急躁易怒的心性，使他的心灵世界重新恢复平静。

总之，人们可以通过休闲审美活动去抚平自己紧张、焦虑的精神世界，使自己的精神生态走向和谐、平衡与稳定。在由此而获得的从容悠然、平静如水的心境中，人们也能够更好地、更清醒地认识和把握自身以及外部世界。

(三)恐惧、害怕、绝望与休闲审美活动

在现代社会，工业和科技的高速发展给人们带来一个快速变化、流动不居的生活环境。一些习惯于在旧的环境和传统中生活的人，一些心

---

① 陈琰编著：《闲暇是金：休闲美学谈》，武汉大学出版社 2006 年版，第 34 页。

② 吕尚彬、彭光芒、兰霞编著：《休闲美学》，中南大学出版社 2001 年版，第 103 页。

③ 吕尚彬、彭光芒、兰霞编著：《休闲美学》，中南大学出版社 2001 年版，第 201 页。

灵和精神状态长期缺乏变化的人，往往无法适应这一新的环境。这一新的环境对他们来说无疑是疏离的、陌生的，让他们难以应对，显得无助与茫然，甚至产生了恐惧、害怕、绝望的心理，惶惶不可终日。本雅明所说的心灵“震颤”就是这种精神状态。这种异常的精神状态产生的深层原因之一是安全感的丧失。正如有学者指出的，“造成人类恐惧心理的因素有死亡、黑暗、孤独无助等”①，特别是面对死亡时的焦虑。这样的精神状态也会引发人们精神病症的产生、精神生态的失衡。在这种情况下，多种多样的休闲审美活动就能为调节、改善、修复人们陷入异常的精神状态发挥重要作用。具体来说，处于缺乏安全感、恐惧、害怕、绝望、茫然、无助等异常精神状态中的人，在某种情景中，会在不知不觉中被具有独特魅力和足够代入感的休闲审美活动所吸引，并不由自主地参与其中，进而沉浸、沉迷其中，甚至产生“忘我”“忘世”“忘时”的精神状况。在这种情况下，他们的精神世界就会在悄然无声中发生变化，变得闲适放松、自由从容、平静悠然、情趣盎然，从而使他们身上那些异常的精神状态得到有效的调节，进而消失不见。例如开着汽车在惊险的高速公路上行驶，或者在繁华大都市的路况复杂的道路上行驶，或者初次提心吊胆地乘坐飞机在天空中翱翔，或者刚刚目睹一个惨不忍睹的场面……它们往往使亲历者感到恐惧、害怕、绝望，使他们感到无助与茫然。而当他们事后回到家中，在温馨的家庭氛围中，吃上一桌好饭，品上几盅小酒，喝上一碗清茶，或者和亲近的家人、友人在一起聊天、打牌、下棋……这些休闲审美活动往往可以有效地调节、缓解甚至消除他们上述异常的精神状态。当然人们也可以通过相反的休闲审美方式来改变这种异常的精神状态。例如他们可以在异常的精神状态下看恐怖电影，这时恐怖电影对他们来说就成为一种特殊的休闲审美活动，他们可以在观看其中恐怖、惊悚的情节和场景的过程中受到震撼，

① 陈琰编著：《闲暇是金：休闲美学谈》，武汉大学出版社 2006 年版，第 21 页。

进而慢慢地熟悉、适应、习惯它们，最终变得不再恐惧、害怕和绝望，这有利于改善、调节、修复他们变得异常的精神状态，从而使他们的精神生态重新走向和谐、平衡、稳定。正如有学者指出的："一些惊骇的镜头和情节有时令人毛骨悚然，让我们不由自主地发出尖叫，而尖叫之后的如释重负，高度紧张过后的极度放松，犹如黑暗消失后的光明，让人感到无比舒畅。"①于是他们在精神上得到了解脱与超越，"在此意义上，恐怖电影又巧妙充当了一副精神的安慰剂"②。经历了这个过程，他们在某种程度上获得了个体生存必需的安全感，也更好地适应了这个快速变化的世界。

(四)空虚、无聊、失落与休闲审美活动

在现代社会，随着经济的快速发展，社会物质财富的持续增长，大多数人在吃、穿、住、用、行等多方面的基本需求得到初步满足。部分精神文化素养低下的人在过上了优裕富足的物质生活后，开始变得无所事事起来，失去了希望、追求、目标、信仰，甚至感受不到人生的价值和意义，于是空虚、无聊、失望、失落等病态心理便产生了。A. 施魏策尔指出，现代人虽然具有改造外部世界的"超人的力量"，但是他们由于放弃了其内在精神世界的丰富和提升，"日益成为""灵魂空虚的人"。③ 马惠娣也指出："一方面，物质成果极大的丰富，另一方面，人的精神世界却是四壁空空。经济越发达，幸福感与生命和生活的质量对多数人而言越遥不可及"。④ 人们的精神世界的空虚无聊具体表现在："有时间却不知道如何填充这太多的时间空白。无聊不是什么都没有，相反是什么都有，惟独没有存在的意义，没有生活的趣味。"⑤当这种空

① 陈琰编著：《闲暇是金：休闲美学谈》，武汉大学出版社2006年版，第22页。

② 陈琰编著：《闲暇是金：休闲美学谈》，武汉大学出版社2006年版，第22页。

③ 马惠娣：《休闲：人类美丽的精神家园》，中国经济出版社2004年版，第107页。

④ 马惠娣：《文化精神之域的休闲理论初探》，《齐鲁学刊》1998年第3期。

⑤ 陈琰编著：《闲暇是金：休闲美学谈》，武汉大学出版社2006年版，第81页。

虚、无聊发展到极端，人们无法及时调适这种心理状态以适应外部世界的时候，就会产生虚无主义的人生观念，感到人生毫无价值和意义。

面对这种错误的人生观念和病态的精神状态，形式多样的休闲审美活动再次显现出其重要意义，它能帮助现代人重新感受到生命的无穷乐趣，重新发现人生的价值和意义，进而使他们的内在精神世界变得丰富而充实，使他们的精神生态得到调节、改善和修复，最终再次走向和谐、平衡与稳定。例如在欣赏文学作品这种休闲审美活动中，人们在闲适的心境中，超越了功利目的，超越了琐碎、平庸、空虚、无聊的精神状态，兴趣盎然地进入了一个虚构的、审美的世界，并随着其中人物的曲折经历或进或退，或成或败，或喜或悲，或乐或忧，沉醉其中，乐而忘返。在这一过程中，读者充分感受到了人生的乐趣，体悟到了人生的价值与意义，心灵世界也得到了极大的丰富与充实。这样，他们曾经丧失了的人生的价值与意义就被重新找回了，他们的精神世界中曾经蔓延的虚无主义的人生观念也被有效地抑制甚至清理了，他们重新感受到了人生的美妙，觉得人生是值得过的。再以到大自然中欣赏游玩这种经典的休闲审美活动为例，休闲者悠闲的“无事人”的心境往往使他们能够充分感受到大自然的无穷变幻，体验到蓝天白云、山岩流水、奇花异草、游鱼飞鸟等的美妙与神奇，甚至可能在深层感受到人生的无限美好，进而体悟人性，发现生命的意义。具体以欣赏鲜花为例，春日里大自然中五颜六色的鲜花能够点亮和振奋人们的日常生活，使人们空虚无聊、暗淡无光的精神世界变得五彩斑斓、异彩纷呈，像经过清泉流水冲洗过那样焕然一新，于是人们感受到了人生的无限美好，这样，人生的无限丰富的意义也就随之产生了。人们也可以在家里栽培和浇灌美丽的鲜花，欣赏它们那万千的姿态，尽情地呼吸它们散发出来的沁人心肺的芳香，于是他们的心灵得到滋养，他们的人生变得多姿多彩、趣味无穷：“它的幽香能令我们心旷神怡，它的明媚让我们的心灵充满了阳光。它用美的姿态和美的灵魂审视我们的内心……它让我们在孤独时拒绝空虚……在稀松平常的日常生活里，常常带来意想不到的生命的惊喜。"①在这样的无限美好的大自然与无限美好的人生中，人生的价值和意义会油然而生，精神世界会变得无比充实和富足，精神生态也会自然而然地走向和谐、平衡与稳定。由此，现代人可以从容地应对生活中的困扰与挑战。

(五)单调、枯燥、乏味、平淡与休闲审美活动

现代社会的人们生活在一个标准化的、模式化的世界中，他们住在大同小异的钢筋、水泥筑就的房子里，开着大致相似的汽车，吃着、穿着、用着几乎千篇一律的商品，而众多的职业和工作也往往缺乏创造性和趣味性。这一切似乎缺乏丰富的变化和勃勃的生机，缺乏五彩斑斓的色彩和盎然的诗意，因而让人恹恹欲睡、萎靡不振，产生单调、枯燥、乏味、平淡的感觉，毫无趣味和快乐可言，当然也唤不起人们对生活的热情、对生命的热爱。正如有学者指出的，平淡是"日常生活最为普遍和典型的感觉常态了。……它是生活的一种自然状态。这种自然状态不是心灵的自由而是生活的混沌"②，它带给人们的往往是"无悲无喜的随缘任运"③，是面对生活的"麻木不仁"，它们都可以说是"日常生活世界意义的丧失"和"对生活的爱"的丧失的表现。④ 这样的精神状态如果长期持续下去，往往会造成人们精神病症的产生、精神生态的失衡。而具有无限丰富性和多样性的休闲审美活动则能够有效地调节、改善、修复这种不健康的精神状态，它能够给人们带来一个变幻无穷的、色彩斑斓的世界，让他们的生活充满惊喜、新奇与激动，充满无穷的乐趣与无

① 陈琰编著：《闲暇是金：休闲美学谈》，武汉大学出版社2006年版，第70页。

② 陈琰编著：《闲暇是金：休闲美学谈》，武汉大学出版社2006年版，第169页。

③ 陈琰编著：《闲暇是金：休闲美学谈》，武汉大学出版社2006年版，第169页。

④ 陈琰编著：《闲暇是金：休闲美学谈》，武汉大学出版社2006年版，第169页。

限的生机，也让他们对生命充满热情与热爱，这都将极大地丰富他们的精神生活，使他们的人生显现出新的意义和价值。例如在一定的心理距离之外看恐怖电影这样的休闲审美活动，能够让人们在恐怖的氛围中不知不觉地超越琐碎、平庸、枯燥、乏味的生活现实，进而在另一个超现实的世界中身临其境地感受那些让人毛骨悚然的场面、悬念迭出的情节。这一过程往往能够带给人们巨大的心灵震撼，从而改变他们那平淡无奇、枯燥乏味、令人厌倦的生活，刺激他们麻木不仁的神经，激活他们的新鲜感，激发他们在惊悚的世界里冒险、猎奇的冲动，从而让他们的生活充满新奇和惊喜，平添生机和活力，而他们的精神也为之一振。这都能够有效地改善他们不健康的精神状态，恢复他们精神生态的和谐、平衡与稳定。而其他像冲浪、漂流、滑翔、蹦极等带有冒险性的休闲审美活动，也能达到这样的效果，从而明显地改善人们的精神状态，缓解甚至消除他们的精神病症，推动他们的精神生态重新走向和谐、平衡与稳定。而这一切，也在深层打破着现代社会的标准化、模式化以及人们生活的千篇一律的状态。

（六）孤独与休闲审美活动

在现代社会形成和发展的过程中，很多人不可避免地从农村的旧的血缘宗法的社会关系中走出来，逐渐进入新兴城市所重构出来的社会关系中。这种新的社会关系比较自由、随意、脆弱、松散、疏远，具有碎片化和原子化倾向，人与人之间失去了在旧的血缘宗法社会中长期形成的那种稳定的、全面的、紧密的联系。在这种新的社会关系中，往往会出现这样的现象：挨门邻居天天见面却互不交往、形同陌路，分别在各自不同的生活和工作世界里忙碌；即使是同一个工作单位里的同事，除了相互之间必不可少的业务往来之外，也往往缺乏较为紧密的私人联系。越是在现代化程度较高的地区，这种现象似乎也越普遍。这固然不是人类理想的社会关系，有待于进一步改进和重塑。但是从马克思的观点看来，与旧的血缘宗法社会关系相比，它在整体上是一种历史的进步，它给人们带来了解放、独立、自主、自由以及成长的空间；但另一方面，它又给那些缺乏独立自主能力的、不太适应城市新的社会关系的人们带来了孤独。这样的孤独体验和状态在中西方的反映现当代生活的一系列文艺作品中被生动形象地呈现出来。例如西方现代主义作家弗兰兹·卡夫卡、欧仁·尤内斯库、阿尔贝·加缪等对他们文学作品中的人物的孤独体验和感受的描写尤其深刻。中国当代作家刘震云的《一句顶一万句》《一日三秋》等小说对当代中国人的孤独的体验和感受也进行了生动形象的描绘。这种孤独的精神状态如果长期地、持续地积压在个体的心头，往往会诱发诸多的精神病症，进而引发个体精神生态的恶化与失衡。

那么如何去改进和重塑这种非理想的社会关系？如何去调节和改善这种不健康的精神状态？休闲审美活动仍然可以在其中扮演重要的角色。形式多样的休闲审美活动往往能为人们营造一种自由、随性、开放、轻松、惬意、畅快的社会交往场景，使相关参与者能够在平和友好的、其乐融融的氛围中摆脱现实生活中的各种各样的禁忌、顾虑、警惕、戒备、防范等各种束缚，按照自己的意愿、心情、兴趣、爱好相互交往，相互认识与熟悉，相互理解与认同，相互分享美好、快乐的生命故事，进而逐步建立起彼此之间的信任与友谊，丰富彼此之间的关系。这些活动将使参与者的生活充满明媚的阳光和欢乐的气息，使他们的精神世界得到丰富与充实，使他们的人生重获价值与意义，于是他们逐渐摆脱了孤独的精神状态，使自己的精神生态重新走向和谐、平衡与稳定。正如赖勤芳指出的："休闲也是一种通过社会交往方式，以利于丰富人的社会关系的生活方式，原因在于：其一，休闲能够提供一种相应的心理空间和闲情逸致，营构一种轻松、自由、摆脱了职业角色控制的社会氛围，创造一种相对比较和谐、愉快的交往情境；其二，休闲能够通过探索、确立和表达共同体的愿望以及亲密关系，加强社会联系，从而有助于社会关系的建构。"①再以现代城市生活中具有狂欢色彩的节庆

① 赖勤芳：《休闲美学：审美视域中的休闲研究》，北京大学出版社 2016 年版，第 128 页。

广场活动为例，作为休闲审美活动，它们的开展有利于人们摆脱各种禁忌，打破因身份、地位、等级等差异带来的距离感、隔膜感以及陌生感，使人们得以放松地、自由地、随性地相互交往、交流与沟通，从而在不知不觉中拉近了彼此之间的心理距离。正如张玉勤所说："在全民狂欢的广场世界里，所有人都在或大或小的程度上参与着、生活着，'支配一切的是人们之间不拘形迹地自由接触的特殊形式'，在这种全民参与和自由接触中，'人仿佛为了新型的、纯粹的人类关系而再生，暂时不再相互疏远。'"①正是通过这些活动，曾经各自孤独的人们拉近了距离，增进了理解，建立了友谊，最终摆脱了孤独，恢复了自己精神生态的平衡与稳定。当然人们也可以通过其他诸多休闲审美活动，来达到这样的目的。例如可以邀请几个要好的朋友一起小聚，品茶，吃饭，喝酒，嗑零食，畅聊生活、学问与人生；或者一起出游，共同欣赏蓝天白云、高山流水、绿树青草，共同分享生命的乐趣，在日益加深的理解、信任与友谊中消除内心深处的孤独。人们也可以陪着自己的亲人、朋友，带着自己的孩子，到公园、游乐园里去忘我地戏耍、游玩，去放飞自我，从而摆脱无法自拔的孤独；人们也可以陪着自己的家人到有趣的地方去逛街、购物、看书，在与他(她)们共享生命乐趣的同时使自己孤独的精神状态得到调节、改善。而当下流行的新的网络休闲审美活动更是超越了传统的休闲审美活动，它们在更广阔的范围内扩大了人们的社会交往和交流。正如有学者指出的，"网络休闲为人们提供了开放空间，交流是不受时空限制的，可以无限制地扩大人的社交范围"②，从而有效地帮助人们以新的方式摆脱孤独。

总之，这些形式多样的休闲审美活动给人们提供了多维度的社会接触、交往、交流与沟通的机会，提供了建立更紧密的社会关系的机会，提供了敞开心灵世界的机会，从而使他们相互之间获得了更多的理解与

① 张玉勤：《休闲美学》，江苏人民出版社2010年版，第137页。

② 赖勤芳：《休闲美学：审美视域中的休闲研究》，北京大学出版社2016年版，第165页。

信任，收获了深挚的友情、温馨的亲情甚至浪漫的爱情，进而有效地化解了自己的孤独、寂寞等不健康的精神状态，恢复了精神生态的平衡与稳定。

（七）忧愁、忧郁、郁闷与休闲审美活动

在现代社会，很多人的生活充满了忧愁、忧郁与郁闷。这种忧愁、忧郁与郁闷的精神病态生成的根源有很多，既可能来自生活、工作、社会、国家形势等方面过大的心理压力，如生活或事业遭受了某种打击、挫折、失败、伤害而产生了忧愁、忧郁、郁闷、沮丧的情绪，或者因生活中深深的孤独、寂寞而产生了忧愁、忧郁、郁闷的情绪，当然也可能来自完全超出自己能力的经过巨大的努力也压根无法完成的艰难繁重的任务。正如马惠娣分析的："从客观看，竞争的激烈、失业的威胁、家庭的不稳定、信息爆炸、冲突的增加等都形成对心理的压力。从主观上看，人的价值观、道德观发生了巨大变化，发财欲望的不断膨胀、对生活的期望值愈来愈高、攀比心理日趋严重。"①这种忧愁、忧郁、郁闷的精神状态甚至会进一步诱发个体对人生的灰心失望，甚至让他们觉得人生毫无价值与意义。如果这种不健康的精神状态得不到及时的调节、改善、转移或释放，就会在人们的精神世界中不断淤积，持续恶化，甚至积重难返，形成忧郁症等精神疾病，严重威胁他们的精神健康甚至是生命安全，造成他们精神生态的失衡与不稳。

那么如何去调节、缓解、改善、转移或释放人们的忧愁、忧郁、郁闷，修复他们失衡和不稳的精神生态？形式多样的休闲审美活动在这一过程中同样发挥着重要作用。它们可以分散人们心中难以释怀的病态倾向以及有害身心的注意力，甚至帮助他们形成一种必要的"忘却"能力，从而使他们能够从忧愁、忧郁、郁闷的精神状态中走出来，转而进入一种忘我、沉浸、陶醉、轻松、愉悦的精神状态中。这将推动他们的精神

① 马惠娣：《休闲：人类美丽的精神家园》，中国经济出版社 2004 年版，第 108 页。

生态重回和谐、平衡与稳定。例如下围棋作为一项休闲审美活动，深受老百姓的喜爱，很多人入迷、沉浸、陶醉其中，乐而忘返，甚至达到“坐隐”“忘忧”的境界。他们通过这种方式，进入了一个趣味盎然的美妙世界，从而忘却了现实生活中的忧愁、忧郁、烦闷，转而使自己的精神境界得到了升华，因此，“从古至今，骚人墨客，多能手谈，独标高情”①。再如倾听和欣赏音乐，作为休闲审美活动，可以震撼和打动人们的灵魂，使他们的情感得到宣泄，精神受到感染，心灵得到慰藉，进而形成积极乐观的人生态度，于是他们的忧愁、忧郁、烦闷的精神状态将会得到缓解和改善。创作或者欣赏书法或者绘画，作为休闲审美活动，同样能够很好地宣泄、调节或者改善人们的忧愁、忧郁、烦闷，使他们的精神生态重新恢复平衡和稳定，“当您运气于手腕指尖，用心于点画线条，‘得于心，应于手，发于毫，著于纸’，凝神书写之时，人生的升沉荣辱、是非得失不复计较。往日的烦恼忧愁也暂时置于脑后，体会着一种适意无忧的乐趣”②。“元代大画家倪瓒也以为书画与酒一样，能消忧排闷，所谓‘排闷不须千日酒，聊将小笔画龙蛇’。”③书法家启功也认为书法和绘画艺术能够调节人们的身心，宣泄人们忧愁、烦恼的情绪，使人们精神生态良好，使人们身体健康而又长寿。他曾经写诗道：“书画益身心，有乐无烦恼。点笔月临池，能使朱颜保。操觚肢力活，不复策扶者。敢告体育家，行健斯为宝。”④总之，休闲审美活动让人们得以在闲暇的时间里寻找到人生无穷的乐趣，以排遣他们的忧愁、忧郁、烦闷，进而使他们获得“精神上的慰藉”，实现精神生态的平衡与稳定。

---

① 吕尚彬、彭光芒、兰霞编著：《休闲美学》，中南大学出版社 2001 年版，第 13 页。

② 吕尚彬、彭光芒、兰霞编著：《休闲美学》，中南大学出版社 2001 年版，第 129 页。

③ 吕尚彬、彭光芒、兰霞编著：《休闲美学》，中南大学出版社 2001 年版，第 143 页。

④ 毛颂赞编：《长寿话题百篇》，复旦大学出版社 2013 年版，第 178 页。

（八）压抑、缺憾、缺失与休闲审美活动

在现代社会，高强度的压力、激烈的竞争构成了人们工作和生活的常态，而各种各样的陈旧文化、意识形态、伦理道德观念等，又在无形中强化着他们人格结构中的超我、自我部分，而使本我部分遭受严重压抑，从而使他们人格结构的和谐遭到破坏，进而危及他们精神生态的平衡与稳定。其后果是他们的心理可能出现问题，甚至可能出现精神疾病。正如有学者指出的："人格的健康来源于本我、自我与超我三者的和谐。如果本我被过度压抑，那么人就很可能患上精神上的病症。"①实际上，这种可能已经变成21世纪人们的精神生活中的严峻现实，正如有学者指出的，"心理压抑已成为21世纪最严重的健康问题之一"②。这样，在遭受严重心理压抑的情况下，通过休闲审美活动，让人们的"本我"、本性以含蓄的、适度的、合理的方式释放出来，就有其必要性。它有利于人们缺失和缺憾的替代性满足，有利于人们恢复自由、从容、自然、随性的精神状态，有利于人们维持精神生态的和谐、平衡与稳定。以艺术创作和欣赏为例，作为休闲审美活动，它"在某种意义上就是制造梦境，它以幻想的方式升华本我的欲望冲动并获得替代性的满足"③。具体就看电影、电视来说，电影、电视作为造梦的"梦工厂"，对它们的观看使在生活和工作中受到严重压抑的人们找到了一个以替代性的方式超越现实，摆脱"超我""自我"，发泄"本我"、本性的绝佳出口。正如有学者指出的，"视觉的锐化，自我、超我的逊位，使潜意识里的本我开始了极度扩张，于是暗夜中的人、私密空间中的人在电影中获得心理和精神上的自由"④。在这种被压抑的"本我"、本性的释放

① 陈琰编著：《闲暇是金：休闲美学谈》，武汉大学出版社2006年版，第23页。

② 前村：《挑战压力》，《读书》1997年第12期。

③ 陈琰编著：《闲暇是金：休闲美学谈》，武汉大学出版社2006年版，第23页。

④ 陈琰编著：《闲暇是金：休闲美学谈》，武汉大学出版社2006年版，第23页。

中，相关主体的人格结构就得到了合理的调节，他们的精神生态也就重新走向平衡。再如，观看喜剧、小品、相声等休闲审美活动，也可以让人们在欣赏说笑逗乐、贫嘴耍滑、幽默调侃的场景的过程中缓解他们生活和工作中的巨大压力，释放他们被压抑了的“本我”与本性，从而使他们的人格结构以及精神生态重新恢复稳定与平衡。当然，人们还可以通过日常生活中习以为常的休闲审美活动达到这一目的。例如人们可以怀着悠闲的心境，和家人一起在大街上闲逛，观看着大街上的世相百态，购买着想买的东西，感受着自由、轻松、舒适、愉悦、惬意，以此来缓解沉重的压力，释放被压抑的“本我”与本性，实现人格结构的和谐以及精神生态的平衡。

而就缺失与缺憾来说，它们也往往与本能欲望紧密相关。在传统农业社会中，生产者在生产过程中，往往要完成从头至尾的各个生产工序，这使他们的生产具有了前现代的完整性、丰富性和全面性，也使他们的本质力量在较小的范围内、较低的层面上得到了充分的展开，实现了对象化。这反映在他们的心理层面上，往往意味着他们的本能欲望在某种程度上得到了满足。即使他们的本能欲望受到某种程度的压抑而产生了缺失或缺憾，从外在形式上看也还没有那么严重。而在现代社会中，工业生产的流水线把生产者变成复杂的机器生产链条上的一个个再简单不过的环节或者零件，这必然造成这些生产者的“片面性”“单面性”“碎片化”的发展。反映在心理层面上，就是他们心理上的缺失或缺憾日益增多，需要在多方面获得心理满足，而现实却无法充分地、有效地满足他们的需求，于是，多种形式的替代性满足就产生了。正如有学者指出的：“理想的生活总是显得那么完美，而现实生活常常是充满了许多缺憾。一旦人们所向往的东西不能得到，人们在奋斗中往往会感到精神疲惫或者心烦意乱，于是就转而寻求一种替代性的满足。”①而形式

① 陈琰编著：《闲暇是金：休闲美学谈》，武汉大学出版社 2006 年版，第 16 页。

多样的休闲审美活动往往能够在多个层面实现这种替代性满足，从而使人们心理层面上的缺失和缺憾得到补偿，他们的精神生态也往往在这一过程中恢复和谐、平衡与稳定。例如阅读文艺作品作为一种休闲审美活动，往往能让人们暂时地超越现实生活中的缺失和缺憾，转而沉浸于虚幻的艺术世界，并在其中暂时地得到代替性满足，极端贫困的穷人在其中可以成为亿万富翁，无权无势的底层劳动者在其中可以成为拥有无上权力的帝王，相貌丑陋的少女在其中可以成为人人爱慕的白雪公主。再如，收藏行为作为一种休闲审美活动，既可能出于收藏者某种独特的兴趣和爱好，也可能出于补偿收藏者心理上的某种缺失或缺憾的动机。例如有人收藏坚硬的石头是为了弥补其性格和心理上的懦弱，有人收藏蝴蝶标本是为了救治其因为失手砸死无辜的蝴蝶而产生的心灵创伤——惶恐、愧疚与缺憾，从而得到心灵的安慰。① 再如，欣赏电影作为一种休闲审美活动，也可以实现缺失和缺憾的替代性满足，“电影工作者专门为人们编织了一些美的梦想，借助于完美的银海世界来帮助人们弥补现实生活中的种种缺憾，使得人们能够舒心怡情，陶冶精神”②。在现实生活中缺乏爱情滋润的人，可以在银幕世界里弥补一下自己的这一缺失和缺憾，邂逅自己理想的爱人，谈一场轰轰烈烈的恋爱，从而使自己沮丧的精神状态得到改善，使自己重新焕发生命的活力。在现实生活中懦弱而又缺乏英雄气概的人，也不妨在银幕世界里满足自己的英雄情结，邂逅一下自己仰慕和崇拜的英雄，看他们是如何用自己坚强的意志、超常的毅力、强有力的手段，创建伟大的功业，走向人生的辉煌的。这时，他们的精神空间将得到极大的拓展，主体精神将得到充分的激发，内在情感“达到它的最大强度”③，内心的浩然之气将油然而生，产生极

---

① 吕尚彬、彭光芒、兰霞编著：《休闲美学》，中南大学出版社 2001 年版，第 298 页。

② 陈琰编著：《闲暇是金：休闲美学谈》，武汉大学出版社 2006 年版，第 16 页。

③ 陈琰编著：《闲暇是金：休闲美学谈》，武汉大学出版社 2006 年版，第 24 页。

大的精神自由感、满足感和愉悦感。

总之，面对现代人的精神生态系统遭到破坏而产生的一系列精神病症，人们的休闲审美活动可以在这一过程中发挥重要作用，帮助他们缓解或者克服精神病症，重新恢复他们的精神生态的平衡与稳定，进而使他们的身心恢复和谐，生命恢复健康。正如马惠娣所说："休闲是与每个人高质量的生存密切相关的领域，有思想的休闲也许是疗治现代人精神疾患的最佳途径。"①当然，休闲审美活动还可以帮助人们获得生命的价值和意义，引发他们对人类的使命、前途、命运等深层哲学问题的思考与领悟，从而使他们能够过上高质量的精神文化生活，使他们的精神生命得到成长，进而对整个社会的精神生态系统的平衡、稳定发挥重要作用。而以休闲活动、休闲审美活动为研究对象的休闲学、休闲美学，就更是如此。正如马惠娣指出的："休闲研究（Leisure studies）的兴起，其实质是对人类前途命运的一种思考，是对现代人类文化精神和价值体系发生断裂的现状做某些补救工作的一种努力，是试图通过对休闲与人生价值的思索，重新厘清人的文化精神坐标，进而促进人类的自省——未来的路如何走？人生的意义和价值究竟是什么？更多的意义是让我们学会思索——如何'成为人'，成为快乐、自由，富有创造力和具有追求真、善、美能力的人。"②

第二节　休闲美学与精神生活的关系

在西方资本主义社会，社会环境和社会机制会引导人们对物质利益产生病态追求，并推动他们的物质欲望不断膨胀，这有其必然性。因为"在一个完全资本主义式的社会秩序中，任何一个个别的资本主义企业

① 马惠娣：《休闲：人类美丽的精神家园》，中国经济出版社2004年版，第110页。

② 马惠娣：《休闲：人类美丽的精神家园》，中国经济出版社2004年版，第83页。

若不利用各种机会去获取利润，那就注定要完蛋”①，而典型地体现了这种资本主义精神的美国被古德伯格形象地概括为“从牛身上刮油，从人身上刮钱”②。而对于资本主义社会中的个体来说，也同样如此，典型地体现了资本主义精神气质的人物富兰克林被认为连“道德观念都带有功利主义的色彩”。资本主义社会的社会环境、文化精神、伦理观念对赚钱、盈利的鼓励，有其积极和进步的一面，但是西方人的这种非理性的物质欲望冲动也容易造成他们唯利是图的病态人格的形成，使他们的灵魂受到扭曲，身心健康受到伤害，同时也会使他们追求生命乐趣、自由享受美好人生的本性受到抑制，甚至可能造成他们自身的异化。正如韦伯所概括的，“事实上，这种伦理所宣扬的至善——尽可能地多挣钱，是和那种严格避免任凭本能冲动享受生活结合在一起的，因而首先就是完全没有幸福主义的(更不必说享乐主义的)成分掺在其中。……人竟被赚钱动机所左右，把获利作为人生的最终目的。在经济上获利不再从属于人满足自己物质需要的手段了”③。这种通过抑制人们的自然需要和本能欲望来实现尽可能多的盈利、赚钱的伦理道德甚至成了“资本主义的一条首要原则”，也是很多西方人不得不遵循的一条生存法则。一些置身其外的人对这种生存法则难以理解，很不适应，把它谴责为“一种完全没有自尊的心态”，“最卑劣的贪婪”。正如韦伯所说：“事实上，一切尚未卷入或尚未适应现代资本主义环境的社会群体，今天对这种思想仍抱排斥态度。”④这种对赚钱、盈利、物欲的“最卑劣的贪婪”，推动着资本主义社会从早期新教伦理所提倡的禁欲主义发展到今天资本

① 马克斯·韦伯著，于晓、陈维纲等译：《新教伦理与资本主义精神》，三联书店 1987 年版，第 8 页。

② 马克斯·韦伯著，于晓、陈维纲等译：《新教伦理与资本主义精神》，三联书店 1987 年版，第 35 页。

③ 马克斯·韦伯著，于晓、陈维纲等译：《新教伦理与资本主义精神》，三联书店 1987 年版，第 37 页。

④ 马克斯·韦伯著，于晓、陈维纲等译：《新教伦理与资本主义精神》，三联书店 1987 年版，第 39 页。

主义社会中普遍存在的纵欲主义，区别只在于由于经济发展程度不同，人们对赚钱、盈利、物欲的实现方式也不一样。也正是在这种“最卑劣的贪婪”的推动下，资本主义社会的科学技术获得了快速发展，物质财富的生产效率大幅提高，大量的物质产品被生产出来，极大地满足了人们多种多样的物质需要。在此基础上，一些人开始追求体面、排场、豪华、时髦，开始追求超前消费、高档消费、冗余消费等消费模式，名牌意识在他们的头脑中逐渐形成并成了他们的普遍意识，他们于是沉溺于奢侈无度的物质享受中不能自拔。并且，由于这种穷奢极欲的物质享受和消费有利于经济的增长，还得到了西方政府的鼓励。如今，西方人的这种对赚钱、盈利的追求以及不断膨胀的拜物、拜金欲望随着西方经济和文化的输出而在全球弥漫开来，而他们内在的精神生活则遭到忽视，从而使他们的身心失去和谐，精神生态失去平衡与稳定，进而引发一系列精神病症的产生，甚至导致严重的精神危机的出现。

事实上，无论是西方人还是中国人，追求赚钱、盈利、物欲的行为都不符合他们的本性。因为人类主要不是一种物质的动物，而是一种精神性的存在，精神特性构成了他们的根本属性。正如卡尔·雅斯贝尔斯指出的，“人是精神，人之作为人的状态乃是一种精神状态”①。在现代社会，一些人竭尽全力地赚钱、盈利，追求物欲的满足，甚至达到了无节制、无限度、无止境的程度。在这一过程中，物质的东西离他们越来越近，而更具本质意义的精神的东西则离他们越来越远，他们的精神生活逐渐走向空虚，内心世界逐渐变得苍白、无力，自由本性在不知不觉中丧失了，生命也似乎失去了价值和意义。马惠娣曾严厉地批评了那些把奢侈的物质生活作为生命的全部，而几乎完全废弃内在精神生活的人们。她说，“这是信息时代产生的新穷人，而且穷得只剩下钱了”②。齐

---

① 卡尔·雅斯贝尔斯著，王德峰译：《时代的精神状况》，上海译文出版社1997年版，第2页。

② 马惠娣：《休闲：人类美丽的精神家园》，中国经济出版社2004年版，第27~28页。

美尔曾对现代社会一些人精神生活中理想、信念的丧失进行过精辟的评论，他说，“与所有早些时期的人们不同的是，我们已经在没有任何可供分享的理想的状态下生活一段时间了，也许是没有任何理想地生活一段时间了”①，其结果是这些人沦为物质的动物。

实际上，对赚钱、盈利、物欲的追求只有对那些经济条件较差、迫切需要改善物质生活条件的人来说才显现出特别重要的意义，才能产生莫大的满足和极致的快乐。正如罗伯特·索贝尔和大卫·奥恩斯坦指出的，“如果你想让金钱带给你快乐，那么你就必定是一个穷人”②；而对那些物质生活较为富足且有盈余的人来说，物质生活条件的持续改善和物质欲望的持续满足，并不能给他们带来心灵的满足，因为欲壑难平，“财富犹如海水，一个人海水喝得越多，他就越感到口渴”③，当然更不可能给他们带来人生的快乐和生命的意义。其原因正如戈比认为的，“人类有一种与生俱来的攀比趋向，收入愈丰、处世愈多、阅世愈深，就愈爱面子、愈讲排场。而且因为攀比水准提高了，人们反倒不如从前快乐”④。这种“高物质能量的低层次”生活不但不能给相关主体带来快乐，反而可能给他们以及他们的内在精神世界带来消极影响，使他们的人生失去意义，使他们的精神世界走向荒芜。正如日本学者中野孝次指出的，“人所拥有的越多，心灵的空间就越少。心灵成了物质的奴隶”⑤。马尔库塞也曾深刻地指出，在满足了衣、食、住、行等与基本生存密切相关的需求之后，人们的额外的物质需求越多，越会对自身的

---

① 马惠娣：《休闲：人类美丽的精神家园》，中国经济出版社 2004 年版，第 26 页。

② 杰弗瑞·戈比著，张春波等译：《21 世纪的休闲与休闲服务》，云南人民出版社 2000 年版，第 198 页。

③ 叔本华著，韦启昌译：《人生的智慧》，上海人民出版社 2001 年版，第 56 页。

④ 杰弗瑞·戈比著，张春波等译：《21 世纪的休闲与休闲服务》，云南人民出版社 2000 年版，第 198 页。

⑤ 中野孝次著，邵宇达译：《清贫思想》，上海三联书店 1997 年版，第 18 页。

自由、幸福、解放等精神方面的需求麻木不仁。① 它们反而可能使现代人的身心失去和谐，精神生态失去平衡，生命健康受到威胁。

物极必反。在一些现代人竭力追求金钱、财富以及物欲的满足，并沉溺其中不能自拔的时候，另一些人开始反其道而行之，逐渐从中走了出来，并掀起了一场“过简朴生活”的“简朴运动”。例如一些受过良好教育的英国人开始提倡“少做一点、少赚一点、少花一点”的“自愿简单”(Votuntary Simp1icity)的生活方式，这种追求甚至被列为生活的十大趋势之一;② 一向被称为“工作狂”的日本人，近年来在部分人那里也出现了回归人的本真的呼声，“清心寡欲、自然俭朴，一时间蔚然成风”③。这种低物质欲望的简单而质朴的生活方式“并不是否定自我，而是一种朴实的美德”④，是境界和品位的体现。正如亚历山大·冯·舍恩堡所说的，“凡是有品位的富人，大都从很早之前就设法使自已能够过上一种简朴的生活，或者说是想办法使自已能够过上一种简朴的生活，或者说使自已的生活简朴起来”⑤。不但如此，这种简单而质朴的生活方式还“符合美学的精神……少些就是美学，是经济学的美学”⑥。只有通过大力提倡这种生活方式，才能有效地抑制人们过度膨胀的物质欲望，才能重新恢复他们的自由本性，才能重新高扬他们的内在精神，才能使他们重新过上丰富而充实的精神生活。正如中野孝次指出的，“如果愿过自在舒畅的生活，就必须舍弃物欲。人的心灵一旦从物欲中

---

① 陆贵山:《人论与文学》，中国人民大学出版社 2000 年版，第 307 页。

② 马惠娣:《休闲：人类美丽的精神家园》，中国经济出版社 2004 年版，第 111 页。

③ 马惠娣:《休闲：人类美丽的精神家园》，中国经济出版社 2004 年版，第 112 页。

④ 马惠娣:《休闲：人类美丽的精神家园》，中国经济出版社 2004 年版，第 21 页。

⑤ 亚历山大·冯·舍恩堡著，王德峰、王威译:《生活可以这样过》，华艺出版社 2008 年版，第 151 页。

⑥ 亚历山大·冯·舍恩堡著，王德峰、王威译:《生活可以这样过》，华艺出版社 2008 年版，第 11~12 页。

摆脱出来，会是多么地丰饶富足啊”①。这种低物质欲望的简单而质朴的生活方式，不但在一些西方人那里受到重视和欢迎，也契合了中国的传统文化，很容易受到中国人的认同和接受，因此也就显现出成为一种世界性的趋势和潮流的潜力，甚至可能升华成为一种新的价值观。这种生活方式和价值观作为一种值得参考、借鉴和提倡的新的生活方式和价值观，将超越当下流行的主流的生活方式和价值观，甚至可能对它们进行全面纠正和重塑。它们提倡在基本的物质生活需求得到保障的前提下，更多地关注人类自身及其精神世界，努力实现人类精神世界的丰富、充实和完美，努力追寻人生的价值和意义，进而过上一种健康的高品质的生活。正如戈比所说的，“人类新的价值观意味着，历史上人对自然的改变将逐步转变为人对自身的改变，人们越发渴望过上轻松、平静、祥和及简朴的生活”②，“高雅的生活”③，“传统意义上的进步往往意味着物质生活水平的不断提高。时至今日，物质财富高速积累的时代已经接近尾声。进步将越来越意味着不断地提高生活质量，从各个方面改造人类自身，这样人类才有可能继续生存下去，而且以一种更为健康的方式生存下去”④。这种新的生活方式，并不意味着单调、乏味、枯燥的生活，也不意味着吃苦、受罪、受难的苦行僧式的生活，而是一种“低物质能量的高层次”生活。它在超越过多的物质欲望的同时，更多地关注人生的多彩、绚丽与浪漫，更多地关注生活的情趣、滋味与欢乐，更多地关注生命的自由、自在与自得。正如罗素所说，“人所需要的不仅仅是更多的物质用品，而是更多的自由，更多的自主，更多的创

① 中野孝次著，邵宇达译：《清贫思想》，上海三联书店 1997 年版，第 18 页。

② 杰弗瑞·戈比著，康筝译：《你生命中的休闲》，云南人民出版社 2000 年版，第 7 页。

③ 杰弗瑞·戈比著，张春波等译：《21 世纪的休闲与休闲服务》，云南人民出版社 2000 年版，第 72 页。

④ 杰弗瑞·戈比著，康筝译：《你生命中的休闲》，云南人民出版社 2000 年版，第 387 页。

造性的出路，更多的生活愉快的机会，更多的自愿的合作”①。

显然，休闲审美活动能够使人们“在身心欲求得以合乎限度地舒适满足之后，在当下的人生境遇中享受生命之安闲”②，因此它就自然地成为这种生活方式与价值观的重要实践方式之一。越来越多的现代人，开始自觉地践行这种生活方式和价值观，开始自觉地以简单质朴的方式开展休闲审美活动，追求生活中的闲情逸致，自由地游戏、玩乐、休闲、放松，进入自得其乐的生命状态。在这一过程中，休闲者获得了“灵魂的内在财富”③，他们被淤塞的心灵空间得到了清理，他们重新占有了自己的全面本质，重新拥有了自由、自在、自得、平淡、悠然与充实的心灵世界。在这一过程中，休闲者的人生超越了过度膨胀的物质欲望与庸俗低级的趣味，开始向着精神的、文化的、审美的境界提升。在这一过程中，休闲者重新发现了自己的本真自我，重新塑造了自己新的自我，重新推动自己的精神生态走向和谐、平衡与稳定。由此看来，休闲审美活动在现代人的精神生态系统中占据着独特的“生态位”，对现代人身心的和谐、精神生态的平衡以及生命的健康发挥着重要的作用。

一、从竞争进取到退让和谐

西方主流文化倡导功利主义价值观，强调竞争、进取、向上、攀比，崇尚个人奋斗，这在某种程度上是有积极意义的，它推动了西方资本主义的快速成长、发展、壮大，也给西方人带来了成功、荣誉与地位。但这种文化也内在地包含着自身的消极因素，如果不加以重视并任其肆意膨胀，将会带来难以预料的后果，给社会和个人造成严重的伤

① 罗素著，张师竹译：《社会改造原理》，上海人民出版社 1959 年版，第 21~22 页。

② 潘立勇：《当代中国休闲文化的美学研究和理论建构》，《社会科学辑刊》2015 年第 2 期。

③ 叔本华著，韦启昌译：《人生的智慧》，上海人民出版社 2001 年版，第 36 页。

害。怀特海早就清醒地看到了这一点，他说："在过去三个世纪中，完全把注意力导向了生存竞争这一面。于是就产生了特别严重的灾难。19世纪的口号就是生存竞争、竞争、阶级斗争、国与国之间的商业竞争、武装斗争等等。生存竞争已经注到仇恨的福音中去了。"①其结果是，恶性竞争、残酷厮杀、唯利是图、损公肥私、损人利己、贪污贿赂、作奸犯科、人情冷漠、道德沦丧等丑恶现象在西方社会泛滥开来，给西方社会带来严重的伤害。这显然也不利于西方人精神生态的平衡、身心的和谐与生命的健康。这种文化观念在被西方国家有意识地向全球推广和渗透的过程中，也被悄无声息地传入中国，对中国的社会生态和中国人的精神生态产生了深远的影响。于是在现实生活中，中国人开始把源自西方的竞争进取与中国传统文化中固有的自强不息、奋发有为等价值观念有机地结合在一起，并作为一种主流价值观加以弘扬。这种价值观对中国改革开放以后的飞速发展和快速崛起起到了重要的推动作用，有其值得肯定和称道的一面，但是必须把握好尺度。而一旦走向极端，误入歧途，将会带来严重的后果，甚至可能使相关主体丧失自我，迷失人生的方向，失去精神生态的平衡、身心的和谐以及生命的健康。正如李立指出的："正常的人生观和价值观，应该包含两个方面，即奋斗进取与热爱生活和享受幸福。二者偏一，便都是一种'残缺'。"②叔本华更深刻地指出："为了外在的荣耀、地位、头衔和名声而部分或全部地奉献出自己的内在安宁、闲暇和独立——这是极度的愚蠢行为。"③换一个角度来看奋斗进取之外的人生的另一个方面，也可以把它看作一种暂时的休闲与放松，一个亲近生活、乐享人生的绝佳时机，一个生命内在力量的蓄积与复苏的过程。正如亚历山大·冯·舍恩堡所说的："只有当人们

---

① A. N. 怀特海著，何钦译：《科学与近代世界》，商务印书馆1959年版，第197页。

② 李立：《看似逍遥的生命情怀：诗词与休闲》，云南人民出版社2004年版，第335页。

③ 叔本华著，韦启昌译：《人生的智慧》，上海人民出版社2001年版，第28页。

学会知道放弃什么，他才可能得到最大的享受。"①这样，人们就能怀着开朗与乐观的态度来看待自己人生的不同方面，做到进退自如。而休闲审美活动显然能够帮助人们实现这种对人生的认识和态度的转变。

虽然西方主流文化所倡导的竞争进取的价值观在中国传统文化中也有体现，但中国传统文化似乎更重视和谐的价值观，并把践行这一价值观的行为视为一种美德。而中国传统社会的休闲审美活动，就很好地体现了这种美德。它主张在对功名利禄的执着追求中要留有暂时退却的时间和空间，以用来开展休闲审美活动，追求闲情逸致，达到生命的自得其乐和乐天知命的状态。这是一种生命的暂时止步、修整与享乐，正是在这样一种生命状态中，人们才能换一个角度看世界，发现世界原来如此斑斓多彩，生活原来如此充满乐趣，人生原来如此美妙与幸福。正如潘立勇、陆庆祥指出的："重视私人领域的人，无论是在其私人空间，还是身处公共空间，都能游刃有余，闲暇自适。退回到私人领域，是为了更好地'参与'自己生命的创造，也更好地参与社会、宇宙的创造。"②这样的价值观实际上也能在西方少数有识之士那里得到体现。例如美国的巴克敏斯特·富勒就认为："我们的一半时间用来做事，努力，奋斗，对抗，达到既定目标，在最后期限之前完成任务，不停地与别人打交道，不停地与别人会面，不停地忙碌；另一半时间则最好在较为宁静平和的状态下度过——安详、私密、闲适。"③而这"另一半时间"中的生命状态往往体现在休闲审美活动中，它超越了功利而达到了审美，实现了心灵的悠闲、宁静与平和，实现了人生的自在、逍遥与洒脱。它带给人们的，和马斯洛所说的"高峰体验"带给人们的，有异曲同工之

---

① 亚历山大·冯·舍恩堡著，王德峰、王威译：《生活可以这样过》，华艺出版社2008年版，第119页。

② 潘立勇、陆庆祥：《中国传统休闲审美哲学的现代解读》，《社会科学辑刊》2011年第4期。

③ 亚历山德拉·斯托达德著，曾淼译：《雅致生活》，中国广播电视出版社2006年版，第105页。

妙，它们“并不总是一种‘激昂’‘亢奋’‘勇敢’‘坚强’‘进取’‘扩张’的状态；相反，它在很多时候体现为‘平和’‘宁静’‘顺从’‘谦让’‘退隐’‘淡泊’‘守护’‘依附’等，体现为一种‘返璞归真’的愿望，一种渴望‘羽化’‘圆寂’的倾向。与那种‘进取向上’的心理姿态不同，这是一种‘回归倒退’的心理意向，一种向着赤子之心的回溯。马斯洛把它叫做‘健康的倒退’，这很可能反映了马斯洛对现代工业社会那种‘攻掠式的进取’的不满”①。也就是说，它们带给人们的，不是竞争进取的极致状态，不是功名利禄达到巅峰的时刻，而是另一道美丽的风景，一种退让和谐、安详宁静的状态，一种与世无争、逍遥自在的状态，一种与万事万物和谐融洽的状态，一种竞争压力彻底释放后的自由洒脱的状态，也只有这样的状态才能给人们带来真正的幸福。中国著名的文学理论家钱谷融先生在生命的特定阶段就处于这样一种状态，他能够像水一样谦恭自持，甘居人下，具有大海一样包容万物的博大胸怀，他能够从容乐观地面对人生的起落沉浮，乐享生活中的悠闲自得与闲情逸致。孔子是功利型人生的典范，他“知其不可为而为之”，为了自己的政治理想而周游列国，不辞劳苦，表现出积极进取的人生态度。但他也有通过休闲审美活动实现放松的时刻，他的“与点之乐”就体现出了与其一贯的政治抱负迥然不同的生命倾向和生活情趣——“暮春者，春服既成，冠者五六人，童子六七人，浴乎沂，风乎舞雩，咏而归”②。到大自然中优游行乐，充分享受人生的乐趣，同样是孔子的生命要素之一，他甚至把它看成“人生的最高境界”③，这表现出一种功名利禄之外的逍遥洒脱，与儒家一贯追求的入世、“修身、治国、平天下”的政治理想形成了鲜明的反差，这也是他被历代文人津津乐道的原因之一。正是在这种积极进

① 钱谷融、鲁枢元：《文学心理学》，华东师范大学出版社 2003 年版，第 445～446 页。

② 张明林：《论语》，中央民族大学出版社 2002 年版，第 170 页。

③ 吕尚彬、彭光芒、兰霞编著：《休闲美学》，中南大学出版社 2001 年版，第 2 页。

取的政治抱负和退让和谐的休闲审美活动的平衡中，孔子实现了精神生态的平衡和生命的健康。

总之，休闲审美活动能让人们在退让和谐中超越积极进取的功利人生，获得生命的欢乐和情趣，实现精神生态的平衡、身心的和谐与生命的健康。

二、从向外扩张到向内挖掘

西方主流文化对外部世界的态度，一贯是进攻、征服、控制。其方式大概有两种：或者通过对自己同类的进攻、征服与控制，进而扩及对外部自然界的进攻、征服和控制；或者是在对外部自然界的进攻、征服与控制中，顺带实现了对自己同类的进攻、征服与控制。两者具有内在一致性。可以说，这种文化是一种典型的扩张性文化，西方的现代化进程就是在它的全面影响下实现的。这种文化显然对人类更好地改造自然、建设更加美好的世界、过上更加富足的物质生活提供了精神支撑，具有重要的意义。但是如果看不到这种文化潜藏的危险，对它不加审视地加以推崇，甚至走向极端，误入歧途，也会带来严重的后果。例如在这种扩张性文化提供的精神动力的驱动下，现代城镇逐步突破原有的边界，向富于田园之美的乡村、向山水秀美的大自然发动“进军”，这固然有利于加快城市化、城镇化、现代化进程，但是如果处理不当，也会使大自然遭到严重破坏、人们的生存环境恶化、人们的生活质量持续下降。当然，这一过程也可能对人类社会自身，特别是对人类社会的社会关系产生消极影响。这种对自然、乡村的进攻、征服和控制，可能会造成社会矛盾冲突的加剧、人与人之间矛盾冲突的激化：一部分人在这一过程中逐渐强化了对另一部分人的组织、管理，甚至进攻、征服、控制；最终可能造成社会生态以及人们的精神生态的失衡与不稳。正如西方生态马克思主义者莱斯指出的，“按照流行的观点，征服自然被看作是人对自然权力的扩张，科学和技术是作为这种趋势的工具，目的是满足物质需要。这样实行的结果，对自然的控制不可避免地转变为对人的控制以及社会冲突的加剧"①，反之亦然。西方现代自然科学的鼻祖培根的人生经历为我们提供了鲜活的例子。他似乎天生有一种控制的欲望，但是在人与人之间的复杂而激烈的控制与反控制、打击与反打击的斗争中，他失败了，于是他把这种失败的沮丧发泄到大自然身上，竭尽全力试图控制大自然。正如布里克特所描述的："他的身体衰弱，因为他心机耗尽带来了他人的毁灭，因为他忍受着他人损害他时予以的打击。……他在控制人的方面失败了，现在，他把自己的余生献给了人类如何最好地控制自然力的研究事业。"②总之，流行于西方的这种扩张性文化解决问题的方式习惯于进攻、斗争、征服与控制，它往往会激起激烈的矛盾冲突，也会使潜在的矛盾冲突凸显出来，而最终造成社会生态与精神生态的失衡。

而中国传统的休闲审美文化则不然，它作为一种"以人为本"的内敛性文化，并不特别关注外部世界，也不试图从外部世界攫取某种利益，它在与外部世界和谐相处的同时，把更多的注意力指向人自身，期望在对人自身的内向开掘中实现人生的幸福。在这种文化浸染下的休闲者往往能够在悠闲自得的休闲审美活动中怡养性情，守护自己纯净如水的心灵世界，锤炼自己峻洁的人格，保持自己的精神操守，提升自己的精神境界，实现自己内在精神世界的丰富、充实、完善与精神生态的平衡与稳定。在这一过程中，他们自然而然地从对外部世界的关注转向对自身的关注，关注自身的自由、自在、自得的内心世界，并且能够超然地面对大自然，和大自然和谐、融洽地相处，自由无碍地相互交流，"相看两不厌，只有敬亭山"。这时，他们与自然的关系不再是敌对、征服和控制的关系，相应地，他们之间也不再存在激烈的矛盾冲突，反而使可能存在的矛盾冲突得到有效的缓和与解决。特别是中国的禅宗文

---

① 威廉·莱斯著，岳长龄、李建华译：《自然的控制》，重庆出版社 1993 年版，第 169 页。

② 威廉·莱斯著，岳长龄、李建华译：《自然的控制》，重庆出版社 1993 年版，第 41 页。

化，其精神气韵内在地契合于休闲审美文化，它很少关注外部世界，而更关注人们的内在精神世界，它提倡乐天知命，享受闲情逸致，享受生命的乐趣，以空灵的心灵发现人生与自然的美妙，“世间生活之于他，可以说‘日日是好日’”。处于这种境界中的人，可以随时随地地领略人生与自然的美好，而无需外求。正如禅诗所说：“春有百花秋有月，夏有凉风冬有雪，若无闲事挂心头，便是人间好时节。”①中国传统的休闲审美文化的这种价值取向，实际上也可以在西方少数智者那里找到知音。例如德国哲学家叔本华就表达过类似的价值观念。他曾经指出：“一个具有丰富内在的人对于外在世界确实别无他求，除了这一具有否定性质的礼物——闲暇。他需要闲暇去培养和发展自己的精神才能，享受自己丰富的内在。”②英国文学家奥利弗·高尔斯密在其《旅行者》中也表达过类似的观念。他写道：“无论身在何处，我们只能在我们自身寻找或者获得幸福。”③

中国传统的休闲审美文化克服了西方扩张性文化的“驰心于外而不知返”、结果造成人的“异化”“失其本心”④的弊端，因而必将在现代社会中发挥重要的作用。从现代社会的社会生态来看，它将有利于现代城镇与乡村、自然的矛盾冲突的缓和与化解，转而实现两者之间和谐融洽的相处、互不侵扰的自得其乐以及它们各自个性的彰显；从现代人的精神生态来看，它将有利于人与自然、人与人之间的关系走向和谐与融洽，有利于人们的内在精神世界回归从容、宁静、平和、温馨，有利于人们的精神生态重回平衡与稳定。总之，中国传统的休闲审美文化作为

---

① 转引自胡伟希、陈盈盈：《追求生命的超越与融通：儒道禅与休闲》，云南人民出版社 2004 年版，第 39 页。

② 叔本华著，韦启昌译：《人生的智慧》，上海人民出版社 2001 年版，第 36 页。

③ 叔本华著，韦启昌译：《人生的智慧》，上海人民出版社 2001 年版，第 26 页。

④ 潘立勇、陆庆祥：《中国传统休闲审美哲学的现代解读》，《社会科学辑刊》2011 年第 4 期。

一种平衡的、稳定的、和谐的内敛性文化，对西方主流文化(往往是失衡的、不稳的、充满矛盾的扩张性文化)将形成有益的补充和修正。

三、从机械集中到随性散淡

林语堂把现代西方文明称为“机械文明”，认为这种“文明”发展到极致，将会走向它的反面，转而促成一个“悠闲的时代”的到来。他说：“机械的文明终于使我们很快地趋近于悠闲的时代，环境也将使我们必须少做工作而多过游玩的生活。”①这种“悠闲的时代”的“游玩的生活”往往是随性散淡的。现代社会的一个重要发展趋势就是分散化的蔓延，这是著名的未来学家托夫勒所说的“第三次浪潮”(the Third Wave)到来的一个重要特征。杰弗瑞·戈比也表达过同样的看法：“第一次浪潮基本上是农业文明，各种行业相互之间的依赖性不高。第二次浪潮与机器的标准化和集中化是同步的。时至今日，随着第三次浪潮的到来，在许多生活层面上都出现了显著的分散化(decentralization)、个人化发展趋势。”②社会领域的这种分散化趋势逐渐发展成一种分散化或“反中心化”哲学，在经济、政治、文化、生活等诸多领域全方位地表现出来。如阿格尔希望用经济的分散化来代替全球经济的进一步集中化。

具体就现代人工作和生活中的集中化而言，现代社会激烈的竞争和巨大的生存压力往往使他们把工作、事业看得重于一切，很多人为了某个既定的目标和任务，竭尽全力，努力工作，聚精会神，专心致志，心无旁骛，甚至到了痴迷忘我的程度，其结果是造成“工作狂”的病态人格的形成，有人甚至为此付出生命的代价。特别是在现代社会的工业流水线的机械化的集中作业中，劳动工人往往只负责某一个或几个简单的工序。这一方面使工作变得简单，提高了工作效率，有利于他们聚精会

---

① 林语堂：《中国人的生活智慧》，陕西师范大学出版社 2007 年版，第 166 页。

② 杰弗瑞·戈比著，康筝译：《你生命中的休闲》，云南人民出版社 2000 年版，第 395 页。

神地把工作做好，但另一方面也造成了他们内在精神世界的片面性、单一性、零碎性的形成，使他们原本有机、和谐、完整的内在精神世界失去了平衡与稳定，进而诱发一系列精神病症的产生，使他们的身心健康也受到严重的伤害。这些机械集中的工作方式，往往使劳动者偏执于一隅而失落掉了其余，从而不可避免地形成某种片面性，他们的生活也随之失去了五彩斑斓的色彩，变得单调、枯燥、乏味。

而中国传统的休闲审美文化中的休闲审美活动，能够将现代人从"工作一元论"的生命状态中拯救出来，使他们的注意力在五彩斑斓的魅力十足的生活中变得随性而自然、分散而多元。通过这种方式，可以有效地减轻由"机械的标准化和集中化"给劳动者带来的诸多伤害，可以有效地恢复他们内在精神世界的完整性、丰富性、有机性，使他们的内在精神生态变得复杂、多样、平衡与稳定，使他们可能已经异化了的、分裂了的、破碎了的生命重新变得完满、和谐、健康，充满生机与活力。由此看来，随性散淡的休闲审美活动对现代人来说具有生态整体论的意味。正如陈鲁直指出的："人们应该调剂出'懒散'的时间，率性为之，减少物欲，从容生活。'闲'才让我们停下脚步去欣赏花园的美丽、茗茶之惬意、体察世间之美好。"①随性散淡的休闲审美活动可能会造成工作效率下降的观点是站不住脚的。那些具有高度创造性的劳动(例如文艺创作)，往往是在休闲审美活动中，在生活的闲情逸致中，例如聊天、醉酒甚至睡梦中，碰撞出火花，激发出灵感，孕育出成果的。正因为这个原因，林语堂把中国人的那些"喜闲散，悠游岁月，乐天知命的性情"称为"诗人的性情"②。钱谷融提倡"散淡"的生活风格，这种"散淡"就是按照自己的本性生活，顺着自己的生命规律活动，该工作时工作，该休息时休息，该娱乐时娱乐。正是在这样的休闲审美活

① 马惠娣：《休闲：人类美丽的精神家园》，中国经济出版社 2004 年版，第 2 页。

② 林语堂：《中国人的生活智慧》，陕西师范大学出版社 2007 年版，第 167 页。

动和生活中，钱谷融收获了和谐、健康、长寿的人生。

四、从速度效率到舒缓悠然

进入现代社会，科技的进步使现代人发明出精密的计时仪器，时间从此被人造机械精确地计算出来了，这是人类时间观念的一次重大变迁，它标志着以外在自然的变化为由头的自然时间观念结束，以人造机械计算为由头的机械时间观念诞生，自然时间观念从此被机械时间观念代替，循环时间观念从此被线性时间观念代替。这种时间观念的变迁直接推动了人们速度效率观念的形成。于是，在现代社会，时间越来越成为一种稀缺资源，“时间就是金钱”。这种新的时间观念从根本上改变了人们传统的生活方式，促进了高效率、快节奏的生活方式的形成与普及，并推动了这样一种社会现象的出现：越是现代化程度高的国家或地区，人们的生活节奏就越快，办事效率就越高；越是现代化程度低的甚至处于前现代的国家或地区，人们的生活节奏就越慢，办事效率就越低。这很容易使人们产生这样一种印象：高速度、高效率意味着进步，舒缓悠然意味着落后。于是，效率至上的观念就自然地为大多数现代人所接受，成为一种占主流地位的价值观。正如戈比所说：“效率观念已经成为美国文化中最重要的价值观。在其他国家里，这一价值观也变得越来越重要。目前没有任何价值观可以挑战效率——即事半功倍的观念在国内的至高无上的地位。”①高速度、高效率固然容易带来事业的成功和社会的进步，但是在践行它的过程中，也容易造成人们过度的忙碌、操劳与奔波，从而使他们的身心受到伤害，精神空间遭到挤压，精神生态失去平衡与稳定。具体表现在以下几个方面：

(一) 人生价值与意义的丧失

在现代社会，经济的高速增长往往意味着普通劳动者自由时间的丧

---

① 杰弗瑞·戈比著，张春波等译：《21世纪的休闲与休闲服务》，云南人民出版社2000年版，第71页。

失。于是，时间日益成为一种稀缺资源，甚至成为一种可以买卖的商品，“时间就成了金钱”。为了赚取更多的金钱，很多人心甘情愿地放弃了自己的自由时间。正如戈比所说的：“目前，我们的社会正面临着饥饿，不是死于食物不足的索马里人或朝鲜人所经受的饥饿，而是对后现代世界短缺的事物即时间的饥饿”，“对时间的饥饿不会导致死亡……它的后果是让人感觉从未生存过”①。这也就意味着，它造成了人生价值与意义的丧失。高效率、快节奏的工作和生活方式的出现，阻止了人们去仔细品味生命过程所呈现出来的意义，其中绚丽多彩、缤纷多姿的部分在高效率、快节奏的工作和生活中被压缩了，人们的工作和生活变得单调、乏味、平淡、无趣、空虚、无聊，他们的生命也随之感受不到存在的价值和意义。正如王兆胜指出的，“‘快文化’的缺失首先表现在删略和抽空了人生的丰富性”，“有的美国男女从认识、恋爱、上床到结婚仅仅需要三天，快则快也，但人生丰富的韵味却荡然无存”②。

(二)精神生态的失衡与身心的失调

在现代社会效率观念的影响下，在飞速转动的机器的带动下，一个高速度、高效率的世界逐步形成，并推动着人们工作和生活节奏的快速运转，使人们工作和生活的一切方面都讲求一个“快”字。正如王兆胜指出的：“人类生活的节奏越来越‘快’，可以说被‘快文化’完全覆盖了；工作比速度快，学习比进步快，吃饭比吃得快，走路比走得快，睡眠比醒得快。”③其后果是，现代人在工作和生活中不停地奔波操劳，手忙脚乱，眼花缭乱，应接不暇，张皇失措，疲于奔命，像穿上了“红舞鞋”的舞者一样永远也停不下来。正如有学者指出的：“人的日常生活

① 杰弗瑞·戈比著，张春波等译：《21世纪的休闲与休闲服务》，云南人民出版社2000年版，第152页。

② 王兆胜：《“慢”的现代意义》，鲁枢元编：《精神生态与生态精神》，南方出版社2002年版，第363页。

③ 王兆胜：《“慢”的现代意义》，鲁枢元编：《精神生态与生态精神》，南方出版社2002年版，第362页。

就离不开操劳和奔波。操劳作为操持，与人手相关。奔波作为一个永不停息的流水喻象，是与人的脚相关的，于是手忙脚乱便成为现代人的生活常态。"①他们在体力上疲于应对的同时，在精神上也极度紧张，往往受困于压抑、焦虑、忧郁、恐惧、空虚、苦闷、无聊等不良的精神状况，甚至陷入精神崩溃的边缘。这一切对他们的身心都造成了严重的伤害，甚至引发他们的精神生态系统的失常、失调与失衡，进而诱发一系列的精神疾病。高速度、高效率所消磨去的，不仅是现代人宝贵的时间，还有他们精神世界中回望过去的记忆能力。因为，高速度、高效率意味着工作和生活中的一切在操劳与忙碌中的快速变化，这使人们不得不关注这些可能严重影响自身的往往给自身带来出乎意料的震撼的变化，而无法分散出更多的时间和精力去关注这些变化之外的事物。于是，在他们精神世界中一闪而过的事物往往就具有了短暂性和即时性，从而使他们的精神生态系统的有机性、完整性、连贯性和一致性遭到切割和破坏，这使他们变得更加健忘，甚至可能诱发精神分裂症以及其他相关精神病症。高速度、高效率不仅破坏了人们的内在精神生态系统，也损害了他们的身心的和谐和身体的健康。于是，他们的生命被加速磨损了，他们的人生历程被人为地缩短了，在他们还未充分享受生命的乐趣的时候，已经过早地衰老了。正如马惠娣所说："高节奏的生活格调，丧失了来之不易的自由时间，甚至把必要的体育锻炼也视为是一种浪费。"②

（三）巨大压力的形成

高速度、高效率往往会给整个社会和社会中的人们带来巨大的压力，不利于社会和个体保持自身的活力，不利于社会和个体维持自身的健康。正如林语堂所说："一个民族经过了四千年专讲效率生活的高血

① 陈琰编著：《闲暇是金：休闲美学谈》，武汉大学出版社 2006 年版，第 127 页。

② 马惠娣：《休闲：人类美丽的精神家园》，中国经济出版社 2004 年版，第 16~17 页。

压，那是早已不能继续生存了。四千年专重效能的生活能毁灭任何一个民族。”①具体来说，不仅是工业生产线上的越来越现代化的机器运转速度加快，而且在当今人们的工作和生活中无处不在的各种类型的电脑更是高速运转。在它们的带动下，人们的血液循环加速，心脏跳动加速，紧张和疲劳加速，从而对他们形成了巨大的压力。正如戈比指出的：“人体机能是与自然力量相协调的，它对电脑节奏的适应性是有限的。以十亿分之一秒的速度运行的电脑文化不可避免地将给人造成压力。”②其实，电脑只是一个典型例子罢了，在现代社会，各种各样的以新技术为基础的新机器层出不穷，它们都以自己的高速度、快节奏给人们带来巨大的生理和心理压力。当代学者樊美筠指出：“在现代资本主义管理体制下，经济的高速发展与日新月异的技术革命，给人们造成巨大的压力，导致其在身心两方面出现了病症。”③例如：“当人在精神上受到压力时便会产生生理反应，新陈代谢加快、心率加快、血压升高、呼吸急促而且肌肉紧张。”④而这些生理反应会进一步诱发肿瘤、高血压、心脏病、中风等疾病，从根本上威胁人类的生命健康。正如戈比指出的：“在目前的社会工作领域中，正在进行着一场与工业革命同样严峻的革命。这场新革命放射出的辐射尘便是压力——它也许已经成为社会上最大的杀手。”⑤马尔库塞认为，受现代文化最严格保护的价值标准之一——生产率——往往以自身为目的，忽视人们的需要，从根本上说是

---

① 林语堂：《生活的艺术》，北方文艺出版社 1987 年版，第 4 页。

② 杰弗瑞·戈比著，张春波等译：《21 世纪的休闲与休闲服务》，云南人民出版社 2000 年版，第 155 页。

③ 樊美筠：《中国传统美学的当代阐释》，北京大学出版社 2006 年版，第 17 页。

④ 杰弗瑞·戈比著，张春波等译：《21 世纪的休闲与休闲服务》，云南人民出版社 2000 年版，第 156 页。

⑤ 杰弗瑞·戈比著，张春波等译：《21 世纪的休闲与休闲服务》，云南人民出版社 2000 年版，第 155 页。

反自然、反人性的，它往往“与快乐原则发生冲突”①，给人们带来压迫与奴役，给人们的身心和谐和生命健康造成伤害。他尖锐地指出：“生产率这个词本身也就带有压抑和对压抑的庸俗赞美的意思，因为它所表达的是对休闲、放纵和伸手的愤愤不平的诽谤，是对身心的低级要求的征服，是外倾的理性对本能的制服。因此效率与压抑紧密相联：提高劳动生产率成了资本主义……的神圣不可侵犯的理想。”②有鉴于此，为了保护自身的身心健康，现代人有必要从生产率至上的观念中走出来，从高速度、快节奏的工作和生活方式中走出来。

(四)幸福人生的丧失

现代人拥有闲暇时间有利于培养他们与其他人之间的情感，有利于他们自由地追求生活中的闲情逸致，有利于他们获得美好与幸福的人生。但是在现代社会，在人们停不下来的忙碌中以及对时间的无尽渴求中，他们越来越没有时间、耐心、心情和心思去发展那些似乎不关切身利益的人际关系，去培养那些似乎没有实际用处的感情——亲情、友情、爱情，于是，生命中诸多的关系和情感遭到他们有意无意的忽视。同样，在这一过程中，生命中不可或缺的休闲审美活动也往往在有意无意中被忽视，在自由欢畅的生命状态下追求的闲情逸致也往往在有意无意中被搁置。例如就欣赏文艺作品这一休闲审美活动来说，在紧迫的时间的逼迫下，人们往往不得不急匆匆地走马观花式地浏览这些作品，从而很难体会到其中流露出的深刻的内涵、浪漫的诗意与无尽的韵味。正如 Goodale 所说：“‘有效地利用时间’可能仅仅意味着我们遭受了更多的困扰，用 30 秒钟弹奏一首华尔兹舞曲，可能会使我们丢失掉其中的

---

① 赫伯特·马尔库塞著，黄勇、薛民译：《爱欲与文明》，上海文艺出版社 1987 年版，第 112 页。

② 赫伯特·马尔库塞著，黄勇、薛民译：《爱欲与文明》，上海文艺出版社 1987 年版，第 112 页。

重要部分；或者，如果你在一个晚上快速阅读马克·吐温的小说，那么你可能根本不能体会到那些诙谐幽默的精华。”①总之，这一切都不利于人们丰富的人际关系的建构，不利于人们多种形式的情感的培养，不利于人们多姿多彩的休闲审美活动的开展，不利于人们闲情逸致的获得，从而也就不利于人们幸福生活的实现。

而中国传统的休闲审美文化则不然，受其深刻濡染的中国人追求在不紧不慢、从容自在、舒缓悠闲的生活节奏中去开展休闲审美活动，去享受生活中的闲情逸致，去感受生活的情趣与滋味，去寻找人生的价值与意义。这充分地证明了林语堂提出的中国人是“闻名的伟大的悠闲者”②的说法。在这一过程中，他们的内在精神生态系统实现了平衡与稳定，身心实现了和谐，生命获得了健康，人生拥有了快乐与幸福。具体表现在以下几个方面：

（一）生命价值与意义的复归

要在这个由高速度、高效率推动的快速变化的世界上稳住阵脚，从容自若，挥洒自如，放松紧绷的神经，抚平躁动不安的心绪，还需要自觉地倡导中国传统的休闲审美文化，还需要主动地开展休闲审美活动，还需要有意识地享受生活中的闲情逸致。在这一过程中，外在功利目的的干扰将被消除，高效率、快节奏的逼迫将被解除，休闲者将自然而然地进入一个工作事业之外的美好的世界，在其中他们能够在自由闲适的心境中慢慢地感受生活的情趣、滋味，获得生命的乐趣，拥有洒脱、悠然、诗意的人生。中国古代诗人非常擅长此道，写下了一系列在舒缓悠然之中享受闲情逸致、诗情画意的诗篇，如王维的“人闲桂花落，夜静春山空。月出惊山鸟，时鸣春涧中”，王籍的“蝉噪林愈静，鸟鸣山更幽”，王安石的“细数落花因坐久，缓寻芳草得归迟”……这些诗歌的诗意境界和生命境界没有明确的功利目的，讲求的是对生命过程的品味、

① 托马斯·古德尔著，成素梅等译：《人类思想史中的休闲》，云南人民出版社2000年版，第108页。

② 林语堂：《生活的艺术》，陕西师范大学出版社2003年版，第119页。

感受和体验，给人们带来了浪漫的诗意和无穷的乐趣。它们对社会上那些匆忙急躁的现代人来说，无疑具有强大的魅力和吸引力。在当今这个讲究速度与效率的时代，人们不妨用舒缓的、悠然的、从容的、洒脱的心境来面对这个快速变化的世界。让我们陪伴着亲密的友人，去观看日出，去欣赏风景，去游玩山水，从而放松自己紧绷的神经，抚平自己躁动的心绪，忘却世间的不快与烦恼。让我们品着一杯清茶，和朋友们一起谈天说地，去回味往昔美好的岁月，去展望充满希望的未来。让我们一起去下棋，去打牌，在玩乐中悄然深化彼此的感情；去看戏，去听歌，去慢慢品味生活的滋味；去养花，去种草，去感受那葱茏的诗意；去品书，去绘画，去练字，去把玩古董，去欣赏艺术，去体验生活中的高雅情趣；去饮酒赋诗，去欢歌笑语，去感受生活中的自在与洒脱……在这一过程中，我们的生活节奏放慢了，我们的紧绷的神经放松了，我们的心境平和了，我们的生命意义复归了，我们的精神生态平衡了，我们的身心健康恢复了。

（二）现代人身心和谐的维护

在这个效率观念快速向全球普及的时代浪潮中，中国传统的休闲审美文化作为“慢文化”的典型代表，再次显现出它在现代社会的重要意义。高速度、高效率造成的生命紧迫感，在推动现代人马不停蹄地努力劳作、增加社会财富方面，确实有其重要作用，但是在另一方面，它又必然对人们的身心和谐与生命健康造成伤害。在这种情况下，舒缓悠然的休闲审美活动就显现出其重要意义，它有利于帮助人们摆脱功名利禄的驱使，改变那种高效率、快节奏的工作和生活方式以及由此裹挟而来的心浮气躁的情绪。这样，人们才能在舒缓、悠然的心境中去享受生活的乐趣，去体验生命的滋味，去追求自由洒脱的人生，浮躁的心绪也才会转化为宁静与从容。这种心境类似于著名学者樊美筠所说的崇尚清高、清闲、清雅的“尚清意识”，两者有异曲同工之妙。有了这样的心境和意识，人们就有那份闲心去旅行，去游玩，去欣赏风景，去看日出，最终收获一个从容、自在、旷达、洒脱的人生。在这一过程中，人与自然的关系、人与人的关系变得协调了，人内在的精神生态变得平衡与稳定了，他最终也拥有了和谐的身心和健康的生命。

我国当代学者章汝先认为，现代社会高科技的文化成果带来了高速度、高效率的泛滥，这将对人们的身心健康造成伤害。因此，他热切呼唤一个舒缓悠然的、富于闲情逸致的时代的到来，使人们能够放慢生活的节奏，有充分的闲暇时间去体会生活的滋味和乐趣，维持身心的健康，以诗意的、审美的方式生活在这个世界上。他在《我们需要慢下来！——生活随想诗之一》中写道：

我们发现，
有了电脑，工作却多得做不完；
有了汽车，日程却安排得更满……

每个人都想活得轻松一些，
但往往做不到，
一个“忙”字，
把生活的乐趣统统扫到墙角。

眼看事业一天天成长，
而自己的健康却每况愈下，
和亲人在一起的时间也越来越少。

我们究竟怎么啦？
这样的日子何时才是尽头？
答案很简单，
我们需要慢下来！

只有把生活的节奏放慢，

我们才有时间欣赏。
慢生活像是一首诗，
慢慢地走，欣赏啊！
人类才能诗意地栖息在大地上。①

(三)压力的缓解与释放

出于生命健康的考虑，现代人的工作和生活需要从高速度、快节奏中慢下来，从而缓解生命的压力，使精神生态重回平衡与稳定，使身心的和谐得到维护。正如戈比指出的："在未来的几十年中，休闲最重要的功能大概将是减轻压力。这意味着人们将有机会放慢生活节奏，享受独处的乐趣，尽可能地接近自然并拥有一份安静。"②戈比还进一步对未来社会的发展趋势作出展望，认为休闲价值观很有可能取代效率价值观，人们将过上自在逍遥、清静悠然的休闲生活。他说，"目前，效率是文化中最流行的价值观"，然而在未来，"'清静'观念很可能将对它的至尊地位发起挑战。出于众多的原因，人们将越发渴望过上轻松、平静、祥和及简朴的生活"③。在当下人们的日常生活中，这种发展趋势已经初显端倪，越来越多的人把休闲审美活动作为自己生命和生活的重要的组成部分，宁愿花费更多的时间去开展这些活动，以此来放慢生命的脚步，享受生活的情趣，缓解工作和生活的压力。例如朋友聚会作为一种休闲审美活动，就能带给人们难以言表的轻松、惬意、畅快与欢乐，从而让他们的工作和生活中的压力得到充分的缓解与释放。正如陈琰所说："在辛勤工作之后的节假日里，邀上新朋旧友，欢聚一堂，真正是让人心满意足的一大赏心乐事。因为和朋友在一起，既无陌生人之

---

① 章汝先：《我们需要慢下来！——生活随想诗之一》，《精神生态通讯》2009年第2期。

② 杰弗瑞·戈比著，张春波等译：《21世纪的休闲与休闲服务》，云南人民出版社2000年版，第157页。

③ 杰弗瑞·戈比著，张春波等译：《21世纪的休闲与休闲服务》，云南人民出版社2000年版，第72页。

间的拘谨，也没有独处时的沉闷，更不必去承受工作时令人窒息的压抑，所以日常生活中的朋友聚会所赠与我们的就是令人心满意足的轻松和惬意。”①再如欣赏喜剧作为一种休闲审美活动，它也能让人们摆脱工作和生活中的各种压力以及由此而来的忧愁和烦恼，暂时进入一个审美的艺术的世界，获得自由、轻松、愉悦以及生命的乐趣：“用喜剧的眼光审视这个世界的全部琐碎、褊狭或夸张的方面，事物和事情就会失去它固有的物质重压。这时，人们尽管也生活在这个充满局限的世界中，却不再被它束缚，忧愁和烦恼也就完全被溶化在喜剧那发自内心的欢笑里面了。”②这显然有利于人们身心的和谐、精神生态的平衡与稳定。

总之，中国传统的休闲审美文化以及休闲审美活动，对现代社会有重要的补益作用。现代社会给人们的精神生活带来的诸多困扰，都可以通过它们来缓解、摆脱或者解决。它们能够使人们在物欲膨胀的时代收束自己的欲望，高扬可贵的精神；能够使人们在竞争进取、向外扩展的时代以暂时的退却、止步实现内在精神的丰富、完善，达到超逸洒脱的人生境界；能够使人们在机械集中、快速变化的时代，以随性散淡、舒缓悠然之心从容应对一切。由此，也就能够实现人们精神生态系统的平衡与稳定、身心的和谐与生命的健康。

第三节　休闲美学对本真自我的追寻

在现代社会，积极的竞争进取、残酷的扩张征服、拼命的勤奋努力、逼人的速度效率等给人们的生存带来巨大的压力，使他们的精神世界也发生了明显的变化，出现了诸如矛盾、纠结、苦闷、彷徨、迷茫等心理现象。休闲审美活动可以帮助人们有效地释放外在压力，也可以使

---

① 陈琰编著：《闲暇是金：休闲美学谈》，武汉大学出版社 2006 年版，第 175 页。

② 陈琰编著：《闲暇是金：休闲美学谈》，武汉大学出版社 2006 年版，第 21 页。

人们在追求和享受闲情逸致中获得深层的精神愉悦，还可以帮助人们重新发现生命的价值与意义，甚至重新发现本来的、本真的自我。它在试图帮助人们找到来时的路的同时，也试图帮助人们找到未来该走的路。这样，人们将不再矛盾、纠结、苦闷、彷徨、迷茫，他们的精神生态将恢复平衡与稳定，他们的身心将重回和谐，他们的生命将复归健康。

一、外在压力的释放

要想在休闲审美活动中追求和享受闲情逸致之美，进而呈现出自身的本然状态，流露出自身的本真、本性，还需要具备一定的条件才行。只有当外部环境施加给人的各种压力得到彻底释放，只有当抑制人的各种束缚得到彻底解除，只有当生活中烦心、郁闷、苦恼、焦虑、紧张、恐怖的事情消失不见，休闲审美的心境才会出现，休闲审美活动才能自由畅快地展开，对闲情逸致之美的追求才会油然而生。正如戈比指出的，“休闲是从文化环境和物质环境的外在压力中解脱出来的一种相对自由的生活，它使个体能够以自己所喜爱的、本能地感到有价值的方式，在内心之爱的驱动下行动，并为信仰提供一个基础。”①张玉勤也指出：“休闲主体应具备‘心无羁绊’的心灵状态，这是……通达休闲美的必备主体心态”，“休闲的‘心无羁绊’状态，与异化劳动、生活责任和社会义务的功利性、强迫性截然不同，它要求休闲主体能够超越一己一时之实际利害……惟其如此，方能进入休闲，真正得休闲之‘趣’”②。也就是说，只有当各种外在压力彻底解除，内心世界毫无羁绊、静如止水，精神状态舒缓平静，悠闲淡然，人们才会真正变得自由、自在、自得，才会按照自己特有的方式做自己喜欢做的一切，才会开展休闲审美活动，追求生活中的闲情逸致。再进一步说，只有当人们自由畅快地开展休闲审美活动的时候，他们才能彻底解除强加于他们的“超我”，才

---

① 杰弗瑞·戈比著，康筝译：《你生命中的休闲》，云南人民出版社 2000 年版，第 14 页。

② 张玉勤：《休闲美学》，江苏人民出版社 2010 年版，第 60 页。

能彻底忘却外在于他们的工作和事业，才能在自由、自在、自得的生命状态中产生发自内心的喜悦与欢乐，甚至进入沉迷忘我的陶醉状态，完全丧失清醒的“自我”意识。只有在这种精神状态下，他们才会撤去所有外在的伪饰，显现出他们的本然的、本我的、本真的状态，流露出他们的本性。正如罗谢福科指出的，“只有在陶醉中才能发现自我”①。托马斯·古德尔和杰弗瑞·戈比也指出，“正是自由时间内的活动让我们知道他是谁”②。实际上，这一过程也是帮助一个人认识自我、发现自我的过程。司马迁在《史记》卷一二六的《滑稽列传》中讲了一个故事：

威王大说，置酒后宫，召髡赐之酒。问曰：“先生能饮几何而醉？”对曰：“臣饮一斗亦醉，一石亦醉。”威王曰：“先生饮一斗而醉，恶能饮一石哉！其说可得闻乎？”髡曰：“赐酒大王之前，执法在傍，御史在后，髡恐惧俯伏而饮，不过一斗径醉矣。若亲有严客，髡帣韝鞠䐩，侍酒于前，时赐余沥，奉觞上寿，数起，饮不过二斗径醉矣。若朋友交游，久不相见，卒然相睹，欢然道故，私情相语，饮可五六斗径醉矣。若乃州闾之会，男女杂坐，行酒稽留，六博投壶，相引为曹，握手无罚，目眙不禁，前有堕珥，后有遗簪，髡窃乐此，饮可八斗而醉二三。日暮酒阑，合尊促坐，男女同席，履舄交错，杯盘狼藉，堂上烛灭，主人留髡而送客，罗襦襟解，微闻芗泽，当此之时，髡心最欢，能饮一石。”③

这个故事说的是，在国君面前喝酒，只能喝一点点；在父母高堂面前也不敢放肆，只能稍微多喝一点；久未见面的朋友相见，又能多喝一点；而在一帮相互之间非常了解和熟悉的至亲好友面前，则没有任何礼

① 转引自托马斯·古德尔、杰弗瑞·戈比著，成素梅等译：《人类思想史中的休闲》，云南人民出版社 2000 年版，第 241 页。

② 托马斯·古德尔、杰弗瑞·戈比著，成素梅等译：《人类思想史中的休闲》，云南人民出版社 2000 年版，第 256 页。

③ 司马迁：《史记》，中国文史出版社 2002 年版，第 775~776 页。

节拘束，可以喝得半痴半醉，甚至烂醉如泥，嬉笑怒骂，皆无所顾忌。如此放松，如此快乐。从大国国君到父母高堂，从远方来客到乡亲邻里，再到知己知心的亲朋好友，这是一个超强压力渐次释放的过程，直至压力逐渐减小乃至消失不见。而这种压力的变化带给个体的心理感受也是不一样的，个体的心理感受也相应地从极度紧张甚至畏惧害怕，到牵强拘谨，再到有所顾忌，再到最后毫无顾忌，自由自在，无拘无束，敞开心扉，互相交流，彼此沟通，最终达到了悠闲自得的休闲审美境界。这也是一个从遭到严重压抑的自我甚至异化的自我到本真的自我的逐步回归的过程。用弗洛伊德的理论来看，这也是一个从"超我"走向"自我"再到"本我"的过程。中国民间爱情故事《白蛇传》中有这样的故事情节：女主人公白娘子经不住丈夫许仙的一再劝让，在端午节喝下了雄黄酒，最终显露出自己的白蛇原形。这种喝酒现原形的情节显然是一种隐喻，它充分说明了喝酒与人的本真自我、与人的本性之间存在的密切关系。在这些故事里，酒成了本真自我的象征。从西方文化传统来看，饮酒量从少到多的过程，也是一个从日神精神走向酒神精神、酒神精神战胜日神精神的过程。

总之，外在压力的彻底释放，会使人们产生轻松、自由、自在、自得的精神状态，会使人们产生身心愉悦的心理体验，这有利于他们开展休闲审美活动，有利于他们追求和享受生活中的闲情逸致，进而为他们发现本真自我创造条件。

二、深层精神愉悦的产生

当现代人的各种外在压力(特别是精神压力)彻底解除以后，他们就能顺着自己的喜好、个性、本性，自由自在、无拘无束、无忧无虑地开展休闲审美活动，追求生活中的闲情逸致，从而产生一种深层的难以言说的精神愉悦感，一种"悦耳悦目、悦心悦意、悦志悦神的审美愉快"①。

① 吕尚彬、彭光芒、兰霞编著：《休闲美学》，中南大学出版社 2001 年版，第 13 页。

正因为休闲审美活动能带给人们"审美愉快"，能带给人们精神愉悦感，它才成为人们"喜欢做的事"①，才受到人们普遍的欢迎。这种"精神愉悦是休闲美的本体性规定所在"②，也就是说，"是否属于休闲，是由活动是否使人愉快的性质所决定的"③，"某种活动什么时候能够成为休闲，在什么人那里能够成为休闲，或能否成为一种休闲美，精神愉悦是根本的参照"④。只有那些能带给人们超越直接感官需要的深层的精神愉悦和"较高层次的快乐"⑤的活动才是休闲审美活动。这种"深层"的精神愉悦体现在它能带给人们"沉思、欣赏和开发智力"以及"自我完善"⑥等，而"浅层"的愉悦则不然，它是一种对生理的、心理的刺激的直接反应的愉悦，很容易对人们自身造成伤害。正如陆庆祥所说："若一任情感的纵意、释放，这种情本哲学下的乐的工夫也有可能流为对个体生命的破坏，更容易走向一种自然主义纵欲观。"⑦具体来说，这种"深层"的精神愉悦主要表现在：

（一）高级的精神享受

这种"深层"的精神愉悦往往能带给人们高级的精神享受和满足。当人们的基本物质需求得到满足，当人们的精神压力彻底解除，他们就会自然而然地产生乐生的需要，要求在精神上快乐地享受生活。恩格斯同意拉甫罗夫的观点："人不仅为生存而斗争，而且为享乐，为增加自

---

① 马惠娣：《休闲：人类美丽的精神家园》，中国经济出版社2004年版，第76页。

② 张玉勤：《休闲美学》，江苏人民出版社2010年版，第66页。

③ 于光远：《论普遍有闲的社会》，中国经济出版社2004年版，第4页。

④ 张玉勤：《休闲美学》，江苏人民出版社2010年版，第67页。

⑤ 马惠娣：《休闲：人类美丽的精神家园》，中国经济出版社2004年版，第93页。

⑥ 马惠娣：《休闲：人类美丽的精神家园》，中国经济出版社2004年版，第93页。

⑦ 陆庆祥：《走向自然的休闲美学——以苏轼为个案的考察》，浙江大学出版社2018年版，第97页。

己的享受而斗争……准备为取得高级的享受而放弃低级的享受。”①但是，这种高级的精神上的享受往往是以对物质需要的满足和感性享受的超越为前提的。正如张玉勤所说：“休闲体验能够把人们从异化劳动状态或负有责任的其他活动中分离出来，从对世界的征服、对外物的占有中超脱出来，从表层需要、感官满足的追逐中提升出来，使之能够充分地享受人生，尽情地体验人生，更好地把握人生。”②可以看出，这种“深层”愉悦中的享受不是一种物质享受而更多的是一种超越了物质享受的高级的精神享受，休闲审美活动往往能带给人们这样的享受。

（二）对“较高层次”乐趣的追求

开展休闲审美活动，享受闲情逸致之美，是人们追求更好、更美、更快乐的生活的表现。它超越了物质利益和现实功利目的，在较深的精神层面上包含着对乐趣、情趣、滋味的追求。正如有学者指出的：“如今许多人都特别喜欢集邮、收藏、养鱼、垂钓等休闲活动，其实人们并非总想从中得到什么物质性满足，心中期待或实际得到的往往是精神满足和审美情趣。”③这既是休闲审美活动能带给人们愉悦的源泉，也是它能带给人们愉悦的具体表现。因此，这种乐趣、情趣、滋味对休闲审美活动来说至关紧要，在休闲审美活动中占据着核心位置。正如马惠娣指出的，“有益、高尚的休闲表达一种美好的情趣”④，张玉勤也指出，“情趣才是休闲的灵魂”⑤。

事实上，各种各样的休闲审美活动往往都包含着让人回味不尽的乐趣、情趣和滋味，这是它们对现代人产生巨大吸引力的原因之一。早在原始时代，人类就开始了自发的休闲审美活动，他们有意识地用颜料涂

① 《马克思恩格斯全集》第34卷，人民出版社1972年版，第163页。

② 张玉勤：《休闲美学》，江苏人民出版社2010年版，第82页。

③ 张玉勤：《休闲美学》，江苏人民出版社2010年版，第67页。

④ 马惠娣：《休闲：人类美丽的精神家园》，中国经济出版社2004年版，第71页。

⑤ 张玉勤：《休闲美学》，江苏人民出版社2010年版，第157页。

抹自己的身体，把带孔的石头、贝壳等穿成一圈，做成类似项链的东西装饰自己的身体并自得其乐，获得无穷的趣味。而在现代，这种充满乐趣、情趣和滋味的休闲审美活动更是无处不在，给人们带来了妙不可言的精神愉悦。例如打麻将，在让休闲者放松身心、调节精神、怡情悦志的同时，也往往使他们全身心地参与、沉浸其中，给他们带来了无穷的乐趣、难以言说的欢乐。休闲者在从事邮票、石头、小人书、标本、古董等的收藏的休闲审美活动的时候，往往超越了功利目的、暴富心态，仅仅从自己的兴趣、爱好出发，对它们反复把玩，爱不释手，乐不可言，从中获得了极大的精神愉悦与满足。在紧张的劳动和工作之余，邀上亲密的朋友或亲人一起聚会、玩耍、游戏、闲聊，也可以作为休闲审美活动，它们在让人们放松身心、沟通交流、深化情感、加深友谊、增进智慧的同时，也让他们获得了精神愉悦和无穷的生命乐趣。再如，吃美味可口的食物，对有些人来说可能仅仅是为了填饱肚皮，满足生理上的需要，获得生理上的快感，这显然不是休闲审美活动，也不能给他们带来精神上的乐趣；而在作为休闲审美活动的品尝美食活动中，这些美食往往带给休闲者无限美好的感觉，让他们乐趣无穷，回味无穷，获得极大的精神上的享受、满足与愉悦。总之，这些形式多样的休闲审美活动无不把乐趣、情趣与滋味作为自己的核心与灵魂。

（三）心醉神迷的精神状态

在休闲审美活动中，休闲审美主体往往在巨大魅力的诱惑下全身心地参与、投入其中，进而陶醉、沉迷其中，心醉神迷，乐而忘返，忘记了自己的存在，忘记了自身的处境，忘记了流逝的时间。这也就是美国心理学家奇克森特米哈依提出的“畅”（Flow）的感觉，即“具有适当的挑战性而能让一个人深深沉浸于其中，以至忘记了时间的流逝、意识不到自己的存在的体验”①。

---

① 马惠娣：《休闲：人类美丽的精神家园》，中国经济出版社 2004 年版，第 206 页。

具体来说，让人处于心醉神迷状态的休闲审美活动有很多，这往往是由于休闲审美主体被休闲审美对象深度吸引，从而过度沉迷其中，长时间地沉醉其中，最终忘了或者无法返回现实世界。事实上，无论是让人心旌动摇的音乐世界，还是让人如痴如醉的文学世界，还是让人参悟乾坤的棋局世界，它们都以自己巨大的魅力吸引着人们，以自己强烈的感染力感染着人们，让人们沉醉其中，乐而忘返，产生心醉神迷的心理体验。例如下棋，大多数人把它看成一般的消遣娱乐，通过棋盘上的排兵布阵来消磨时光，获得乐趣，而一些休闲者则不然，他们沉醉其中，乐而忘我，痴而忘世，迷而忘时，浑然不觉，忘却了返回现实同时也超越了现实，最终进入一种大自由、大快乐的境界，“尽心、尽性、尽情，乃为弈棋之道，闲情之理”①。为历代人们津津乐道的“烂柯”故事就是这样，下棋人、观棋人被围棋的无穷的魅力所吸引，逐渐陷落、入迷和陶醉其中，在浑然不觉中忘记了现实的自我、流逝的时间甚至变化了的世界，最终达到了心醉神迷的精神状态。再如阅读小说，可以在宁静优雅的书房的窗边，面向鲜花和蓝天，怀着轻松愉悦的心情，顺应着自己的性情、兴趣和爱好，怡然自得地翻动书页，自由闲读，乐趣横生。而一些休闲者则可能进一步陷落其中，被其中曲折离奇的故事情节所吸引，被其中栩栩如生的人物形象所感染和打动，进而痴迷和沉醉其中，似乎变身成了其中的主人公，随着这些主人公经历着的跌宕起伏、悲欢离合的人生故事，或喜或悲，或乐或忧，最终进入一种心醉神迷的精神状态。正如有学者所描述的：“日常生活经验的中断、理想世界的跨越，所带来的就是陶醉的欢乐，入迷和出窍是其典型的两种情态。入迷是人被书写的世界所吸引而完全沉入其中，出窍则是因为书中的世界把人的灵魂远远地带离了他的身体以及他所在的时空。由于入迷和出窍，人们从日常生活世界超脱出来，陶醉于书本。这种陶醉感甚至会形成一系列

---

① 马惠娣：《建造人类美丽的精神家园——休闲文化的理论思考》，《未来与发展》1996 年第 3 期。

的身心活动，手舞足蹈、自言自语和拍案叫绝等就是鲜明的例证。”①当他们最终从这一文学的世界中走出来的时候，他们似乎洞悉和了悟了世界，在精神上获得了难以言表的自由、愉悦与满足。再如饮酒，并非所有的饮酒都是休闲审美活动，而作为休闲审美活动的饮酒，已经超越了身体的、生理的麻醉与满足，而指向了饮酒者的精神世界，对美酒的品味和陶醉往往给他们带来清醒和梦幻、宁静和亢奋相夹杂的精神陶醉状态，一种让他们高度愉悦的心醉神迷的精神状态：“真正审美的陶醉既超越了日常生活感觉的狂躁与不安从而让灵魂得以复归于波澜不惊的宁静，又超越了道德生活感觉的压抑和沉重从而使心灵得以展示自身激情汹涌的高蹈。饮酒的快乐正是宁静和亢奋的陶醉，此陶醉作为审美的经验是身心解放的自由的欢乐，这种欢乐也是切己的无言的欢乐。”②再如，西方狂欢节中的诸多活动，作为休闲审美活动，也会让参与者短暂地摆脱现实生活中的各种烦恼和痛苦，进入一种让他们狂欢的、入迷的、陶醉的、愉悦的心理状态，这也是一种让人心醉神迷的精神状态。

事实上，即便是日常生活中普普通通的休闲审美活动，只要休闲审美主体能够怀着浓厚的兴趣全身心地参与、投入其中，真切地体验和感受其中的一切，进而入迷、沉醉其中，乐而忘返，趣味横生，都能达到心醉神迷的精神状态。例如，对大多数人来说，日常生活中的上街购物普普通通，司空见惯。但是当它成为一种普通的休闲活动的时候，它能够给人们的闲暇时光带来放松、畅快和乐趣，但不会太强烈。但对于某些痴迷于购物的女士来说则不然，她们把它看作展现自我价值和存在意义的机会，在购物的过程中甚至能达到兴致勃勃、欲罢不能、自得其乐、迷而忘我、心醉神迷的程度。再如，闲坐这种日常生活中再常见不

---

① 陈琰编著：《闲暇是金：休闲美学谈》，武汉大学出版社2006年版，第83页。

② 陈琰编著：《闲暇是金：休闲美学谈》，武汉大学出版社2006年版，第63页。

过的事情，有些人可能会觉得它比较枯燥、乏味、无聊；而一些休闲者则可能把它看成绝佳的休闲审美活动，他们通过它得以远离现实生活中的各种奔波、劳碌、烦恼、痛苦等，从而获得身心的自由、轻松与快适，甚至会产生无名的快乐与趣味；而一些深谙此道的入迷者则可能在此基础上，把它进一步推进到令自己心醉神迷的境界。正如有学者指出的："与生理上的快适和心理上的快乐相比，独坐的最高境界是一种忘境。忘境既超越生理上的快适又超越了心理上的快乐，它是一种悦志悦神的心灵状态。……这种超越的心灵状态称为坐忘。"①在这一过程中，这些入迷者将获得深层的精神愉悦与满足。

与传统的休闲审美活动相比，现代的休闲审美活动越来越摒弃这一活动的"旁观性"，而更强调它的"参与性"与切身性。它往往要求休闲者亲身参与其中，并在参与的过程中获得切身的感受和体验，获得精神上的乐趣和愉悦，甚至达到心醉神迷的程度。正如有学者指出的："人们生活中的许多休闲形式，从散步、旅游到看影视、上网以至像高山滑雪、极地探险、远洋漂流、高空蹦极这样一些更为刺激惊险的现代休闲形式，都特别需要人们敢于参与，善于参与，在参与中获得愉悦，而不仅仅是在一旁作'冷眼静观'。"②例如在闲暇中进行体育锻炼活动（如参加足球、篮球、拳击、跳水、舞蹈等活动），作为休闲审美活动，它们能让休闲者在亲身投入、参与的过程中放松身心，获得闲趣和快乐。它们甚至会给休闲者带来自由无拘、无比畅快的感受，让他们达到心醉神迷的状态。

三、存在意义的显现

现代人所处的这个世界是经过他们的先辈世世代代持续不断地改造过的，在这一过程中，实现了这些不同代际的人们的"本质力量的对象

---

① 陈琰编著：《闲暇是金：休闲美学谈》，武汉大学出版社2006年版，第132页。

② 张玉勤：《休闲美学》，江苏人民出版社2010年版，第117页。

化"。因此，这个世界总是确认、昭示和显现着人类的"本质力量"。因此，当休闲者观照这个现存的世界的时候，他们就会表现出极大的热情和兴趣，进而释放出自己的精神能量并投入其中，调动自己的全部感官和能力去体验、感受、探测、思索这个世界。于是，这个世界存在的意义(包括各种真实、真理、美等)就会在这一过程中显现出来，而与此同时，休闲者的"自我的本质力量"也会在这一过程中呈现出来。简单地说，这是一个观照和探索外部世界及其存在的意义与展现休闲者自我本质力量相统一的过程。休闲审美活动之所以能做到这一点，就在于，它全面调动了休闲审美主体视、听、触、味、嗅多种身体感官，即"人类感知世界的所有感官，也即是休闲审美的感官"，"以其自然特性而融合交汇于人的休闲审美过程"①，"以助于人之审美感受与内在体悟的开启与明朗"②。因此，"人类多重感官的互融，必然会对周围具体现实环境有更为直接全面之体认"③，也必然能够使存在及其意义显现。

(一)对存在真理的显现

亚里士多德很早就认识到包括休闲审美活动在内的休闲活动推动了探讨存在真理的学科形式——哲学——的产生，指出它是"哲学诞生的基本条件之一"④。皮珀也指出，休闲能够让人们"在'沉静'状态中去'观看'和'倾听'这个世界"⑤，更好地与它进行对话和交流，进而发现其中包含的真理。中国学者章辉也认为，"休闲的意义在于提醒我们去发现，人类如何在休闲之中，以或静或动的感性方式认知世界，去获得

---

① 朱璟:《休闲美学的身体感官机制》,《社会科学辑刊》2015年第2期。

② 章辉:《论休闲学的学科界定及使命》,《中央民族大学学报》(哲学社会科学版)2012年第2期。

③ 朱璟:《休闲美学的身体感官机制》,《社会科学辑刊》2015年第2期。

④ 转引自马惠娣、刘耳:《西方休闲学研究述评》,《自然辩证法研究》2001年第5期。

⑤ 张玉勤:《休闲美学》,江苏人民出版社2010年版,第11~12页。

知识和真理"①。例如人们在大自然中开展休闲审美活动，欣赏大自然，沉醉、迷恋于大自然之美，追求闲情逸致，获得生命乐趣。这一过程实现了与大自然的交流与对话，有利于他们发现大自然中蕴含的真理或美，或者有利于大自然把自己蕴含的真理或美毫无保留地呈现出来。正如马惠娣指出的："宁静能容纳百川，当内心宁静时，感知会特别敏锐和细腻，这时，你会听到大山的叹息、流水的欢笑、微风与小草的对话。而置身幽境，人很容易进入休闲状态，甚至心地明澈。"②在大自然中开展休闲审美活动，游山玩水，可以发现大自然的美丽、慈爱与包容；欣赏朝阳落日，可以发现一种自强不息的生命精神；欣赏蔚蓝的天空、清澈的溪水，可以洗涤我们纯洁而美丽的心灵，以便我们更好地体悟存在的本真。可以说，大自然是人类灵魂的安顿之处，也是存在的真理得以隐身之所。在大自然中开展休闲审美活动，应该顺应大自然，与大自然合二为一，这有利于人们释放自己的生活压力，有利于人们舒展自己紧绷的神经，有利于人们解除自己的烦恼和痛苦，有利于人们恢复自己的本性，最终使他们能够发现存在的真理，能够体悟人生的价值和意义，能够达到更高的生命境界。总之，休闲审美活动能够使外部世界的存在真理及其意义呈现出来，也能够使人自身的存在真理及其意义呈现出来，这就使它显现出特别重要的意义。

（二）对存在真实的显现

西方学者也很早就认识到了包括休闲审美活动在内的休闲活动能够孕育沉思和理智，由此推动了探讨世界真实存在规律的学科形式——科学——的产生。正如有学者指出的："休闲不是无所事事，而与沉思密不可分，休闲是最好的沉思活动，沉思是最好的闲暇活动，在沉思中我们寻求对世间万物的理解，我们也才能认识到自己的本性里什么是最神

---

① 章辉：《论休闲学的学科界定及使命》，《中央民族大学学报》（哲学社会科学版）2012 年第 2 期。

② 马惠娣：《休闲：人类美丽的精神家园》，中国经济出版社 2004 年版，第 50 页。

圣的东西。”①特别是在休闲审美活动中，人们的精神状态会变得更加自由舒展、生动活泼，从而有利于他们灵感的迸发，进而产生敏锐的发现力。正如马惠娣指出的：“英国有从 17 世纪始延续至今的剑桥大学下午茶，有近 80 位诺贝尔奖获得者在这里脱颖而出。”②科学家们在喝茶、聊天、交流这样的松散随意的休闲审美活动中，往往能够在不经意间激发出灵感，碰撞出火花，甚至产生全新的科学发现。中国古代美学强调以“望”“的态度来体验休闲，其魅力就在于它能让人的感知和理解脱离惯性轨道，让人把握到平时不能把握到的事物的某些独特的、新奇的方面和性质”③。只有这样，人们才能觉察和发现一个不同于惯常的全新的世界。显然，这个世界如何呈现在人们面前，在多大程度上呈现在人们面前，往往与人们是否能很好地开展休闲审美活动有关，与人们在这一活动中感知、理解、发现的方式在多大程度上脱离常规有关。

（三）对存在之美的呈现

人们在开展休闲审美活动的过程中，在追求闲情逸致的过程中，往往会尽情地释放自己的生命活力，往往会调动自己的全部感官，发挥自己的多项能力，去更深入地思考，去更敏锐地感知和发现，结果在外部世界中发现、确证了自己的“本质力量”，使真实的自我在其中清晰地呈现出来，这时人们就会真切地体验和感受到在平时的心浮气躁中被遮蔽和忽视了的世界上的美和诗意。亚里士多德认为休闲中的沉思往往与美联系在一起：“人在休闲中的沉思状态是最好的‘境界’，是一种神圣的活动。他相信沉思才能使人发现美、感知美、体验美、欣赏美、创造美。”④亚历山德拉·斯托达德指出：“当我平静安详时，我更善于接受

---

① 张玉勤：《休闲美学》，江苏人民出版社 2010 年版，第 91 页。

② 于光远、马惠娣：《于光远马惠娣十年对话》，重庆大学出版社 2008 年版，第 127 页。

③ 吕尚彬、彭光芒、兰霞编著：《休闲美学》，中南大学出版社 2001 年版，第 17 页。

④ 转引自马惠娣：《为张玉勤专著〈休闲美学〉而作》，张玉勤：《休闲美学》，江苏人民出版社 2010 年版，第 2 页。

美的事物，我的感觉是完全清醒的。”①马惠娣也指出：“休闲让心灵无羁绊，随之处处观到美。”②休闲中的沉思之所以能和美产生关联，更具体的解释在于：“人在休闲状态中——肌肉休息着，血液循环也更趋有规则，呼吸也更缓和，一切视觉、听觉，以及神经系统也都在休息中，身体处于完全的平静状态。在这种状态中，人才能精神集中、思维敏捷，头脑自由，因之我们才能欣赏，才能感知我们周围一切美好的事物。”③因此，那些富于诗意和美感的文艺作品，往往都是在包括休闲审美活动在内的休闲活动中产生的，民间传说中的“李白斗酒诗百篇”的说法，虽然有些夸张，但是也应该有其现实依据。因为正是在饮酒这样的休闲审美活动中，人们的身心得以放松、闲散下来，人们的心灵得以处在自由自在自得的自然状态，人们的本然性情得以自然流露，人们的感觉变得更加细腻，神经变得更加敏锐，想象力变得更加活跃，因此也就更容易发现世界的美好，并最终转化为优美的诗篇。

毫无疑问，休闲审美活动更加关注人自身生命的健康，更加关注人与自身、社会、自然关系的和谐，更加关注人类的根本生存特别是诗意的生存，这就使它自然而然地包含着善的味道。这也是它显现存在的意义的重要方面。

四、本真自我的追寻

休闲审美活动与本真的自我紧密相关，“休闲美学的观照对象是自由而本真的生命形态”④，而休闲审美活动作为“休闲美学的观照对

---

① 亚历山德拉·斯托达德著，曾淼译：《雅致生活》，中国广播电视出版社2006年版，第122页。

② 马惠娣：《为张玉勤专著〈休闲美学〉而作》，张玉勤：《休闲美学》，江苏人民出版社2010年版，第3页。

③ 马惠娣：《为张玉勤专著〈休闲美学〉而作》，张玉勤：《休闲美学》，江苏人民出版社2010年版，第4页。

④ 潘立勇：《休闲美学的理论品格》，《杭州师范大学学报》（社会科学版）2015年第6期。

象”，正处于或者正在寻找这样一种“自由而本真的生命形态”，进而“最大程度地获得本真体验”①。而人们本真的自我及其本真的体验可以在多种休闲审美活动场景中被找到并呈现出来。当工作事业被彻底抛至脑后，当外界施加的压力被彻底释放，当受到的外在束缚被彻底解除，当精神紧张得到有效缓解，人们的身心就会处于一种放松、舒展、平静的状态，他们这时往往会产生一种由衷的喜悦，产生一种自由、自在、自得的生命体验。这时，他们摆脱了违背自己意愿被迫做事的不自由状态，抛下了各种被迫扮演的角色、各种被迫戴上的面具，得以按照自己喜欢的方式做自己喜欢做的事情，休闲审美活动于是在这种情况下产生了。当休闲审美活动充分展开甚至达到理想状态的时候，休闲者的本真的自我以及自我的本性就会自然而然地流露出来。正如美国人本主义心理学家罗杰斯指出的：“他开始抛弃那用来对付生活的伪装、面具或扮演的角色。他力图想发现某种更本质、更接近于他真实自身的东西。”②张玉勤也指出：“在休闲中主体处于摆脱必需后的自由状态，真正成为自己。”③具体地说，在开展休闲审美活动的过程中，在追求闲情逸致的过程中，如果达到了沉醉、入迷的极致状态，休闲者往往会在忘却自我、外物与世界的过程中获得一种前所未有的自由感和陶醉感，这时，他的本性就会自然而然地流露出来。正如罗谢福科指出的：“只有在陶醉中才能发现自我。”④也有中国学者指出：“在超功利的意义上说，人在游戏中忘乎天、忘乎地、忘乎人、忘乎己，怀着一种超然的心境去面对世界。在这样的世界里，宇宙和人生的那些在人类的其他活动中被压抑、被掩饰的本来面目清晰地呈现在我们眼前，一切都变得格外新鲜而

---

① 潘立勇：《休闲美学的理论品格》，《杭州师范大学学报》(社会科学版) 2015 年第 6 期。

② 罗杰斯：《成为一个人意味着什么?》，马斯洛等著，林方主编：《人的潜能和价值》，华夏出版社 1987 年版，第 299 页。

③ 张玉勤：《休闲美学》，江苏人民出版社 2010 年版，第 68 页。

④ 转引自托马斯·古德尔、杰弗瑞·戈比著，成素梅等译：《人类思想史中的休闲》，云南人民出版社 2000 年版，第 241 页。

富于意义，仿佛我们又回到了纯洁天真的孩提时代。”①林语堂也指出：“当一个人在办理应该办理的事务，而随自己的意兴无拘无束地行动时，他的个性才显露出来，当社会上的业务的压迫解除，金钱、名誉、欲望的刺激消散，他的意思随自己的所悦而行动时，吾们才认识了他的真面目。”②林语堂所说的这些“事务”“行动”更多地存在于休闲审美活动中，它往往能帮助相关主体更好地认识自己、发现自我。美国的托马斯·古德尔、杰弗瑞·戈比对此有更深刻的认识，他们指出：“自由时间内的活动会让我们知道某人会是什么样的一个人。……正是自由时间内的活动让我们知道他是谁。在现代社会中，一个人选择什么、发现什么是有价值的东西以及如何作出选择都是自我定义中的中心问题。”③例如，在下棋这种休闲审美活动中，一个人的本性或者性格，如“性缓”或是“性急”，“沉稳”或是“豪爽”，“好斗”或是“礼让”，“高雅”或是“粗俗”，都可以展露无遗。梁实秋在《下棋》中对此有过精彩的描绘，他写道：“不过弈虽小术，亦可以观人，相传有慢性人，见对方走当头炮，便左思右想，不知是跳左边的马好，还是跳右边的马好，想了半个钟头而迟迟不决，急得对方拱手认输。……也有性急的人，下棋如赛跑，劈劈拍拍，草草了事，这仍就是饱食终日无所用心的一贯作风。下棋不能无争，争的范围有大有小，有斤斤计较而因小失大者，有不拘小节而眼观全局者，有短兵相接作生死斗者，有各自为战而旗鼓相当者，有赶尽杀绝一步不让者，有好勇斗狠同归于尽者，有一面下棋一面诮骂者，但最不幸的是争的范围超出了棋盘，而拳足交加。”④在大自然中开展休闲审

① 吕尚彬、彭光芒、兰霞编著：《休闲美学》，中南大学出版社 2001 年版，第 30~31 页。

② 林语堂：《吾国与吾民》，陕西师范大学出版社 2003 年版，第 237 页。

③ 托马斯·古德尔、杰弗瑞·戈比著，成素梅等译：《人类思想史中的休闲》，云南人民出版社 2000 年版，第 256~257 页。

④ 杨虹编：《休闲四韵——逍遥游》，贵州人民出版社 1994 年版，第 96~97 页。

美活动，也是一种发现自我的很好的方式。正如有学者指出的："自然物向能够静观它的每一个人呈现出亲切的面容，就在这个面容当中，人可以认出他自己的形象，但是他自己的形象并不构成这个面容本身的存在。"①在家中独坐作为一种休闲审美活动，也能让相关休闲者暂时地超越世事的干扰与纷争，进入一种悠闲宁静的心境中，进而在沉思中达到忘却自我、外物、世界，最终回到事物本身和人本身："在独坐的忘境中，不仅忘我，而且忘物，毫无黏滞。而忘怀物我恰恰是让人回到了人本身，物也回到了物本身。"②摄影活动作为现代社会比较常见的休闲审美活动，在定格世间的美好、带给人们无穷的乐趣的同时，也能够深化休闲者对外部世界、自身以及自身的内在世界(包括感觉、情感、智慧等)的理解。正如有学者指出的："摄影对外部世界的发现同时也是对自我的发现，因为就最确切和广泛的意义来说，观察就是一个人的知觉、情感和智慧的运用。对观察之物的拍摄，也就是对摄影者自身情感和智慧的表达。"③

在开展休闲审美活动、追求闲情逸致之美的过程中，休闲审美主体通过沉思而获得感悟，摆脱了无所事事、空耗生命的人生状态，从而得以寻找自我、发现自我、回归自我，展现出自我存在的目的、意义与价值。休闲理论家们对此是有共识的。杰弗瑞·戈比指出："休闲行为不止是寻找快乐，也要寻找生命的意义。从根本上说，休闲是对生命意义和快乐的探索。"④托马斯·古德尔和杰弗瑞·戈比指出："正是在休闲这个人们可以进行自由选择的领域内，人类在进入这个领域的过程中，

---

① 陈琰编著：《闲暇是金：休闲美学谈》，武汉大学出版社 2006 年版，第 89 页。

② 陈琰编著：《闲暇是金：休闲美学谈》，武汉大学出版社 2006 年版，第 133 页。

③ 陈琰编著：《闲暇是金：休闲美学谈》，武汉大学出版社 2006 年版，第 43 页。

④ 张玉勤：《休闲美学》，江苏人民出版社 2010 年版，第 16 页。

人生的意义才得到了真正的揭示。”①就以休闲审美活动的重要方式之一“玩”为例，它“既是人生目的之中的东西，也是达到人生目的所必备的基本手段。人生的目的，包括每个人都能享受幸福的生活”②。在多种多样的休闲审美活动中，休闲审美主体不仅能从中获得生活的乐趣，更能从中感悟到生命的目的、价值与意义。例如在大自然中开展休闲审美活动，追求闲情逸致之美，就能和大自然相互交流、倾诉和倾听，从而使休闲者自身存在的意义在这一过程中充分显现出来：“倾听自然就是倾听自我，反过来也可以说倾听自我就是倾听自然。”③也正是在这一过程中，休闲者才能领悟到人生的意义：“不仅让自然万物的本色得以显现，它同时也是对我们自身生存意义的揭示。”④

对西方人来说具有重要意义的狂欢节中的狂欢活动作为休闲审美活动，也能显现出西方人本真的自我与自我的本性。“狂欢节是人们在大斋前夕的纵情娱乐，是全民的节日，各种节庆活动以及与之相关的各种诙谐的表演或仪式都悉数展现，充满了喜庆、逗乐的气氛。”⑤在这样的节日欢庆活动中，西方人往往一反常态，进入一种日常生活中难得一见的状态：“在节日期间，人们试图通过大声喊叫、身体的剧烈运动、歌唱和疯狂舞蹈等种种怪异的形式来突破常规，进入非常态的状态。”⑥在日常的工作和生活中，西方人往往遵循着现实的原则，受到各种各样的

---

① 托马斯·古德尔、杰弗瑞·戈比著，成素梅等译：《人类思想史中的休闲》，导言，云南人民出版社 2000 年版。

② 马惠娣：《休闲：人类美丽的精神家园》，中国经济出版社 2004 年版，第 31~32 页。

③ 陈琰编著：《闲暇是金：休闲美学谈》，武汉大学出版社 2006 年版，第 93 页。

④ 陈琰编著：《闲暇是金：休闲美学谈》，武汉大学出版社 2006 年版，第 93 页。

⑤ 张玉勤：《休闲美学》，江苏人民出版社 2010 年版，第 68 页。

⑥ 李兆林、夏忠宪等译：《巴赫金全集》(第 6 卷)，河北教育出版社 1998 年版，第 148 页。

等级、秩序、权力、法律、法规、制度、规范、责任、义务、任务、伦理、道德、礼仪、俗约等的约束和限制，承担特定的身份和角色，戴着各式各样的面具。这些外在的约束和限制，往往使西方人受到严重压抑而精神紧张，进而越来越远离自己，越来越变得不是自己期望的自己，也即越来越丧失了自我，同时也就丧失自我的本性。或者说，这些外在的约束和限制就像乌云浓雾一样遮蔽和迷住了西方人的双眼，使他们越来越看不清自己，认不出自己，也即迷失了自己，于是自己变成非我了，变成了失常的、异化的非我了。

而狂欢节中各种各样的活动作为休闲审美活动，让西方人暂时在忘我的狂欢中超越了日常生活和工作的世界，而进入一个新的狂欢化的世界，也即巴赫金所说的“第二个世界”和“第二种生活”。狂欢节的内在特征和本质规定性决定了这个世界是一个毫无羁绊、随心所欲、为所欲为的世界，西方人可以在其中自由自在地狂欢、嬉闹、欢笑、游戏、娱乐、休闲，从而使他们紧绷的神经得到放松，使他们受限的、苦闷的心灵得到自由和愉悦，进而实现“自在生命的自由体验”，达到心醉神迷的精神状态。这一过程超越了各种物质功利和现实利害的考虑，颠覆了现存诸种等级、秩序、权力、礼仪、俗约，突破了现存诸种法律、法规、制度、规范，消除了现存诸种伦理、道德、禁忌，剥离了现存诸种身份、地位、角色、面具。西方的这种狂欢节世界和中国现在日益流行的广场休闲中的狂欢化的审美活动有某些相似的地方。正如有学者指出的：“在休闲广场这个特殊时空中，人是高度自由和自主的，特别是在广场游戏式、狂欢式活动中，人们完全将现实关系置于一边，所谓的身份、地位、性别以及现实中的苦恼、顾虑、压抑等统统遭到了‘悬置’，人们可以自由地对现有世界进行‘颠倒’、‘戏仿’和‘降格’，可以任意地为别人‘加冕’和‘脱冕’。”①这种狂欢化的休闲审美活动往往让人在

① 张玉勤：《休闲美学》，江苏人民出版社2010年版，第136页。

不知不觉中回归自我，按照自己本来的样子去生活和工作，按照自己喜欢的方式随心所欲地做自己想做、愿意做的事，从而流露出本真的自我与自我的本性。正如张玉勤所说的：“休闲与节庆创造了相似的审美体验，它们共同展示了超越的审美世界，‘让生活回到了自身，人回到了自身，回复到人类原来的样子’。”①有学者也指出：“这个世界是人们在完成工作任务、社会义务、生理需要等必要活动之外的可自由支配的闲暇时间；在这个世界里，人们可以轻松愉快地消磨时光，可以随心所欲地以各种方式放松身心、增强技能、提高修养，举凡闲情信步、琴棋书画、垂钓戏水、吹拉弹唱、游山玩水、餐饮茶艺等，均可进入人们的休闲视阈；在这个世界里，人们除却了工作的束缚、社会的禁忌、事务的纠缠、功利的追逐，而恢复了人的本性和自由本真状态。”②也就是说，在这种休闲审美活动中，让休闲者重新找回了曾经失落掉的那个本真的自我，进而重新发现、认识和理解了自我，使他们真正弄清楚“我”究竟是谁、“我”从哪里来、“我”到哪里去、“我”是干什么的等人生的根本问题。正如托马斯·古德尔、杰弗瑞·戈比指出的，休闲审美活动就是“一个寻求自我发现与自我定义的征途”③。

总之，往往是在休闲审美活动中，往往是在追求和享受闲情逸致之美的过程中，外部世界“超我”的压力才能彻底解除，精神深处的愉悦才会油然而生，甚至在沉醉入迷中失去清醒的“自我”意识，忘却了自我、外物、世界与时间。也只有在这种状态下，外部世界和人自身存在的意义才会充分显现出来，人们才会除去所有的限制与伪装，显露出本真的自我以及自我的本性。但是，需要注意的是，人们本真的自我以及自我的本性也未必都是理想的生命状态，例如犬儒学派顺从自己的本

---

① 张玉勤：《休闲美学》，江苏人民出版社 2010 年版，第 144 页。

② 张玉勤：《休闲美学》，江苏人民出版社 2010 年版，第 61~62 页。

③ 托马斯·古德尔、杰弗瑞·戈比著，成素梅等译：《人类思想史中的休闲》，云南人民出版社 2000 年版，第 240 页。

性，“常常衣衫褴褛，并随处坐卧”，其代表人物第欧根尼甚至“常在洗澡盆内睡觉”，过着“几乎是原始人的方式生活”①，这样的生命状态显然不符合当下人们的生活和审美理想。由此看来，人们本真的自我、自我的本性也需要调节和改变，向文明化的方向发展，不断进行优化，进入理想化的状态。

① 马惠娣：《休闲：人类美丽的精神家园》，中国经济出版社 2004 年版，第 92~93 页。

第四章　休闲美学与现代人精神生态的优化

通过开展休闲审美活动，追求和享受闲情逸致之美，可以帮助人们从现代社会的孤独、忧郁、紧张、焦虑、恐怖等失衡的、病态的甚至异化的精神状态中解脱出来，进而维护他们精神生态的稳定和平衡，这也是他们的精神生活得以顺利进行的必要条件。并且，人们生存于这个世界上，不仅要维持既有的精神生活，还要不断丰富、提升和完善既有的精神生活，使它变得更加完美。这促使人们在特定的精神追求的驱动下，不断地调整、改变、完善自己的精神状态，使它不断发生变化，甚至使它发生凤凰涅槃一般的新变与突破，产生新的人生价值和意义，实现精神世界更大的自由、解放与超越，最终实现精神上的发展与成长。从精神生态的角度来看，现代人的精神生态系统不会满足于一种静态的、保守的、倾向于恢复原状的态势，它也可以是而且应该是积极的、动态的、不断发展与变化的，不断寻求超越与突破的。这是一个在既有精神生态系统基本稳定和平衡的前提下，开始新的突破、新变、超越，进行新的优化、完善，达到新的平衡与稳定的过程。这一过程也是一个人生获得深层的价值与意义，达到理想精神境界的动态过程。正如畅广元所说："人与动物的不同在于，人不仅生活在不断优化的物质世界，还要生活在不断提升的意义(精神)世界。意义世界的境界品位是衡量人的生存状态的重要尺度。……强调提升人的意义世界，是因为它是构成人的精神生境……的重要因素。”①而在这一过程中，休闲审美活动将为人们达到这样的精神状态发挥重要作用。

第一节　休闲美学与精神生态的良性互动

人们特定的生活状态、物质生活条件、时间富余程度以及休闲对象的特点等虽然都对休闲活动有重要影响，但都不是根本性的、决定性的、本质性的。而能对休闲活动产生这样的影响的因素则是人们特定的精神状态，包括他们的某种心态、情感、情绪、精神境界等。正如德国学者约瑟夫·皮柏（也译为“约瑟夫·友珀”）指出的：“休闲乃是一种心智上和精神上的态度——它并不只是外在因素的结果。它也不是闲暇时刻、假日、周末或假期的必然结果。它首先乃是一种心态，是心灵的一种状态。”②申葆嘉也指出：“休闲是人的意识状态，是作为主体的人具有的一种文化意识。”③正如赖勤芳所说的：“休闲参与者必须始终保持一种正向的、积极性的主体性态度……要以一种休闲的、自由的、超越的态度去从事个人所值得去从事的事情。唯其如此，才能涉入休闲之境界。”④而就休闲活动发挥的作用来说，它也并不局限于生理、心理层面，而是在深层更多地指向了精神层面。具体来说，它除了能够调节人们生理与心理的紧张与疲劳、实现人们的放松、休整与休息外，还能使人们在超越性的精神层面，获得轻松、舒畅与愉悦的心情，获得丰富、优美、深沉的心灵，获得积极、主动、前卫的意识，获得自由、洒脱、乐观的心态，甚至能够使人们达到超凡脱俗的精神境界。奇克森特米哈

① 畅广元：《大众文化与精神生态》，鲁枢元编：《精神生态与生态精神》，南方出版社2002年版，第219~220页。

② 约瑟夫·皮柏著，黄藿译：《节庆、休闲与文化》，三联书店1991年版，第116页。

③ 申葆嘉：《关于旅游与休闲研究方法的思考》，《旅游学刊》2005年第6期。

④ 赖勤芳：《休闲美学：审美视域中的休闲研究》，北京大学出版社2016年版，第76页。

伊(M. Csikszentmihalyi)所说的最佳心理体验状态——“畅”——往往就是在休闲活动中实现的，它“无所往而不乐”，产生真切的满足感、幸福感、成就感。从以上探讨的休闲活动的本质性规定以及发挥的主要作用来看，休闲活动和个体积极的、健康的、悠闲的精神状态紧密相关。例如同样是一段闲暇时光，有人会觉得闲极无聊、空虚无趣、痛苦不堪，不知道如何打发和消磨它。一些失业的人、一些退休的老人以及一些缺乏亲人、友人陪伴的孤独的人，如果不能及时调整自己的心态，往往会产生这样的感受。而同样是这样的闲暇时光，有人却可能把它看成人生难得的绝佳良机，他们可以在这段时光中获得不受羁绊的自由，去做那些一直想做却苦于没有时间去做的兴趣盎然的事情，如钓鱼、爬山、探亲、访友等。正如有人指出的，“同样是闲来无事，同处一个场景，面对同一种情境，有的人是顿生闲趣，倍觉其乐无穷，有的人则会无动于衷，深感平淡无奇”①。在同样的时光、同样的情景中，为什么会产生这么大的差异？关键在于这些主体的心理心态、情感情绪、精神境界不同。现代人只有怀着悠闲的“无事人”的心境，拥有审美的、诗意的、闲逸的情调，他们才会发现休闲无时无地不在自己身边。正如张玉勤所说：“休闲的核心是心灵放松、精神愉悦、修养提升，这正是区分某种行为是否属于真正休闲的关键。……一个人若能做到心情放松、怡然自得，那么无论其是在干家务、看电视，还是在散步、看书、听音乐，都可找到休闲感觉。”②

而休闲审美活动作为休闲活动的重要组成部分，作为休闲活动的高层次的精神的审美的层面的活动，就更是如此。它虽然也离不开各种外在的条件，但更多地和休闲审美主体内在的精神状态(包括心理、心态、情感、情绪、胸怀、心境、观念、态度、修养、境界等)紧密相关。欧阳修在《书琴阮记后》中所举弹琴的例子就很能说明这个问题：“余为夷

① 张玉勤：《休闲美学》，江苏人民出版社 2010 年版，第 100 页。
② 张玉勤：《休闲美学》，江苏人民出版社 2010 年版，第 186 页。

陵令时，得琴一张于河南刘几，盖常琴也。后做舍人，又得琴一张，乃张越琴也。后做学士，又得琴一张，则雷琴也。官愈高，琴愈贵，而意愈不乐。在夷陵时，青山绿水，日在目前，无复俗累。琴虽不佳，意则萧然自释。及做舍人、学士，日奔走于尘土中，声利扰扰盈前，无复清思，琴虽佳，意则昏杂，何由有乐？乃知在人不在器，若有以自适，无弦可也。"①能否在弹琴这种休闲审美活动中获得闲情逸致和美的享受，不在于琴弦制作得是否精良，而在于弹奏者是否具有悠闲的心境以及追求和享受人生乐趣的特定的精神状态。再如手机拍摄活动，有人仅仅觉得好玩，漫不经心地随意拍摄，那只是一般的休闲活动；而如果有人怀着悠闲的审美的心境，情趣盎然地沉醉其中，乐而忘返，精益求精地追求拍摄的审美效果，那就变成了一种休闲审美活动。即使是一般性的阅读活动，只要人们怀着悠闲的审美的心境，充满着闲逸情趣，也可以成为休闲审美活动。

休闲审美活动的产生，受休闲审美主体特定的精神状态的影响。而休闲审美活动产生以后，也会反作用于休闲审美主体的精神世界，净化他们的心灵，提升他们的精神境界，调节他们的精神状态，维护他们的精神生态的平衡与稳定。以作为休闲审美活动的读书为例，它在给休闲审美主体带来无穷乐趣的同时，还调节和改善着他们的情感和心理状态，涵养着他们的性灵，开阔着他们的视野，提高着他们的修养和精神境界，改变着他们的气质和人格，从根本上优化着他们的精神世界。正如陈琰所说："读书如同是与那些有智慧的作者交友，与那些高尚的心灵同游，于是在阅读中我们不知不觉地受其熏染，最终气质被改变，胸襟得以扩展，脸上自然就透露出一股清纯爽朗的书卷气。"②再如作为休闲审美活动的收藏活动，在带给休闲审美主体无穷乐趣的同时，也培养了他们的生活情趣，提高了他们的审美素养，陶冶了他们的情操，提高

---

① 欧阳修：《欧阳修集编年笺注》(八)，巴蜀书社 2007 年版，第 345 页。

② 陈琰编著：《闲暇是金：休闲美学谈》，武汉大学出版社 2006 年版，第 83 页。

了他们的精神境界，丰富了他们的精神生活，从而对他们的精神世界产生了有益的影响，使他们的精神生态实现了平衡与稳定。再如作为休闲审美活动的诸多文艺创作和欣赏活动，在作用于休闲审美主体的感官，给他们带来无穷乐趣和美的享受的同时，也进一步作用于他们的精神世界，陶冶他们的情操，美化他们的心灵，怡养他们的性情，提高他们的精神境界。总之，休闲审美活动对休闲审美主体精神世界的改善和优化作用是明显的。

一、休闲美学的层次性

休闲和人们的需求紧密相关，它是人们在追求自己的需求的满足的过程中产生的，它构成了人们的需求的重要方面。而人们自身的需求是分层次的，相应地，人们的休闲也就必然具有层次性。潘立勇教授对此进行了很好的概括和阐发："人的需要包括生存、享受和发展三个层次。生存是基础，发展是趋向，享受则是人生自在生命的自由体验。没有享受的生存不是理想的生存，甚至不是真正意义上的生存。"①而休闲显然是人们多方面、多层次的需求的重要方面。正因为人们的需求从低级到高级分为不同的层次，而满足人们不同层次需求的休闲也必然从低级到高级分为不同的层次，需求的层次性决定了休闲的层次性。就低层次的身体生理层面的休闲来说，它主要满足人们"解除体力上的疲劳，获得生理的和谐"②的需要；就高层次的精神文化层面的休闲来说，它主要满足人们"赢得精神上的自由，营造心灵的空间"③的需要，从而使人们获得精神上的自由和愉悦，具有良好的精神状态。总之，休闲可以分为从低级到高级的不同层次。

---

① 潘立勇：《休闲与审美：自在生命的自由体验》，《浙江大学学报》(人文社会科学版)2005年第6期。

② 潘立勇：《休闲与审美：自在生命的自由体验》，《浙江大学学报》(人文社会科学版)2005年第6期。

③ 潘立勇：《休闲与审美：自在生命的自由体验》，《浙江大学学报》(人文社会科学版)2005年第6期。

人们需要哪个层次的休闲，往往与相关主体的生活趣味、情操、品位、文化素养、人格、精神境界等密切相关。这些方面的层次越高，那么他们追求的休闲层次也往往越高，“越是高层次的休闲越是充满了审美的格调，越是体现出休闲主体对自我生命本身的爱护与欣赏，也越是能体验到生命—生活的乐趣”①。而这些方面的层次越低，那么他们追求的休闲层次也往往越低，“低层次的休闲活动更多的是受本能欲望的驱使，以满足生命自我的物质性需求为目的。因此，越是低层次的休闲活动，越是表现出狭隘、自私的特点”②。例如作为休闲活动的读书、下棋，趣味高雅的休闲主体能把它们升格成高层次的休闲活动，而趣味低俗的休闲主体则能把它们降格成低层次的休闲活动。正如吕尚彬等指出的：“同是读书，有的人看的是中外名著，开阔视野，体会人生，陶冶情操，净化灵魂；有的人看的是‘拳头加枕头’一类的趣味低下的书刊，精神萎靡，思想空虚，恶念横生，道德沦丧。同是下棋，有的人把它和琴、书、画并列，看成是调适性情，锻炼智力，穷究玄机，娱乐休息；有人视棋如命，成迷成癖，不舍昼夜，为人所恶。”③再以喝茶为例，怀着悠闲的审美的心境和趣味仔细品尝茶的滋味与极度口渴的情况下大口喝茶就有层次的区分，后者甚至不能称之为休闲。对同一种休闲活动是这样，而对不同的休闲活动来说，由于相关休闲主体的生活趣味、情操、品位、文化素养、人格、精神境界等的差异，他们往往会选择不同的休闲活动，“生活情趣高尚的主体，选择的多是琴棋诗画、学书唱歌、读诗赏文、置景种花等使生活趣味化和艺术化的休闲”④，而

① 潘立勇、陆庆祥：《中国传统休闲审美哲学的现代解读》，《社会科学辑刊》2011 年第 4 期。

② 潘立勇、陆庆祥：《中国传统休闲审美哲学的现代解读》，《社会科学辑刊》2011 年第 4 期。

③ 吕尚彬、彭光芒、兰霞编著：《休闲美学》，中南大学出版社 2001 年版，第 40 页。

④ 吕尚彬、彭光芒、兰霞编著：《休闲美学》，中南大学出版社 2001 年版，第 40~41 页。

生活情趣不高的休闲主体则不然。

那么具体来说，休闲可以分为哪些层次？不同的研究者进行了不同的划分。马克思在自己的需求理论的基础上，把人们在“自由时间”里的休闲活动分为两个层次：一种是积极地、主动地“从事较高级活动的时间”①，“发展智力，在精神上掌握自由的时间”②，包括“个人受教育的时间，发展智力的时间，履行社会职能的时间，进行社交活动的时间，自由运用体力和智力的时间”③，在这一层次，休闲主体的精神、个性将得到充分发展；一种是被动地、较为低级地“从事普通活动的闲暇时间”④，“用于娱乐和休息的余暇时间”⑤，包括放松、消遣、娱乐、愉悦身心等。显然，前一个层次比后一个层次要高，也即精神、文化、审美层次的休闲比一般的以消遣、娱乐等为主的休闲层次要高。正如马克思指出的：“如果音乐很好，听者也懂音乐，那末消费音乐就比消费香槟酒高尚。”⑥也就是说，欣赏音乐和喝香槟酒都是休闲活动，而欣赏音乐这种带给休闲主体更多精神的、文化的、审美的、享受的休闲活动显然比喝香槟酒这种带给休闲主体生理享受的休闲活动要高雅、高尚得多。像这样的区分在休闲活动中随处可见，例如怀着悠闲自得的“无事人”的心境去喝茶、吃饭、逛街、散步，可以让相关休闲主体获得生活的乐趣和韵味；但是如果与阅读文学作品这种充满精神的、审美的、文化的意味的休闲审美活动（它能将相关休闲主体带入高层次的精神境界）相比，层次和品位就显得低了一点；如果再与在悠闲的心境中弹奏琴弦这种能够体现休闲主体高尚的情操、高雅的情致的休闲审美活动相

---

① 陆彦明、马惠娣：《马克思休闲思想初探》，《自然辩证法研究》2002 年第 1 期，第 44 页。

② 《马克思恩格斯全集》第 26 卷（三），人民出版社 1975 年版，第 287 页。

③ 《马克思恩格斯全集》第 23 卷，人民出版社 1972 年版，第 294 页。

④ 陆彦明、马惠娣：《马克思休闲思想初探》，《自然辩证法研究》2002 年第 1 期。

⑤ 《马克思恩格斯全集》第 26 卷（三），人民出版社 1975 年版，第 287 页。

⑥ 《马克思恩格斯全集》第 26 卷（一），人民出版社 1975 年版，第 312 页。

比，层次和品位也显得低了一点。这样的例子不胜枚举。总之，充满精神、文化、审美气息的、能带给人“畅”的感觉的休闲审美活动比一般的放松的、消遣的、娱乐的、缺乏精神、文化、审美内涵的休闲活动要高尚、高级得多。

在马克思之后，一些理论家按照各自新的标准对休闲活动以及休闲审美活动进行了更具体的层次划分，从而使人们对它们的层次性有了更深入的认识。纳什(Jay. B. Nash)在《娱乐和休闲的哲学》中根据休闲是否具有积极性、建设性以及人们对休闲的参与程度，对休闲进行了从负到正不同层级的划分，即“休闲参与等级序列”划分：“反社会的行动(负)，伤害自我(0)，消磨时间、摆脱单调、寻求刺激、娱乐(1)，投入感情地参与(2)，积极地参与(3)，创造性地参与(4)。”①这一划分使人们对休闲的层级有了更清晰的认识。美国马里兰州大学教授 S. 依索-赫拉 (S. E. Iso-Ahola)在《休闲与娱乐的社会心理学》中，根据自由选择程度的高低和内在动机的强弱，把人们工作之外的时间中的活动从低级到高级依次分为：“必需的非工作活动”“自由时间的活动”以及“休闲活动”，而只有“休闲活动”自由选择程度更高、内在动机更强。② 约翰·凯利以休闲体验的深入程度为标准，对休闲作了层级划分，认为休闲“体验的强度可渐次从畅(flow) 到参与(involved)到放松(relaxed)再到消磨时间(time-filling)”③，其深入程度逐级降低。中国休闲学家马惠娣根据休闲中精神文化因素含量的高低，对休闲作了层级划分，认为“精神文化层面的”“高级的休闲在我看来是‘淡泊明志、宁静致远’、‘以欣然之态做心爱之事’……当然要高于一般的打发时间的娱乐活动”④。而精神的、文化的、审美的休闲活动作为高层次、高品位、高

① 转引自张玉勤：《休闲美学》，江苏人民出版社 2010 年版，第 211 页。

② 马惠娣、刘耳：《西方休闲学研究述评》，《自然辩证法研究》2001 年第 5 期，第 46 页。

③ 转引自张玉勤：《休闲美学》，江苏人民出版社 2010 年版，第 77 页。

④ 转引自张玉勤：《休闲美学》，江苏人民出版社 2010 年版，第 211 页。

质量、高境界的休闲活动，往往体现在休闲审美活动中，往往体现在对闲情逸致之美的追求中，它显然要高于一般的放松神经、恢复体力、得到休息、愉悦身心的低层次的休闲活动。在未来的发展中，前者会占据越来越大的比重，并变得越来越重要。正如杰弗瑞·戈比指出的："我们将更多地将休闲用来满足在个人生活中占核心地位的兴趣爱好，而更少把休闲当作工作后的消遣和恢复。"①

而精神文化层面的休闲活动自身也是分层次的，有高层次与低层次之别。而休闲审美活动就属于高层次的精神文化层面的休闲活动，它往往包含着更高的精神境界。具体来说，一般的精神文化层面的休闲活动仍然包含着较为明显的功利、目的、动机的考虑，而一旦上升到休闲审美活动的层次，则可能超越这些考虑，而开始以自身为着眼点，别无所求，悠闲自得，自娱自乐，兴趣盎然，异趣横生，让人回味无穷，甚至达到沉醉入迷的忘我、忘时、忘世的境界。再就休闲审美活动自身来说，也有高层次与低层次之别。例如中国古代的休闲审美思想把休闲审美境界从低级到高级分为三个层次："致用"层、"比德"层、"畅神"层②。以作为休闲审美活动的创作或欣赏文艺作品为例，它们可以达到的精神境界也可以分为多个层次："既可以是一种心境、一种情感体验的外化，一种道德观念、道德理想、道德倾向的表现……也可以是一种人生况味的品尝、人生问题的思考与回答的表达，一种追求美好事物、理想生活的希望和憧憬的展示。还可以是对人的本性、天性的理解与感悟的传达，一种生存哲理的把握、人生真相的窥破的抒写。"③这些文化、精神、审美层面的休闲活动，对人们精神生态的和谐、稳定、平衡，甚至调整、优化，都发挥着重要作用。

---

① 杰弗瑞·戈比著，康筝译：《你生命中的休闲》，云南人民出版社 2000 年版，第 393 页。

② 张玉勤：《休闲美学》，江苏人民出版社 2010 年版，第 23 页。

③ 吕尚彬、彭光芒、兰霞编著：《休闲美学》，中南大学出版社 2001 年版，第 25 页。

当然，无论是一般层面的休闲活动、精神文化层面的休闲活动，还是审美层面的休闲审美活动，虽然有层次的高低之分、雅俗之别，但都有其不可或缺的独特价值与功能，都在休闲体系中以及人们的精神生态系统中占据着独特的“生态位”，发挥着独特的功能。因此，不能用高的层次去歧视、贬低甚至无视低的层次。只要它们对现代人精神生态的平衡、身心的和谐以及生命的健康有所助益，都应该被提倡。

二、精神生态的复杂性

人类主要是一种精神的存在，他们不同于其他动物的独特之处，就在于其丰富、复杂、深刻的精神世界。正如雅斯贝尔斯指出的：“人就是精神，而人之为人的处境，就是一种精神的处境。”①鲁枢元也指出：“精神属性，是人作为人的更为重要的属性。”②更明确地说，人的本质属性从社会属性进一步提升，到高层次就是他的精神属性。因此，不断丰富自己的精神世界，提高自己的精神素养，提升自己的精神境界，是人的本质属性对他提出的要求。正如马惠娣所说的：“人作为生命的一种形式，区别于其他生命体，最根本的一点，就在他具备社会文化属性，在于他有精神上的追求，和自我实现的理念。”③那么具体地说，“人的文化精神的实质是什么呢？它是一种通过有知识的、有教养的、有品位的行为，表达其理想、信念、追求、境界。他是借助内在力量来维护和实现自我的连续过程。这种内在力量的获得则靠始终如一的美学观念，有关自我的道德意识，以及人们在日常生活中，包括装饰家庭、打扮自己的客观过程中所展示的生活方式与其观

---

① 卡尔·雅斯贝尔斯著，黄藿译：《当代的精神处境》，三联书店1992年版，第3~4页。

② 鲁枢元：《精神生态学》，鲁枢元编：《精神生态与生态精神》，南方出版社2002年版，第533页。

③ 马惠娣：《休闲：人类美丽的精神家园》，中国经济出版社2004年版，第104~105页。

念相关的特殊情趣"①。

而就人的精神世界而言，精神生态是一个重要方面。那么什么是精神生态？鲁枢元曾经对此作出重要论述，他指出，精神生态学"是一门研究作为精神性存在主体(主要是人)与其生存环境(包括自然环境、社会环境和文化环境)之间相互关系的学科。它一方面关涉到精神主体的健康成长，一方面还关涉到一个生态系统在精神变量协调下的平衡、稳定和演进"②，它的目的之一就是"弄清精神生态系统的内在结构及活动方式，促进个人精神生活乃至整个社会精神取向的协调与平衡"③。人的精神生态系统极其复杂，它往往和自然生态系统之间存在着异质同构、同频共振的内在关联。自然生态系统的恶化和失衡往往会在深层影响着人们的精神生态系统，造成它们的恶化和失衡，反之亦然。正如鲁枢元指出的，"自然生态的恶化，精神生态的沦丧"④是紧密相关的，"衰败的自然"与"沉沦的精神"是紧密相关的，"自然遭遇的危机也是人的精神危机，自然的溃败必将带来人心的颓败"⑤。但是，人与外物毕竟是不同的，人的精神生态系统和作为外物的自然生态系统相比，也存在着明显的差异，它有着自己相对的独立性，并且显得深刻、丰富、复杂。并且，人的精神生态系统作为人的精神世界的特定的存在形态，不是静止不变的，而是在动态中不断变化的，并呈现出两种状态。第一种状态是，在特定的社会环境中，个体受到压抑和伤害，他原本和谐的、平衡的、稳定的精神生态系统遭到破坏，性情变得异常，精神变得焦虑，感知变得麻木，情感变得消沉，想象力变得迟钝，个性遭到磨灭，性格变得抑郁，心理出现病态……例如现代社会的科技、资本、商品等

---

① 马惠娣：《休闲：人类美丽的精神家园》，中国经济出版社2004年版，第105页。

② 鲁枢元：《生态文艺学》，陕西人民教育出版社2000年版，第147页。

③ 鲁枢元：《生态文艺学》，陕西人民教育出版社2000年版，第148页。

④ 鲁枢元：《陶渊明的幽灵》，上海文艺出版社2012年版，第261页。

⑤ 鲁枢元：《陶渊明的幽灵》，上海文艺出版社2012年版，第212~213页。

在推动人们精神成长的同时，也越来越严密地控制着人们，把他们囚禁于“枷锁”“樊笼”之中，使他们失去了身心的自由、自然的天性与内在的精神，进而给他们带来了各种各样的心理问题，使他们产生了严重的精神危机，而他们的精神生态系统在这一过程中也遭到了严重的破坏，失去了平衡。在这种情况下，就像遭到破坏的自然生态系统要恢复原状一样，个体的精神生态系统也要从遭到破坏的失常状态中恢复过来。第二种状态是，在特定的社会环境中(特别是在对自身有利的社会环境中)，个体获得了完善和发展自身精神世界的有利条件，精神状态良好，精神生态系统处在和谐、稳定、平衡的状态。但即便如此，它仍然处在不断的发展变化的动态过程中，不会长久地维持在某种特定的精神状态。在新的有利的外部环境和外在条件的作用下，个体要打破和改变原有的精神状态，实现精神世界新的解放和自由，实现精神世界新的超越、发展、创造与成长，从而使自己的性情显得更自然，感知变得更敏锐，情感丰富而深沉，想象力自由飞扬，个性更加鲜明，性格更加开朗，对人生的态度更加乐观，从而使自己的精神状态达到理想状态，进入超凡脱俗的境界。这一过程也是个体的精神生态系统在动态的调整和优化中达到新的和谐、平衡与稳定的过程。而个体的精神生态系统是否协调、平衡、稳定，是否能实现新的突破、自由、超越、创造与成长，并以此为基础实现良性运转，在更深的层面上，还关涉着他能否实现人生的价值和意义，关涉着他能否过上更理想的精神生活，关涉着他能否获得人生更大的满足感、幸福感、成就感。

三、休闲美学与精神生态的良性运转

有鉴于休闲审美活动自身的层次性以及人们的精神生态系统的复杂性，休闲审美活动可以通过多种方式作用于人们的精神生态系统，从而实现人们的精神生态系统的良性运转。它们既可以通过较低层次的富于感性的因素作用于人们生理的身体的层面，给他们带来放松、消遣和娱

乐，实现他们身心的和谐、身体的健康；它们也可以通过较高层次的富于精神文化的因素作用于人们的精神世界，帮助他们消除各种不健康的精神状态，使他们的精神生态系统得到调节、修复与维护，从而保持它们的和谐、平衡与稳定；它们还可以通过高层次的包含着闲情逸致之美的因素作用于人们的精神生态系统，打破原有的精神生态系统的和谐、平衡与稳定，推动它们的新的调整、完善与优化，从而帮助人们的精神世界实现新的解放与自由，实现新的超越、发展、创造与成长。经历了这一过程，人们的精神生态系统将在新的层面达到新的和谐、平衡与稳定，从而实现了自身的优化与良性运转。

第二节　休闲美学与精神生态的优化

许多人之所以对包括休闲审美活动在内的休闲活动嗤之以鼻，不屑一顾，鄙夷有加，甚至严厉地贬斥与批判，是因为他们认为这些活动意味着相关主体的消极颓废与懒散不勤，意味着相关主体的游手好闲、不务正业。他们认为这些活动既不符合西方资本主义的清教传统和劳动伦理，是相关主体堕落、腐化、没落的象征，也不符合中国的主流文化传统，是相关主体无所事事、闲极无聊、闲生是非的兆头。实际上，这些从中西方文化传统出发对休闲审美活动的认识和理解都是保守的，充满了误解和偏见。

随着生产力的发展和科技的进步，人类在更短的时间内就能生产出大量可支撑社会正常运转的物质财富，这为越来越多的人腾出了更多可以自由支配的闲暇时间。如何更好地支配这些时间？很多人希望通过更好地利用它们来打破过去那种消极被动的状态，打破过去那种平淡、乏味的生活，希望通过充分展开的休闲审美活动来不断地提高自己的精神生活质量，以符合自己个性和爱好的方式，获得更多自由，实现新的超越，达到新的精神境界，最终收获精神的健康成长，正如章辉所说，

"休闲在给予人精神自由和人生幸福的过程中，还给人带来审美的、创造的、想象的和超越的感受"①。这样，"闲暇生活"才会"因审美休闲而富于雅趣诗韵，变得更加缤纷而美丽"②。正如马惠娣指出的："自由时间内的活动包含有增长人的道德、智性，寻找人生志趣和活力，精神生活得到满足的自由支配性活动。"③由此看来，休闲审美活动在整体上对人们的精神生态系统产生着积极的影响。但是，休闲审美活动不主要通过消遣、娱乐和放松来恢复或者维持身心的健康，它主要通过给人们带来闲情逸致和精神愉悦的方式来恢复和维持人们精神生态系统的和谐、稳定与平衡。但是，休闲审美活动带给人们精神生态系统的，不仅仅是复苏、回归或者恢复、维持。因为如果仅仅如此，人们的精神生态系统将停留于一种板滞凝固的状态，类似于一潭死水，缺乏灵动的气息，缺乏生机、活力与变化，人们的精神生活也将在不知不觉中变得平庸、单调、乏味、沉寂、无聊。正像吕尚彬等人所描述的那样，"从来没有经历过心灵的惊涛骇浪，没有过心潮澎湃的激动，心湖里永远是沉寂一片，或者偶尔有一点死水微澜，我们的心灵就会生锈，也许可能异化沉沦，成为物质的一部分"④。这毫无疑问是可怕的。由此看来，人们固有的精神生态系统需要时不时地被打破、调整，从而实现持续的超越、升华、新变，进而实现优化、创造、成长，最终达到一种新的动态的平衡。这应该是它的常态的存在方式，这和自然生态系统在不断地打破、超越、调整、优化、发展、演进中保持动态的平衡有很大的相似性。而要完成这一过程，休闲审美活动无疑发挥着重要的促进作用。而

---

① 章辉：《论休闲学的学科界定及使命》，《中央民族大学学报》(哲学社会科学版)2012 年第 2 期。

② 吕尚彬、彭光芒、兰霞编著：《休闲美学》，中南大学出版社 2001 年版，第 324 页。

③ 马惠娣：《休闲：人类美丽的精神家园》，中国经济出版社 2004 年版，第 12 页。

④ 吕尚彬、彭光芒、兰霞编著：《休闲美学》，中南大学出版社 2001 年版，第 173 页。

这也应该是休闲审美活动作用于人们的精神生态系统的最重要的方面。马惠娣指出，休闲审美活动“是心灵的驿站，在这里，你可以驱逐精神的劳顿，安抚疲惫的心；或者得到一次精神的解脱，或者促进一次精神的升华”①，它的重要价值和意义在于“精神的调整与升华”②，“为人类构建意义的世界和守护精神的家园，使人类的心灵有所安顿、有所归依”③。例如“玩”，作为休闲审美活动的重要方式之一，“是建立在闲暇时间基础上的行为情趣，任何一种健康意义上的玩，都能陶冶人的性情、培养人的勇气和积极向上的力量”④。总之，休闲审美活动在整体上对人们的精神生态系统产生着积极影响，它可以打破这一系统的消极被动状态，不断推动它的调整、更新、优化和新变，通过这样的方式来提高人们的精神生活质量，使他们得以以符合自己个性和爱好的方式，获得更多自由，实现新的超越，达到更高的精神境界，实现精神世界的健康成长，在动态平衡中维持精神生态系统良性运转。

一、精神自由

自由对人类来说极其重要，一种自由自在、无拘无束、毫无羁绊、随心所欲的精神状态显然有利于个体精神的成长。对于休闲活动的开展来说，自由的心境当然也是必须具备的条件之一。对休闲的定义来说，自由的心境当然也是大多数休闲的核心内涵，无论是托马斯·古德尔、约翰·凯利还是杰弗瑞·戈比的休闲定义莫不如此。中国学者的休闲定义也是这样。赖勤芳就认为“休闲在本质上是一种自由，是围

---

① 马惠娣：《人类文化思想史中的休闲——历史·文化·哲学的视角》，《自然辩证法研究》2003 年第 1 期。

② 马惠娣：《休闲问题的理论探究》，《清华大学学报》(哲学社会科学版) 2001 年第 6 期。

③ 马惠娣：《休闲：人类美丽的精神家园》，中国经济出版社 2004 年版，第 77~78 页。

④ 马惠娣：《休闲：人类美丽的精神家园》，中国经济出版社 2004 年版，第 36 页。

绕'人'这一主体而展开的活动"①。章辉也认为"自由是每个劳累于工作者的渴望，是真正获得休闲者的体验与感受，也是休闲最重要的价值所在"②。张玉勤也认为"休闲是一片自由世界"③。休闲活动(及其定义)是这样，那么作为休闲活动精神文化层面的高级存在形式——休闲审美活动——就更是如此，它和人们的自由心境更紧密地联系在一起。而以休闲审美活动为重要研究对象的休闲美学，其"哲学基础是人本的自由"④。

包括休闲审美活动在内的休闲活动中的高层次的精神自由，往往建立在时间自由、物质自由、社会自由、行动自由等外在形式的自由的基础上，和它们关系密切，没有这些外在形式的自由做保障，个体在休闲活动中往往难以获得真正的精神自由。马克思曾经对精神自由和其他各种外在形式的自由之间的关系进行了精辟的论述。他认为，人的自由不是抽象的、绝对的，它建立在社会物质生产发展和社会财富积累的基础上，需要超越物质功利考虑和现实利益羁绊，"自由王国只是在由必需和外在的目的规定要做的劳动终止的地方才开始"⑤。只有在此基础上，人们才能获得"自由时间"，进而为获得各种形式的自由提供基础，进而才能实现"自由休闲"，才能摆脱各种各样的压力、束缚和压抑，才能循着自己的个性，根据自己的喜好和意愿，适性适意，自主选择，自由决定，从而为自己"自由活动和发展开辟广阔的天地"⑥。马克思描述

---

① 赖勤芳：《休闲美学：审美视域中的休闲研究》，北京大学出版社 2016 年版，第 67 页。

② 章辉：《论休闲学的学科界定及使命》，《中央民族大学学报》(哲学社会科学版)2012 年第 2 期。

③ 张玉勤：《休闲美学》，江苏人民出版社 2010 年版，第 57 页。

④ 潘立勇：《休闲美学的理论品格》，《杭州师范大学学报》(社会科学版)2015 年第 6 期。

⑤ 《马克思恩格斯全集》第 25 卷，人民出版社 1974 年版，第 926 页。

⑥ 《马克思恩格斯全集》第 26 卷，人民出版社 1974 年版，第 281 页。

的未来共产主义社会中人们的生存状态就达到了这种生命境界："在共产主义社会里，任何人都没有特殊的活动范围，而是都可以在任何部门内发展，社会调节着整个生产，因而使我有可能随自己的兴趣今天干这事，明天干那事，上午打猎，下午捕鱼，傍晚从事畜牧，晚饭后从事批判，这样就不会使我老是一个猎人、渔夫、牧人或批判者。"①在深刻理解马克思上述描述的基础上，马惠娣进行了新的阐释："自由时间是精神自由的基本条件，人们有了充裕的自由时间，就等于享有了充分发挥自己的一切爱好、兴趣、才能、力量的广阔空间。在这个自由的天地里，人们可以摆脱外在物质财富的束缚，可以不再为谋取生活资料而奔波操劳，为'思想'提供了自由驰骋的天地。"②这些阐释极大地深化了人们对精神自由和其他各种形式的自由之间关系的认识。

除了马克思，其他西方理论家也十分重视对精神自由形成的前提条件的探讨。皮柏强调闲暇时间对人们获得精神自由所具有的重要性。他说："我们惟有能够处于真正的闲暇状态，通往'自由的大门'才会为我们敞开"。③ 法国社会学家J. 杜玛泽迪耶(Joffre Dumazedier)认为人们只有在摆脱了各种各样的不得不做的社会事务和责任之后，才能获得精神自由，休闲成了"一系列在尽到职业、家庭与社会职责之后，让自由意志得以尽情发挥的事情"④。中国学者赖勤芳对此也有深刻的认识："休闲自由应是情境的自由、个人选择的自由、行使权利的自由，是在相对自由的生活中体验到的一种'价值'感，它让你暂时摆脱外在的压力，让你即使是在工作之中也会体会到的'畅'即审美自由感。因此，真正

---

① 《马克思恩格斯选集》第1卷，人民出版社2012年版，第165页。

② 马惠娣：《休闲：人类美丽的精神家园》，中国经济出版社2004年版，第23~24页。

③ 转引自张玉勤：《休闲美学》，江苏人民出版社2010年版，第12页。

④ 杰弗瑞·戈比著，康筝译：《你生命中的休闲》，云南人民出版社2000年版，第14页。

的自由是一种被高度提升了的审美体验。”①这是一种在摆脱了各种外在压力、建立在诸多其他形式的自由的基础上的精神上的、审美上的自由体验与感觉。总之，在有了可以自由支配的“自由时间”的基础上，在有了独立的经济地位和经济自由的基础上，人们才有了不受他人控制的行动自由，才能随心所欲地做自己想做的一切，才能获得不受约束的精神的自由、审美的自由。

具体就休闲审美活动中的精神自由来说，也同样是在排除了各种外在压力，超越了各种功利目的，摆脱了生产劳动、物质利益、各种利害关系、社会等级、伦理道德等对人们的禁锢和束缚之后的一种更高层次的“自由”即“精神自由”(或审美自由)，它是一种“心无羁绊”的心灵自由，一种悠闲自得的感觉，一种内在的自由感和休闲感。正如潘立勇所说：“在理想的休闲状态即生存的审美境界中，生存没有附加，没有负赘；她不为贫所累，不为利所缚；她手挥五弦，目送归鸿，思如流水，欲如白云；她坦荡豁达，神经松弛，能感觉奋斗后的愉悦，能尽情地享受大自然赐给人间的一切美的东西。这是人生对自在、真实生命的自由的用心体验，这是超然物外、天人合一、渗透人间世相、悟出生活真谛后的一种生存境界，这是一种超道德的审美境界。”②这就是休闲审美活动中的精神自由状态。正是在这一状态中，休闲审美主体在享受生活中的闲情逸致之美的同时，也实现了无拘无束、不受压抑的精神自由，实现了在生活的世界中自由、自在、自得的存在，实现了自由愉悦的精神体验，获得了无穷美妙的精神享受。这一切充分体现了休闲审美的本质，成为人们精神存在的最高境界，成为精神自由的象征。正如潘立勇

① 赖勤芳：《休闲美学：审美视域中的休闲研究》，北京大学出版社 2016 年版，第 236 页。

② 潘立勇：《休闲与审美：自在生命的自由体验》，《浙江大学学报》(人文社会科学版)2005 年第 6 期。

指出的，“一种自在自由的生命状态和从容自得的人生境界”①是“人的理想生存状态”②，“超然自得是休闲审美所能达到的最高境界”③。他还指出：“建立于审美境界的休闲情趣，或是休息、娱乐，或是学习、交往，都有一个共同的特点，即获得一种畅快的、愉悦的心理体验，产生自由感和美好感。”④具体来说，休闲审美活动所具有的精神自由表现在以下几个方面：

（一）感性的自然流露

感性的自然流露与精神自由紧密相关。现代社会遵循的是理性逻辑，人们往往在理性逻辑的引导下行事，从事生产、劳动，开展工作、事业，完成任务，担负起责任、义务，扮演好自己的社会角色，适应特定的文化环境，遵守特定的社会制度，接受特定的伦理道德的约束……这实际上也是个体人的自然感性人化的过程，即“将自然本能（感官的、情欲的）的东西进行社会化、文明化”的“脱离自然的过程”⑤。在这一过程中，如果理性的逻辑过于强大，人们在严格遵循着它而行事的时候，往往承受着某种压力，遭受着某种羁绊、束缚和不自由，从而使自己感性的生命受到严重的压抑、伤害和削弱，甚至走向感性的萎缩与缺失。正如尤西林所说：“与现代化领域的科技制度相对应，理性算计成为现代人最重要的精神能力与代表性气质；而充沛的情感性是不成熟的

---

① 潘立勇：《当代中国休闲文化的美学研究和理论建构》，《社会科学辑刊》2015年第2期。

② 潘立勇：《当代中国休闲文化的美学研究和理论建构》，《社会科学辑刊》2015年第2期。

③ 潘立勇：《当代中国休闲文化的美学研究和理论建构》，《社会科学辑刊》2015年第2期。

④ 潘立勇：《休闲与审美：自在生命的自由体验》，《浙江大学学报》（人文社会科学版）2005年第6期。

⑤ 陆庆祥：《人的自然化：休闲的哲学阐释》，《湖北理工学院学报》（人文社会科学版）2013年第5期。

表现，富于想象则被视为不踏实的缺陷。”①这种情况如果发展到极端，会造成个体感性和理性的分裂，自我以及自我本性的丧失，人生价值与意义的缺失，进而破坏他的内在精神生态系统，使它失去和谐、平衡与稳定，最终可能造成严重的精神问题甚至精神危机：“理性与感性的两极分裂在此远超出了生态学的均衡与协和原则，而呈现为空前巨大的现代性悖论。在此悖论中，最大的危险还不是精神生态系统内部不同要素自身的失衡乃至极端分裂，而是这种失衡分裂同时分裂了精神系统的整体目的意义，从而濒临精神系统的解体：无目的系统不再是系统，无意义关联的个人将无法构成社会。”②而这一切正是主体精神自由丧失的表现。

而在深具感性特征的休闲审美活动中，人们会在追求和享受闲情逸致的过程中获得自由、自在、自得的感觉，从而在不知不觉中从生产、劳动、工作、事业、任务、责任、义务、社会角色、社会制度、文化环境以及伦理道德等中解放和超越出来，承受的压力得到释放，受到的束缚、羁绊得到摆脱，开始变得自由自在、无拘无束、随心所欲起来，从而“从一种异化的生存现状回归本真自然的人性”，实现“一种本真化、自然化的理想生存”③，于是人生得以重获精神自由。正如陆庆祥所说：“物质文化、精神文化的各种压力都小到极致，或化为无形，此时人是最自由的”。④ 在这种情况下，人们重新拥有了感性的生命，变得自由、轻松、愉快起来，感性的自由早已打破过度膨胀的理性的逻辑，自由的

---

① 尤西林：《精神生态危机与现代性悖论》，鲁枢元编：《精神生态与生态精神》，南方出版社 2002 年版，第 351~352 页。

② 尤西林：《精神生态危机与现代性悖论》，鲁枢元编：《精神生态与生态精神》，南方出版社 2002 年版，第 352~353 页。

③ 陆庆祥：《人的自然化：休闲的哲学阐释》，《湖北理工学院学报》(人文社会科学版) 2013 年第 5 期。

④ 陆庆祥：《人的自然化：休闲的哲学阐释》，《湖北理工学院学报》(人文社会科学版) 2013 年第 5 期。

感性与适度的理性得以重新走向统一，丧失了的自我以及自我的本性得以重新找回，缺失了的人生价值与意义得以重新复归，精神问题得到解决，精神危机得到克服，精神生态系统重新恢复自己的和谐、平衡与稳定。正如尤西林所说：“躯体感官在现代性精神生态危机中不仅是平衡极端理性化的一极，而且是虚无主义死亡之雾中现代人本能自保的立足点。”①朱璟也指出：“休闲美学着眼于人的当下存在，关注人的自在生命之本然状态，既不会用虚幻的彼岸来否定人的此在之身，也不会以理性式样去束缚活泼泼的生命性情。”②从深层来说，这实际上也是“将人化的东西重新回归到自然本能”③、自然感性、自然而然的状况的过程。例如作为休闲审美活动重要方式之一的游戏，就能使现代社会中受到理性严重伤害的人们的感性得到复归，并能有效地克服“感性”和“理性”各自的片面性，实现两者的有机统一与融合，推动完满人性的发展。正如席勒所说：“只有当人在充分意义上是人的时候，他才游戏；只有当人游戏的时候，他才是完整的人。”④而这一过程也必然丰富和充实人们的精神生活，给他们带来前所未有的精神自由。

（二）主体性、个体性、个性、差异性

在休闲审美活动中，休闲审美主体摆脱了工作、事业、任务、责任、义务、社会角色、社会制度、文化环境以及伦理道德等的束缚、干扰，消除了由此带来的压力，自主地顺应着自己的性情、意愿和爱好追求和享受闲情逸致，从而使自己的个体性、个性与差异性充分显现出来，而这一过程也是个体充分展露自己精神自由的过程。进一步说，休闲审美活动能够给休闲审美主体带来自由自在、逍遥自得、无拘无束、

---

① 尤西林：《精神生态危机与现代性悖论》，鲁枢元编：《精神生态与生态精神》，南方出版社2002年版，第352页。

② 朱璟：《休闲美学的身体感官机制》，《社会科学辑刊》2015年第2期。

③ 陆庆祥：《人的自然化：休闲的哲学阐释》，《湖北理工学院学报》（人文社会科学版）2013年第5期。

④ 席勒著，徐恒醇译：《美育书简》，中国文联出版公司1984年版，第90页。

随心所欲的感觉，使他们能够毫无顾忌地顺应心灵深处的召唤，按照自己的方式享受生活中的闲趣，充分显现自己的天性，自由流露自己的个性，尊重与包容他人与自己的差异性，最终使他们得以在这一活动中获得精神自由。具体地说，休闲审美活动能够帮助休闲审美主体的人性得到丰富、发展、完善、提升。正如赖勤芳指出的："休闲不仅体现人的全面性和丰富性，而且具有整合、提升人性的重要意义。"①这明显有利于个体精神自由的发展。而就人的个性来说，G. 弗利特曼也认为休闲审美活动可以使人们在现代工业社会中遭到破坏的个性得到恢复，他说，"休闲时间能够医治工业生产程序统一化所引起的真正的个性结构的破坏"②。张玉勤也深刻地认识到了这一点，他指出："在休闲时空中，主体能够自由支配、自主选择那些符合个体发展、彰显个性特点、体现个人价值的休闲方式。"③休闲审美活动这种对个性的张扬与彰显，也明显有利于休闲审美主体精神自由的发展。当然，休闲审美活动还能使休闲审美主体的个体性得到充分的发展。正如陈琰指出的："自主性的选择往往意味着人们可以实现更个性化的生活，可以充分发展自己的潜能、兴趣、爱好和志向，可以如己所愿地去生存。"④张玉勤也认为，休闲的"自主选择"表现为休闲主体选择的主动性、随意性、内在性。⑤休闲审美活动中这种对主体性的凸显，也明显有利于相关休闲主体精神自由的发展。以游戏为例，它建立在对各种物质的、行动的、社会的、政治的必然性的摆脱的基础上，游戏者在游戏中往往处于高度的精神自由状态。例如春节中的游戏——踩高跷、划旱船、扭秧歌、舞龙、舞狮

---

① 赖勤芳：《休闲美学：审美视域中的休闲研究》，北京大学出版社 2016 年版，第 73 页。

② 马惠娣：《休闲：人类美丽的精神家园》，中国经济出版社 2004 年版，第 102 页。

③ 张玉勤：《休闲美学》，江苏人民出版社 2010 年版，第 68 页。

④ 陈琰编著：《闲暇是金：休闲美学谈》，武汉大学出版社 2006 年版，第 5 页。

⑤ 张玉勤：《休闲美学》，江苏人民出版社 2010 年版，第 63 页。

等——往往带有狂欢化色彩，给游戏参与者带来轻松、愉悦、欢快的感受，让他们得以在这一过程中体验到高度的精神自由。

再以下围棋为例，在幽静的雨夜，在陋室昏黄的油灯下，如果能超越现实利害得失或穷达进退的考虑，怀着休闲审美的心境，和志趣相投的友人，一起深度沉入棋局的世界，自由无拘、悠然自得地搬着棋子，聊着人生，这将给相关休闲主体带来美妙的精神享受，甚至使他们达到空前的精神自由之境。这种古代知识分子梦想中的理想精神境界，对当下心浮气躁的、失去精神自由的人们来说，具有重要的意义与启示。而在现实生活中，休闲审美主体像“无事人”一样在大街上闲逛、购物、看街景，也可以获得自由、逍遥、自在、自得、自乐的审美体验，达到精神自由之境。这些休闲审美活动，都具有鲜明的主体性、个体性、差异性，正是休闲审美主体拥有精神自由的表征。

精神自由境界是休闲审美活动所应达到的理想境界，也是社会主义社会的休闲审美者应当追求的目标。正如马克思指出的：“我们的目的是要建立社会主义制度，这种制度将给所有的人提供健康而有益的工作，给所有的人提供充裕的物质生活和闲暇时间，给所有的人提供真正的充分的自由。”①马克思提出的这一目标在当下中国一定程度上已经实现。但是，需要辩证地认识到，休闲审美活动带给人们的精神自由不是绝对的、完全不受约束的，而是在一定限度内、一定程度上的精神自由。正如约翰·凯利所说的：“这里的自由并不必然是毫无约束的开放，休闲的自由是一种成为状态的自由，是在生活规范内做决定的自由空间。”②绝对的、完全不受约束的精神自由将给休闲审美主体带来严重后果。

二、精神超越

人作为活生生的有机生命体，总是处在一个动态的过程中，他在精

---

① 《马克思恩格斯全集》第21卷，人民出版社1965年版，第570页。

② 约翰·凯利著，赵冉译：《走向自由——休闲社会学新论》，云南人民出版社2000年版，第20页。

神上也总是处在一个不断超越自我的“成为”的过程中。人并不总是在回望过去中存在的，而更是在面向未来中存在的，所以他们只有在精神上不断超越自我，进而才能在精神上发现真正的自我。因此，从低层次来看，人们可以借助于休闲审美活动的帮助，来恢复自身可能遭到破坏或损害的精神生态系统，使它们重新复归和谐、稳定与平衡，从而使他们的精神生态和精神生活的健康得到维护。从高层次来看，人们还应该通过休闲审美活动，来打破自身原有精神生态系统的平衡，实现自身精神上的超越、创造、新变，进而使自身的精神生态系统在新的层面上达到和谐、稳定与平衡，最终实现他们内在精神世界的发展与成长，这应该成为人们追求的理想的精神状态。马克思认为，人们可以通过休闲，通过对“自由时间”的充分运用，来超越自身，使自身获得新的精神素养，达到新的精神状态：“自由时间——不论是闲暇时间还是从事较高级活动的时间——自然要把占有它的人变为另一主体。”①托马斯·古德尔和杰弗瑞·戈比认为，人只有在不断的超越中，才能实现自身精神世界的不断完善，“休闲是一种自我超越的状态，因为，正是在休闲中，人性在潜在的转变中体现出对人的自我完善的引导作用(不论人们是多么的缺乏自觉意识)”②。畅广元也指出：“人的精神不只是一种静态的心灵外观，更是‘人最充分的存在表现为超越自我的一种愿望与活动，因此，凡深刻改变自我的现象，本质上都是精神的’(美国考夫尔语)。”③陆庆祥将内在精神的超越与休闲的本质联系起来：“休闲却一定是在内向超越的过程中实现的。没有内向的超越活动，就不会有休闲

---

① 《马克思恩格斯全集》第46卷(下)，人民出版社1979年版，第225~226页。

② 托马斯·古德尔、杰弗瑞·戈比著，成素梅等译：《人类思想史中的休闲·导言》，云南人民出版社2000年版。

③ 畅广元：《大众文化与精神生态》，鲁枢元编：《精神生态与生态精神》，南方出版社2002年版，第220页。

的发生。”①这种“内向的超越”实际上就是精神的超越。在这种精神的超越中，休闲主体将过上丰富、充实的精神生活，收获快乐、幸福的人生。正如陈琰指出的：“休闲为我们提供内心世界的平和、宁静和一种超越的生存姿态，它是人类最理想的生存状态和应该享受到的最完美的幸福。”②当然休闲审美活动就更是如此了。

具体就休闲审美活动来说，它往往能使人们在对闲情逸致之美的追求中实现对物质利益、社会生活、工作事业、利害得失、功利欲求、责任义务等的超越，并能有效地改善他们各种不健康的心理状态，获得精神上的解放与解脱，达到“心无羁绊”的精神自由状态，体验到精神上的超越感。正如吕尚彬等指出的：“每个人那渴求自由和无限的精神却必须也只能安放在由所处的特定的现实关系规范的领域之中，不可抗拒地承受由此而来的种种世俗的欲念、烦恼、忧伤、痛苦的折磨。但是，人毕竟是‘宇宙之精华，万物之灵长’，摆脱束缚、追求自由构成了生命最动人的旋律。……休闲活动则是人类实现这种摆脱的有效途径之一。”③张玉勤进一步指出：“在休闲活动中，休闲主体必然不会满足于当下实际生活状态，不会将休闲仅仅停留在纯粹的身体放松上，也不会把休闲视为工作和劳动的附庸和手段，而是把休闲视为一种目的、意义，一种存在和超越，在休闲的体验和享受中打破封闭、沉默、分裂的实体世界，建构一个充满意义、灵性和诗意的存在之境。”④这都是一个在精神自由中实现精神超越的过程。以“曾点之乐”为例，孔子在几个学生“各述其志”的过程中，之所以认同曾点的志向——“莫春者，春服既成，冠者五六人，童子六七人，浴乎沂，风乎舞雩，咏而归”，是因

---

① 陆庆祥：《走向自然的休闲美学——以苏轼为个案的考察》，浙江大学出版社 2018 年版，第 179 页。

② 陈琰编著：《闲暇是金：休闲美学谈》，武汉大学出版社 2006 年版，第 6 页。

③ 吕尚彬、彭光芒、兰霞编著：《休闲美学》，中南大学出版社 2001 年版，第 31 页。

④ 张玉勤：《休闲美学》，江苏人民出版社 2010 年版，第 72 页。

为曾点的志向超越了世俗的功名利禄、建功立业等利害得失的考虑，而试图在休闲审美活动中，在对闲情逸致之美的追求中，过上一种自由、自在、悠闲、自得、超然、无累甚至逍遥的精神生活，这就是一种精神上的超越，也应该是人们追求的理想的精神境界。

再以欣赏山光水色为例，只有超越功利欲求和利害得失的考虑，在休闲审美的心境中深度沉潜、陶醉、入迷于其中，去发现、感受、体验、享受其中的诗意、美丽、浪漫以及无穷的乐趣，甚至获得“畅神”的极致审美体验，达到浑然忘我的审美境界，才能实现精神上的超越。而入迷、沉醉、“畅神”以及由此而来的忘我，是实现精神上的超越的重要方式。相反，如果一个人处处考虑自身的利害得失，时时不离自身的功利欲求，则很难实现精神上的超越，也很难开展真正意义上的休闲审美活动。例如，“正踯躅于泰山道上的挑砖石的民工，想来不会有闲心欣赏如画的山景。而心在功利的人物，即使身在山林，也不过是走马观花，心不在焉”①。再如，如果一个人“一边走一边想着油盐酱醋茶，那就不可能从这些平凡的景致中感受到美趣；如果他急着去赶路，而不是‘施施而行，漫漫而游’，那也不可能发现山光水色、小桥流水、鱼跃鸟飞的美景”②。

中国喜庆节日中形式多样的休闲审美活动也往往会推动着参与者进入精神超越的境界。例如踩高跷、划旱船、扭秧歌、舞龙、舞狮等休闲审美活动，参与性与卷入性极强，在带给参与者嬉闹、狂欢、自由、欢乐的同时，也往往使他们深度沉迷与沉醉其中，甚至忘记了自己的身份、地位，忘记了自己所处的时间、空间，远离了各种“异化劳动、生活责任和社会义务的功利性和强迫性”③，让他们得以回到本真的自我，获得发自内心的愉悦以及精神上的审美享受，达到心无羁绊、随心所欲

① 张玉勤：《休闲美学》，江苏人民出版社2010年版，第166页。

② 吕尚彬、彭光芒、兰霞编著：《休闲美学》，中南大学出版社2001年版，第7页。

③ 张玉勤：《休闲美学》，江苏人民出版社2010年版，第150页。

的自由状态，这是他们实现精神超越的另一种重要方式。正如张玉勤指出的："节庆最重要的特征，就是它的精神自由以及对现成世界的永恒性、正规性、压抑性、不可改变性的消解，对于未完成性、变动性的肯定。"①"自由精神在节日期间统治一切，此时，人们可以犯规、出格、反常甚至颠三倒四，并且不顾等级的规定，从而摆脱一切刻板的条文。因此，节庆呈现出异样的世界，它是乌托邦的世界，也是超越时空的艺术世界。……置身于这样的氛围中，人们处于忘我的、兴奋的、全身心投入的状态，对于对象物最为敏感，最具有感受力和想象力，因而也最少功利的考虑。"②这时，人们在带有狂欢色彩的休闲审美活动中摆脱了各种现实因素，实现了精神上的超越，达到了精神上的理想境界。

三、精神创造

马克思认为，一个人要想在精神上实现自由发展，就需要有足够的自由时间去进行自由的精神创造，去获得精神享受。他通过引用舒尔茨的话指出："国民要想在精神方面更自由地发展，就不应该再当自己的肉体需要的奴隶，自己的肉体的奴仆。因此，他们首先必须有能够进行精神创造和精神享受的时间。"③随着生产力的发展和科技的进步，劳动过程中的劳动时间大幅缩短，劳动者于是获得大量的"自由时间"，拥有足够多的精力，去追求和享受"自由时间"中的闲情逸致之美。在这一过程中，劳动者的个性、才能和智慧将在潜移默化中得到孕育，而自然科学、文学艺术等领域的精神创造也将在自由轻松的氛围中得到实现。正如马克思所说，"整个人类的发展，就其超出对人的自然存在直接需要的发展来说，无非是对这种自由时间的运用，并且整个人类发展的前提就是把这种自由时间的运用作为必要的基础"④，"用于发展不追

---

① 张玉勤：《休闲美学》，江苏人民出版社 2010 年版，第 149 页。

② 张玉勤：《休闲美学》，江苏人民出版社 2010 年版，第 150 页。

③ 马克思：《1844 年经济学哲学手稿》，人民出版社 2004 年版，第 15 页。

④ 《马克思恩格斯全集》第 47 卷，人民出版社 1979 年版，第 216 页。

求任何实践目的的人的能力”，“个性得到自由发展，因此，并不是为了获得剩余劳动而缩减必要劳动时间，而是直接把社会必要劳动缩减到最低限度，那时，与此相适应，由于给所有的人腾出了时间和创造了手段，个人会在艺术、科学等等方面得到发展”①，“从整个社会来说，创造可以自由支配的时间，也就是创造产生科学、艺术等等的时间”②。事实上，在马克思之前，古希腊的哲学家们很早就认识到了包括休闲审美活动在内的休闲活动在人们的精神创造中所具有的重要作用，认为它们可以使休闲主体获得深刻的哲理思考以及其他诸多领域的创造性思考。苏格拉底就指出，哲学家“是在自由和闲暇中培养出来的”③。柏拉图指出：“许多伟大真知灼见的获得，往往正是处在闲暇之时。在我们的灵魂静静开放的此时此刻，就在这短暂的片刻之中，我们掌握到了理解整个世界及其最深邃之本质的契机。”④于光远指出：“创造的前提条件和动力是自由，而休闲又是自由的前提条件和动力。”⑤而相反，如果一个人完全没有休闲时间，整天繁忙、劳碌于各种各样的事务，他就会无暇静下心来进行深入的思考，也就无法充分发挥他的创造潜力。正如于光远所说：“社会实践表明：历来在紧张、繁忙、匆遽状态下工作和生活的人都难以正常而持久地发挥自已的聪明与智慧，当然就少了创造性。”⑥马惠娣在总结、阐释柏拉图、亚里士多德、于光远的思想观点后指出：“人在休闲中的沉思状态是最好的境界，是人类存在的一种‘目的因’。这个目的因使人达到‘心智的消遣’，获得精神的自由。因为自

① 《马克思恩格斯全集》第 46 卷(下)，人民出版社 1979 年版，第 218~219 页。

② 《马克思恩格斯全集》第 46 卷(上)，人民出版社 1979 年版，第 381 页。

③ 王乐理：《美德与国家：西方传统政治思想专题研究》，天津人民出版社 2015 年版，第 184 页。

④ 约瑟夫·皮珀著，刘森尧译：《闲暇：文化的基础》，新星出版社 2005 年版，第 42 页。

⑤ 转引自马惠娣：《休闲与社会进步》，《科学对社会的影响》2004 年第 3 期。

⑥ 马惠娣：《“休闲：终归是哲学问题”——记于光远休闲哲学思想》，《哲学分析》2014 年第 4 期。

由能增长人的德性、智性、知性、通达性，进而才有科学、哲学、艺术、宗教、文学、诗歌、音乐、体育等方面的创造。”①在这里，休闲与精神文化领域的创造被紧密地联系在了一起。

高层次的休闲、审美的休闲往往在看似毫无用处的“生命的留白”中，在看似懒散无为的荒度时日中，在看似风轻云淡的闲人闲事中，潜在地孕育和生发着内在精神世界的巨大创造性。就高层次的休闲来说，皮珀认为，“闲暇的能力和沉浸在存有之中默想的天赋以及在庆典中提升自己的精神能力一样，能够超越工作世界的束缚，进而触及超人的、赋予生命的力量，让我们能够以再生的崭新姿态重又投入忙碌的工作世界之中。”②这种“超人的”“力量”的重要方面就是精神创造力。冈特认为，休闲具有的暂时脱离日常生活的“奇妙幻想”“探索感、好奇心与冒险精神”使它产生了巨大的创造力。③ 约翰·凯利也认为，休闲看似毫无功利目的，但它正是通过这种似乎毫无功利考量的方式推动了社会和人自身的变革和发展，实现了人自身的创造，包括精神的创造。那么如何在休闲中实现这种精神的创造？休闲主体在休闲活动以及休闲审美活动中，摆脱了各种各样的外在限制，随心所欲、自由无碍地追求着生活中的闲情逸致，深度沉浸于精神的、审美的体验中，获得了自由、自在、自得的感觉和美的享受，同时使自身的个性得到张扬，自身的自由的沉思与想象得到展开，自身的灵感的火花得以在发散性思维和心灵的自由碰撞中激发出来，从而使自身的精神创造力被空前地释放出来。正如张玉勤所说：“休闲能够在认知、情感、意志等诸多领域重塑着休闲主体的内在性灵，从而丰富了休闲主体的既定品格，引领着休闲主体在思维的碰撞、灵感的突发、生活的思考中不断走向自由创造。正因为如

① 马惠娣：《瞭望休闲学研究之前沿》，《洛阳师范学院学报》2010 年第 2 期。

② 约瑟夫·皮珀著，刘森尧译：《闲暇：文化的基础》，新星出版社 2005 年版，第 46 页。

③ 约翰·凯利著，赵冉译：《走向自由：休闲社会学新论》，云南人民出版社 2000 年版，第 38 页。

此，人类的许多激情灵感产生于闲暇之时，人类的许多发明创造正是在休闲中得到启迪。”①以游戏、玩耍这样的休闲活动为例，它们作为“人生的根本需要之一”，在自身充分展开的过程中，相关主体获得了充分的自由，他们的本性得以自然流露，他们的思维、想象力、情感、兴趣等得到激发，最终使他们的精神创造力在不知不觉中喷发出来。正如于光远指出的：“玩可以促进大脑运动、活跃思维、激发想象力、培养人的兴趣、获得心理的满足、对新生事物永远充满好奇心。”②马惠娣也指出：“人类社会伟大的原创性活动，其灵感大多来自玩的状态。这是人类文化传统中一个独特的方面，也是人类创造性的来源之一。”③“人在玩中可以摆脱任何控制、压力、束缚、强制，人就完全沉浸在放松、自由的状态下，使人的创造意识被极大地调动起来。”④

具体就休闲审美活动来说，它的巨大创造性表现在，其展开过程可以孕育、激发和碰撞出灵感、智慧、思想，进而有利于哲学、科学、美学、文学、艺术等精神文化形式的产生。正如张玉勤所说：“休闲展示给人们的无疑是一片自由的世界、游戏的世界，因而也是超越的世界、创造的世界。人们在休闲中游戏，在游戏中创造，在创造中推进文化进程。”⑤具体就休闲审美活动对哲学、科学的孕育、激发和创造而言，正如爱因斯坦指出的，“人的差异在于闲暇”⑥，托马斯·古德尔、杰弗瑞·戈比进一步指出，“正像休闲是哲学之母一样，它也是发现和发

---

① 张玉勤：《休闲美学》，江苏人民出版社 2010 年版，第 74~75 页。

② 转引自马惠娣：《休闲：人类美丽的精神家园》，中国经济出版社 2004 年版，第 38 页。

③ 马惠娣：《休闲：一个新的社会文化现象》，《科学对社会的影响》2004 年第 3 期。

④ 马惠娣：《人类文化思想史中的休闲——历史·文化·哲学的视角》，《自然辩证法研究》2003 年第 1 期。

⑤ 张玉勤：《休闲美学》，江苏人民出版社 2010 年版，第 75~76 页。

⑥ 马惠娣：《人类文化思想史中的休闲——历史·文化·哲学的视角》，《自然辩证法研究》2003 年第 1 期。

明之母”①。于光远也指出，休闲能够让人头脑清醒，“冷静认真思考”，研究问题，高瞻远瞩，充满智慧。②

而就休闲审美活动对审美、文艺的孕育、激发和创造而言，它带给休闲审美主体以敏锐的感知力、丰富的想象力、深刻的鉴赏力、巨大的创造力，从而使他们能够细致入微地感受和体验生活，充分地酝酿生活中的美感和诗意，进而创造出优秀的文艺作品，或者使他们得以创造性地欣赏文艺作品。马惠娣曾经详细地描述过这一过程：“人们在休闲的状态中——肌肉休息着，血液循环也更趋有规则，呼吸也更缓和，一切视觉、听觉，以及神经系统也多少在休息中，身体处于完全的平静状态。在这种状态中，人才能精神集中、思维敏捷，头脑才是自由的，因之我们才能欣赏，才能感知生命的美好、自然的美好、万物的美好。”③而富于创造性的文艺创作和文艺欣赏就是在这一过程中完成的。再如具有玩耍和游戏天性的儿童，他们在自由自在、无拘无束、无忧无虑的玩耍和游戏中，往往会表现出天马行空、奔放无羁的想象力，“他们常常想象到星月以上的境界，想象到地面下的情形，想象花卉的用处，想到昆虫的语言，他想飞向天中，他想潜入蚁穴”④。而与这种想象力相伴随的，往往是高度的艺术创造力。正如马斯洛指出的：“几乎任何一个孩童都能在没有事先计划的情况下即兴创作一支歌、一首诗、一个舞蹈、一幅画或一个剧本、一个游戏。”⑤再如，作为休闲审美活动的饮酒

---

① 托马斯·古德尔、杰弗瑞·戈比著，成素梅等译：《人类思想史中的休闲》，云南人民出版社2000年版，第68页。

② 于光远：《休闲的价值不言而喻》，马惠娣主编：《中国休闲研究学术报告2011》，旅游教育出版社2012年版，第1页。

③ 马惠娣：《休闲：人类美丽的精神家园》，中国经济出版社2004年版，第97页。

④ 转引自马惠娣：《休闲：人类美丽的精神家园》，中国经济出版社2004年版，第36页。

⑤ 弗兰克·戈布尔著，吕明等译：《第三思潮：马斯洛心理学》，上海译文出版社1987年版，第28页。

行为，可以使饮酒者麻木的神经得到刺激，进而变得亢奋、陶醉，这一过程可以使他们巨大的创造力被轻易激发出来，从而创作出优美的诗篇：“身体的冲动导致了灵魂的活跃，由此人的情感变得激越，思维更加灵敏，意志尤其强烈。由于身体和灵魂的双重亢奋，人把自己提升到了仿佛与神同样疯狂而有力的境地……这种陶醉不是忘却而是生命力的充溢之感，是创造力的勃发，这是因为狂饮的酒神健壮、有力和充满了创造的激情。”①由此看来“李白斗酒诗百篇”的传说，就有了现实的依据。苏轼也是这样，在被贬黄州时期的悠闲的诗意的生活，使他“完全松弛下来而精神安然自在”，从而使“他的文学才华被充分地激发出来”，从而创作出达到他文学生涯最佳境界的《赤壁赋》。② 概而言之，休闲审美活动能够有效地激发人们的创造力。

总之，休闲活动以及休闲审美活动和人们的精神创造之间存在着紧密的关联。人们既要在休闲审美活动中进行创造，也要以创造的方式进行休闲审美活动，从而实现两者的有机结合。正如 C. 布赖特比尔(Charles K. Brighthill)指出的，人们应该“学会以一种整体性的、脱离低级趣味的、文明的、有创造性的方式来享受新型的休闲”③。反之亦然。

四、精神成长

休闲审美主体通过开展休闲审美活动，追求生活中的闲情逸致，可以使自己的精神世界获得自由、超越，使自己的精神生活具有创造性，使自己的精神境界得到提升，从而使自己的精神生态系统在不知不觉中实现调整、优化、新变，甚至在更高的层面达到新的和谐、稳定与平

① 陈琰编著：《闲暇是金：休闲美学谈》，武汉大学出版社 2006 年版，第 62 页。

② 陆庆祥：《走向自然的休闲美学——以苏轼为个案的考察》，浙江大学出版社 2018 年版，第 188 页。

③ 张玉勤：《休闲美学》，江苏人民出版社 2010 年版，第 104 页。

衡，最终实现自身精神生命的成长。

在西方，无论是“休闲”概念或者是“自由时间”概念，都内在地包含着人自身精神的发展与成长的内涵。西方的“Leisure”主要指“必要劳动之余的自我发展”①。马克思指出，人类实际上是在时间中存在的，“必要劳动”之外的“自由时间”使人类具有了获得自由的可能性，通过对这种“自由时间的运用”②，甚至可能使人类进入“自由王国”，获得自由全面的发展，“时间实际上是人的积极存在，它不仅是人的生命的尺度，而且是人的发展的空间”③。因此，增加“自由时间”“即增加使个人得到充分发展的时间”④。马克思对时间和“自由时间”的论述，为探讨休闲审美活动提供了重要的理论依据。到了20世纪，约翰·凯利更直接地论述了包括休闲审美活动在内的休闲活动与人的发展与成长的关系，特别是与人的精神的发展与成长的关系，提出了“成为人”的理论。他认为休闲活动在人们一生的发展变化的过程中也即“成为”的过程中起着重要作用，它为他们的行动提供自由，让他们成为本真的存在，发展他们的人性、个性，“培养美和爱的能力”，推动他们相互之间的交往，发展和丰富他们之间的关系，它既决定着他们做什么样的事，也决定着他们成为什么样的人，它为他们的成长创造条件，使他们得到自由而全面的发展。正如约翰·凯利指出的：“休闲应被理解为一种‘成为人’的过程，是一个完成个人与社会发展任务的主要的存在空间，是人的一生中持久的、重要的发展舞台。”⑤“休闲是以存在与成为为目标的自由——为了自我，也为了社会。”⑥具体就休闲审美活动来

① 马惠娣：《文化精神之域的休闲理论初探》，《齐鲁学刊》1998年第3期。

② 《马克思恩格斯全集》第47卷，人民出版社1979年版，第216页。

③ 《马克思恩格斯全集》第47卷，人民出版社1979年版，第532页。

④ 《马克思恩格斯全集》第46卷(下)，人民出版社1979年版，第225页。

⑤ 约翰·凯利著，赵冉译：《走向自由：休闲社会学新论》，云南人民出版社2000年版，第20~22页。

⑥ 约翰·凯利，赵冉译：《走向自由：休闲社会学新论》，云南人民出版社2000年版，第283页。

说，它可以有效地改变休闲审美主体的精神面貌，使他们获得生活的情趣、身心的愉悦、生命的意义，从而有利于他们精神的发展与成长。那么具体来说，休闲审美活动对休闲审美主体精神的发展与成长究竟起着什么作用？概括起来，主要包括以下几个方面：

(一)推动休闲审美主体精神才能的发展

休闲活动可以推动休闲主体审美素养、文化素养、精神境界的提高，使他们的才能特别是精神才能得到长足的发展，而休闲主体自身也将在这一过程中得到成长。而休闲审美活动作为休闲活动的重要组成部分，这一过程中发挥着特殊的重要的作用，通过对“自由时间”的充分运用实现了其精神文化方面的才能(例如哲学、科学、文学、艺术才能等)的发展。马惠娣指出：“人们有了充裕的休闲时间，就等于享有了充分发挥自己一切爱好、兴趣、才能、力量的广阔空间，有了为‘思想’提供自由驰骋的天地。在这个自由的天地里，人们可以不再为谋取生活资料而奔波操劳，个人才在艺术、科学等方面获得发展。”①例如作为休闲审美活动的文学名著欣赏活动就可以调动休闲审美主体的表象、感觉、感受力、注意力、观察力、记忆力、想象力、创造力等，使他们具有丰富的精神内涵、较高的人格、品位和境界，进而推动他们精神世界的发展与成长。正如吕尚彬等所说：“文学名著是作家艺术家创造性思维的结晶，是十分典型的想象性艺术。欣赏的过程实际上是一个调动自己的记忆表象，参与创造的过程。因而，欣赏文艺作品不仅可以领略文艺家们各有千秋的创造风格，同时可以解放感觉，激发感受力，集中注意力，增强观察力和记忆力，丰富想象力，触发创造的契机。”②总之，休闲活动和休闲审美活动推动了休闲者多方面精神才能的全面发展。

---

① 马惠娣：《休闲：人类美丽的精神家园》，中国经济出版社2004年版，第2~3页。

② 吕尚彬、彭光芒、兰霞编著：《休闲美学》，中南大学出版社2001年版，第173页。

(二)推动休闲审美主体人生价值与意义的实现

休闲审美活动能够帮助休闲审美主体发现和肯定自己，更深刻地思考人生，寻找人生的意义，实现人生的价值，进而推动他们精神世界的发展与成长。人类这个精神物种的发自生命本能的要求是，努力使自己的生命本质力量得到对象化，使自己的人生具有价值和意义。弗洛姆在谈人的本质时指出："一切生命的本质，在维护和肯定自己的生存，人也不例外。"①马惠娣进一步就休闲与人的本质的关系问题指出："哲学家研究休闲，从来都把它与人的本质联系在一起。休闲之所以重要，是因为它与实现人的自我价值和'精神的永恒性'密切相关。"②

休闲审美活动在帮助人们维护和肯定自己的生命和生活、找到自己的人生价值和意义的同时，也必然推动他们对人生进行更深层的思考，从而丰富他们的精神世界，实现他们精神世界的发展与成长。更深入地说，休闲审美主体的自我维护与肯定、"自我实现"的过程与自我自由而全面的发展的过程特别是精神世界的发展的过程是同一个过程，休闲审美主体生命价值与意义不断生成的过程也是他们的精神世界不断丰富、发展、完善、成长的过程。张玉能、张弓指出："人在休闲时间和活动中才能成为一个完整的人，一个自由发展的人，一个全面发展的人，才能在自己的事业和现实生活中充分显示自己的才能和价值，成为一个马斯洛所谓的'自我实现者'或者'自我实现的人'。"③而在具体的休闲审美活动中就更是如此，人们能够在自由闲散之中更好地驰骋自己的思想，更深刻地思考自己的人生，"享有了充分发挥自己一切爱好、兴趣、才能、力量的广阔空间，有了为'思想'提供自由驰

---

① 转引自马惠娣：《休闲：人类美丽的精神家园》，中国经济出版社 2004 年版，第 105 页。

② 马惠娣：《休闲：人类美丽的精神家园》，中国经济出版社 2004 年版，第 78 页。

③ 张玉能、张弓：《身体与休闲》，《华中师范大学学报》(人文社会科学版) 2014 年第 5 期。

骋的天地”①。例如在节庆中的赛龙舟、舞狮子、划旱船等狂欢化的休闲审美活动中，休闲审美主体沉迷、沉醉其中，得以充分施展自己的力量、技巧、敏捷、聪慧、才智等潜能，并得以暂时超越现实功利的考虑，转而思考和发现人生的意义和价值，从而实现精神的发展与成长。潘立勇指出：“休闲美学所倡导的是要让休闲生活从无目的的形式渗透到合目的的生命体验中去，使其体现出高尚、积极的审美价值，激扬人类生命活动的更高层次的价值和意义。”②张玉勤进一步指出：“主体通过休闲体验使世界的意义更加澄明，生存的本质更加彰显，存在之光自行去蔽，从而建构起一个能为自己安身立命的意义世界和精神家园。”③总之，休闲审美活动在让人们的本质力量得到实现的同时，也帮助他们实现了自己的人生价值，发现了自己的人生意义，从而丰富了他们的精神生活，促进了他们精神世界的发展与成长。

（三）推动人与人、人与物关系的发展

休闲审美活动通过推动人与人交往的发展，通过推动人与物联系的发展，可以丰富人们内在的精神世界，进而推动他们精神的发展与成长。具体来说，休闲审美活动为人与人之间交往、对话以及相互关系的发展，为人与物、与自然之间的接触提供了机会和条件，使相关休闲主体得以在这一过程中确认自己的价值，丰富自己的精神世界，实现自己“精神上的充实”、发展与成长。美国学者奇克与伯奇（Check and Burch）指出，“休闲之所以在价值与优先权上占有如此重要的地位，取决于休闲是发展与增进人与人之间关系的社会空间。紧密的社会联系不仅仅基于共同任务的维系，也包括共同分享各自的人生经历、感情世界、人们坦诚相待、做出承诺和以此为基础的彼此信任。建立亲密的联

---

① 陆彦明、马惠娣：《马克思休闲思想初探》，《自然辩证法研究》2002年第1期。

② 潘立勇：《当代中国休闲文化的美学研究和理论建构》，《社会科学辑刊》2015年第2期。

③ 张玉勤：《休闲美学》，江苏人民出版社2010年版，第167页。

系不仅仅是家庭的功能，任何场所、工作、学校、教堂或邻里，都可能建立与发展这一重要的关系”①。而在所有这些社会以及私人场合人与人之间关系的发展中，休闲审美活动都扮演着重要角色，发挥着重要功能，从而有效地丰富了人们的精神世界，促进了人们精神的发展与成长。例如休闲者与志趣相投的友人闲聚在一起，在自由闲散的氛围中畅快地交谈、聊天，可以很好地促进他们相互之间沟通、交流的深化与亲密伙伴关系的建立，发展深厚的友谊，建立“人与人之间的一种纯粹的精神关系”②，这有利于他们精神世界的丰富与精神生命的发展与成长。正如陈琰所说：“生活智慧之爱把人们聚集起来，恰恰是在平等的对话和交流中让人们给予和相互给予。在给予和相互给予中，个体的人克服自身的有限性并促进个体精神的丰富和发展。”③再以团体旅游这种休闲审美活动方式为例，它也能使休闲者在自由闲散、轻松愉悦的氛围中，在相互协助、共同参与、共同观览、畅快交谈的场景中，获得机会和条件，从而能够“在一种从容、信任的环境中建立起人与人之间的良好关系”④。当然，休闲审美活动也是增进人与物、与自然关系的重要媒介和方式。例如休闲者徜徉在大自然的怀抱中，在青山秀水中开展休闲审美活动，追求闲情逸致之美，实现与大自然的接触，也有利于塑造休闲者的人格，陶冶休闲者的性情，启迪休闲者的智慧，激荡休闲者的思想，从而丰富休闲者的内在精神世界，推动他们精神的发展与成长。正如陈琰所说：“通过人与自然的接触，可以铸造人的坚韧、豁达、开朗、坦荡、虚怀若谷的品格。人与人的交往会变得真诚、友善、

① 马惠娣：《休闲：人类美丽的精神家园》，中国经济出版社 2004 年版，第 118 页。

② 陈琰编著：《闲暇是金：休闲美学谈》，武汉大学出版社 2006 年版，第 173 页。

③ 陈琰编著：《闲暇是金：休闲美学谈》，武汉大学出版社 2006 年版，第 174 页。

④ 于光远、马惠娣：《关于文化视野中的旅游问题的对话》，《清华大学学报》(哲学社会科学版) 2002 年第 5 期。

和谐、美好。”①可以说，“在闲暇时间里，一个人用他的整个身心去和周遭的世界相交往而不仅仅是静观。交往作为一种交流，它总是一种对话。……在与万物的对话过程中，一个全新的生活世界生成了，一个全新的自我同时就在这个世界中站立起来”②。这个“全新的自我”当然包括精神的自我，包括精神的自我的发展与成长。总之，在休闲审美活动带来的人与人、人与物、自然关系的发展中，一个“全新的自我”得以形成，自我精神的生命得以丰富、重塑、发展和成长。

（四）推动人格的完善与人生境界的提升

休闲审美活动作为一种有意义的理想的生活方式，可以改善人们的情感情绪，激发人们的生活趣味，净化人们的心灵世界，陶冶人们的情操，完善人们的人格，提升人们的精神品格和精神境界，从而实现他们精神的发展与成长。正如有学者指出的，包括休闲审美活动在内的休闲活动“有着相对同一的意向性，即人的自我提升。这是一种以主体自身为对象的内在创造力的激发，是身体的自我塑形与塑性的过程”③，它们“可以通过对心灵的自由调节获得自由的心灵空间，进入理想的人生境界”④。例如饮茶、品茶作为休闲审美活动，能够使休闲者对茶的“形、色、香、味”进行欣赏、品味、回味，这会带给他们“真诚的、高雅的和宁静的灵魂”⑤，从而提升他们的精神境界，实现他们精神的发展与成长。正如陈琰所说：“茶的道说和沉默所开辟的存在，深深地触

---

① 马惠娣：《休闲：人类美丽的精神家园》，中国经济出版社2004年版，第32页。

② 陈琰编著：《闲暇是金：休闲美学谈》，武汉大学出版社2006年版，第5~6页。

③ 杨林：《现象学视域下的休闲美学及其基本问题探析》，《湖北社会科学》2015年第1期。

④ 刘松等：《论“休闲”视阈的旅游本质》，《桂林旅游高等专科学校学报》2008年第1期。

⑤ 陈琰编著：《闲暇是金：休闲美学谈》，武汉大学出版社2006年版，第53页。

动那沉默着的人的灵魂。沉默着的人因领悟了茶的世界而抵达那禅的境界。……禅即是静虑，静虑即是宁静中的思想和思想中的宁静。茶的沉默所派送的每一刻宁静之思，都是我们生命的一次旅程，是自我的不断更新。"①再如，演奏或欣赏音乐作为重要的休闲审美活动方式，往往能带给相关休闲主体深刻的哲理思考和思想启迪，有利于净化他们的灵魂，丰富他们的精神生活，提高他们的精神境界："对音乐的欣赏是永无止境的，特别是那些经典性的音乐作品，蕴藏着丰富的历史、社会、人生的深刻感悟，这些感悟在人的灵魂中凝结成为一种精神的境界，音乐欣赏的最高层次就是灵境的启示。"②这些休闲审美活动以不同的方式推动着休闲审美主体精神的丰富、发展与成长。

总之，休闲审美活动在丰富人们的精神生活，给他们的精神世界带来自由、超越、创造的同时，也必然使他们的精神世界得到发展与成长。它作为"展示自己存在的另一种自由(任意)的形式，这是自己在最好的方式上的再生与更新"③。正如潘立勇指出的："休闲美学在以人为本的终极关怀下真实地关注着人类的生存，展现出高扬生命、个性解放的审美特征。它支撑和守护着人类的精神生活的家园……促进人的自由全面发展。"④并且，休闲审美活动在发挥这些功能的时候，往往不是出于强烈目的的刻意为之，而是在随意闲散的自由玩乐中，在悄无声息、不知不觉中不经意地实现的，具有"无心插柳柳成荫"的意味，从而显现出休闲审美活动的神奇之处。这也是其广受人们欢迎的重要原因。

---

① 陈琰编著：《闲暇是金：休闲美学谈》，武汉大学出版社 2006 年版，第 54 页。

② 陈琰编著：《闲暇是金：休闲美学谈》，武汉大学出版社 2006 年版，第 11 页。

③ 李兆林、夏忠宪等译：《巴赫金全集》第六卷，河北教育出版社 1998 年版，第 8~9 页。

④ 潘立勇：《当代中国休闲文化的美学研究和理论建构》，《社会科学辑刊》2015 年第 2 期。

第三节 休闲美学的存在场域与精神生态

休闲审美活动主要“是一种精神状态，是灵魂存在的条件”①，因此，它对物质、场所、环境等外在条件的依存度较低，而对休闲审美主体内在的精神状态的依存度较高。具体来说，它的开展，在很大程度上依赖于休闲审美主体悠闲自得的精神状态和超越世俗功利的审美心态。正如皮普尔指出的，“休闲是一种精神的态度，它意味着人所保持的平和、宁静的状态”，它使人“感到生命的快乐”。② 只要有了这样的精神状态和审美心态，则无时无地不可以产生闲情、闲趣、闲意，并从中获得精神的审美的享受。正如明代李渔所说：“若能实具一段闲情、一双慧眼，则过目之物尽是画图，入耳之声无非诗料。”③例如“在游览观光、漂流探险、竞技搏击中固然能够找到休闲感觉，但足不出户地听听音乐、读读小说、做做家务同样也充满诗意”④。因此，对于具有休闲审美意识的人来说，即使是在普通的时间和地点，面对相对平淡的场所，都可以用内在的休闲审美意识去提升它们，融化它们，使它们产生无穷的情趣，并生成特定的意义与价值。正如林语堂指出的，不论是贫穷还是富裕，只有超越了金钱和物质的过多考虑，转而爱好“简朴生活”，并且拥有丰富的心灵、“无事”人的“悠闲”的心态或心境、“恬静的心地和乐天旷达的观念”、“能尽情玩赏大自然的胸怀”、“艺术家的性情”，才能享受“悠闲的生活”，才能在“悠闲的生活”中获得无穷的乐趣。⑤孔子的高徒颜回就是个典型的例子，他能在极端贫困和简陋的物质生活

---

① 马惠娣：《休闲：人类美丽的精神家园》，中国经济出版社 2004 年版，第 147 页。

② 马惠娣：《人类文化思想史中的休闲——历史 · 文化 · 哲学的视角》，《自然辩证法研究》2003 年第 1 期。

③ 李渔：《李渔随笔全集》，巴蜀书社 1997 年版，第 134 页。

④ 张玉勤：《休闲美学》，江苏人民出版社 2010 年版，第 96~97 页。

⑤ 林语堂：《生活的艺术》，中国戏剧出版社 1991 年版，第 146~148 页。

条件下，享受无忧无虑、悠闲自得的休闲审美生活，获得无穷的乐趣。这一切充分说明了休闲审美活动主要是一种精神状态，和外在的条件关系不大。

但是，要开展休闲审美活动，追求闲情逸致之美，毕竟也需要一定的外在条件为其提供支撑。例如需要一定的“自由时间”、物质、场所、环境等条件，它们是休闲审美活动得以孕育和生发的重要刺激因素。它们往往集中在特定的场域，也就是说，只有在这些特定的场域中，休闲审美活动才更容易孕育、生发和产生，对闲情逸致的追求、体验和享受才更容易被酝酿、诱导和激发出来。反过来说，在一个苍蝇飞舞、恶臭遍地的场域，对任何人来说，几乎都无法展开休闲审美活动，更难享受闲情逸致之美。更明确地说，休闲审美活动的展开，需要在特定的场域进行，需要在特定的人类活动领域进行，这就是休闲审美活动的存在场域。这种存在场域是分层次的，有高级与低级、高雅与低俗之分。在赌博场所、麻将扑克场所、斗鸡斗狗斗兽场所、青楼风月场所等，除非有超常的意志和定力、非凡的精神境界，否则很容易滑入低级与庸俗；而在青山秀水、音乐晚会、阅览室、创作室、下棋室、说书弹唱场所、运动场所等环境中，即使是一些精神境界不高的人，也会在不知不觉中萌生休闲的心境，产生别样的情趣，被引入较高的境界，拥有良好的精神状态。由此看来，休闲审美活动的存在场域也非常重要。

目前国内休闲学界对休闲审美活动存在场域的研究处于起步阶段，标准不够明确，划分比较随意、琐碎、混乱。例如，在陈琰编著的《闲暇是金：休闲美学谈》中，就把休闲审美活动的存在场域分为闲坐、运动、饮食、逛街等日常生活的场域，品茶、饮酒、养花、读书等具有高雅情致的场域，音乐、电影、摄影、书法等审美艺术的场域以及自然、郊野、山水、园林等亲近自然的场域。这样的划分有一定的道理，但太过琐碎，并且没有高级与低级的区别。在吕尚彬等编著的《休闲美学》中，对休闲审美活动存在场域的划分似乎更为凌乱，没有固定的标准，该书初步对它们进行归类，可以分为琴棋书画、诗词文艺、游玩山水、寄情山水以及收藏集邮等场域，在整体上属于较高层次的休闲审美场域。而张玉勤的《休闲美学》则把休闲审美活动的存在场域集中在旅游、麻将、广场、节庆等领域，在整体上属于较低层次的场域。有鉴于此，有必要从特定的标准出发，对休闲审美活动的存在场域进行进一步的概括、提炼和提升。本书根据研究对象，试图从更高的精神境界出发，从有利于休闲审美主体精神生态的和谐、稳定、平衡出发，从有利于休闲审美主体精神生态的调整、优化、成长出发，对休闲审美活动的存在场域进行新的概括、提炼、提升。笔者认为休闲审美活动以日常生活为主要存在场域，以文学艺术为主要表述场域，以故乡家园为主要诉求场域，以自然之道为主要境界场域，以“生命的留白”为主要价值场域，从而实现了其广泛的覆盖性和较强的概括性。

一、日常之美：休闲审美的存在场域

究竟什么样的场域才容易让人展开休闲审美活动，让人产生和享受闲情逸致之美？这样的场域有很多，每个人的切身体验也都不一样，而日常生活则是其主要的存在场域。日常生活作为人们生命存在的重要场所或平台，虽然有时显得平庸、单调、琐碎、芜杂、乏味、无聊，但却非常重要，它构成了人生不可或缺的组成部分，并在其中发挥着重要的作用，具有独特的意义和价值。而休闲审美活动就更多、更广泛、更普遍地存在于这一场域。

美国休闲学家杰弗瑞·戈比指出：“休闲是从文化环境和物质环境的外在压力中解脱出来的一种相对自由的生活，它使个体能够以自己所喜爱的、本能地感到有价值的方式，在内心之爱的驱动下行动，并为信仰提供一个基础。”①从这个定义就可以看出，休闲是一种“相对自由的

① 杰弗瑞·戈比著，康筝译：《你生命中的休闲》，云南人民出版社 2000 年版，第 14 页。

生活”，这种生活往往并不存在于工作、事业、义务、责任等对个体具有较大压力的领域，而是存在于这些场域之外的场域，具有广泛涵盖性的重要场域——日常生活场域——构成其主要组成部分。正如张玉勤指出的：“休闲并不居于真空，而现实地存在于人们的生活。……我们是在生活中休闲，也是在休闲中生活。”①赖勤芳也指出：“休闲活动是日常生活中的特定部分，它蕴含在日常生活之中，既超越一般的日常生活活动，又反哺于日常生活活动本身。”②进一步说，人们休闲感的获得，对休闲的价值和意义的体认，往往来自日常生活。

休闲活动是这样，作为休闲活动高级存在形式的休闲审美活动也是这样，它主要存在于日常生活场域。这一事实从根本上改变了过去的审美传统，打破了传统的审美活动远离人们的日常生活、现实人生而蜷缩于高雅的象牙塔（如文学艺术中）的局限性，推动了审美活动走进日常生活、现实人生，体现了历史发展的必然性。正如潘立勇所说：“休闲对于平民已不再是一种遥不可及的奢侈，审美通过休闲进入生活已是生活的普遍现实与必要需求；而到了21世纪，‘全民有闲’使休闲在公民的个人生活中占据了越来越突出的地位，如何将审美的态度和境界转化为人们日常生活的休闲方式，已是刻不容缓的世纪课题。”③休闲审美活动在走进人们的日常生活场域的同时，也丰富和提升着这一场域，使其充满了精神的、审美的、诗意的、新奇的、快乐的色彩，从而有利于帮助人们实现“人生的艺术化和情趣化”④。赖勤芳指出：“休闲的生活方式，特别是审美性的休闲生活方式，可以极大地提高日常生活的快乐指数，因为审美是人的专利，是人的高级需求，是人获得身心解放的最佳

---

① 张玉勤：《休闲美学》，江苏人民出版社2010年版，第119页。

② 赖勤芳：《休闲美学：审美视域中的休闲研究》，北京大学出版社2016年版，第234页。

③ 潘立勇：《休闲与审美：自在生命的自由体验》，《浙江大学学报》（人文社会科学版）2005年第6期。

④ 陈琰编著：《闲暇是金：休闲美学谈》，武汉大学出版社2006年版，第27页。

途径之一。"①"休闲美学的旨趣就在于还原日常生活世界的诗性，通过祛除日常生活世界的平庸而体验它的神奇。"②更进一步来说，休闲审美活动甚至会使人们的日常生活达到理想状态，成为人们理想的精神乐园。正如陈琰所说："作为一种审美的生存方式，休闲是我们美丽的精神家园，这是因为在对生活的雕琢和自由的创造中，我们惊奇地发现，当我们扔掉种种心灵的枷锁，就在平淡无奇的日常生活里面，还有一个宁静、和谐、从容、欢乐的世界足以安顿我们疲惫、浮躁和盲目的心灵。"③休闲审美活动和日常生活场域的紧密联系，有着深层的生理基础。在休闲审美活动中，休闲审美主体的身体感官机制会对视、听、触、味、嗅等多种感官功能进行全面调动，使它们可以方便地与人们的日常生活建立联系，方便地进入人们的日常生活中去。正如朱璟指出的："休闲美学强调以人之所在的具体环境和现实生活为休闲审美之对象。'休闲较之审美，更是切入了人的直接生存领域，使审美境界普遍地指向现实生活。'"④"休闲审美必然是一个具体环境下的综合体验，是现实生活中多重感官经验的复合体。"⑤

总之，休闲审美活动只有和人们的日常生活场域相结合，才能获得不竭的生命源泉，才能焕发无穷的生机和活力，才能产生无限的魅力，才能对人们精神生态的和谐、稳定与平衡发挥积极作用。正如吕尚彬指出的："只有把休闲美的创造和美的休闲放在社会人生的大背景上，把它与人们的日常生活相结合，与创造健康美好文明的日常生活相结合……才能让人们体察休闲美的内在意蕴，才能使人们把握休闲美学的

---

① 赖勤芳：《休闲美学的内在理路及其论域》，《甘肃社会科学》2011 年第 4 期。

② 赖勤芳：《休闲美学：审美视域中的休闲研究》，北京大学出版社 2016 年版，第 234~235 页。

③ 陈琰编著：《闲暇是金：休闲美学谈》，武汉大学出版社 2006 年版，第 6 页。

④ 朱璟：《休闲美学的身体感官机制》，《社会科学辑刊》2015 年第 2 期。

⑤ 朱璟：《休闲美学的身体感官机制》，《社会科学辑刊》2015 年第 2 期。

独特魅力，才能展现审美化休闲的绚丽多姿，才能为社会各阶层人士创造充满雅趣情韵的业余生活情致提供启示。"①

就中国文化传统来说，包括中国传统美学在内的中国传统哲学是一种世俗的生活哲学，往往和日常生活存在着紧密的联系。而在这种哲学观念影响下的休闲活动也往往和日常生活场域紧密地联系在一起，并且其特点更加鲜明。正如刘毅青指出的，"中国传统哲学最关心的是如何生活""中国的所谓'休闲'理论与实践所涉及的，显然不只是某种特殊阶级的人士所论述的休闲，亦即文人所谓的文'艺'，诸如书法、绘画、诗词、歌赋等，而是涉及民间百姓所从事的许多不同的活动……此外还包括每个人都能体会的日常生活的情趣"②，它"贯穿于人们日常生活的一切实践之中"③。林语堂也指出，"不应该远离人生奢谈理想、价值等形而上的东西，而应更加关往与我们朝夕相处的生活"④，应该在存在于日常生活中的休闲活动和休闲审美活动中发现美，获得精神的审美的享受，例如"生命的享受、生活的享受、旅行的享受、大自然的享受，安卧眠床、坐在椅中、谈话、品茶、交友、行酒令、游览，等等"⑤。再如下棋作为一种重要的休闲审美活动，它能够让下棋者摆脱现实利害的羁绊，转而怀着"无事人"的悠闲的审美的心境来开展这项活动，并获得别样的闲趣与滋味，使他们的心灵得到净化，性情得到陶冶，温馨的精神家园得到营构。正如有学者指出的："它当然可以联络感情，交流信息，锻炼思维，磨炼意志，增强体质，陶冶性情，更重要的是放松心情，解放自我。老友重逢，知己相见，坐定入静，棋逢对手，衔子行战，宠辱皆忘，心情坦荡，怡然自乐，妙趣无穷。……情有所寄，心有

---

① 吕尚彬、彭光芒、兰霞编著：《休闲美学》，中南大学出版社 2001 年版，第 10 页。

② 刘毅青：《作为功夫论的中国休闲美学》，《哲学动态》2013 年第 8 期。

③ 刘毅青：《作为功夫论的中国休闲美学》，《哲学动态》2013 年第 8 期。

④ 张玉勤：《休闲美学》，江苏人民出版社 2010 年版，第 31 页。

⑤ 张玉勤：《休闲美学》，江苏人民出版社 2010 年版，第 33 页。

所依，赢也是趣，输也是趣。主人本无竞，胜负两俱惬。”①这有利于改善下棋者的精神状态，使他们的精神生态趋于和谐、稳定与平衡。

当然，休闲审美活动主要存在于日常生活场域，并不意味着它就沉溺、黏着、沉沦于这一场域，它还要从其中超越、升华出来，朝着精神的、文化的、审美的高层境界提升，这样它才会获得自己的价值和意义。正如马惠娣在概括阿格妮丝·赫勒(A. Heller)的观点时指出的："作为人的活动的重要时空——日常生活的价值内涵必须有所改善。……只有提升人类的文化精神，充分发挥人的各方面的潜能，人才能幸福。"②例如，吃饭是每个人日常生活中必不可少的活动，有人吃得漫不经心，有人吃得随随便便，有人吃得急急匆匆，有人吃得狼吞虎咽……甚至让他们来不及感受、品尝、体验、回味它的颜色、气息、滋味，这都使吃饭显得普通、平凡、琐碎、无聊，难以让人产生美好、诗意与浪漫；但是如果怀着超越功利的、悠闲的、审美的心境去吃饭，它也可以变成一种休闲审美活动，人们可以在其中吃出欢乐、情趣与滋味，吃出闲情、雅致、诗意、美好与浪漫，吃出某种深沉的情感、精神的享受，这就实现了对平凡的日常生活的超越与升华。再如，在日常生活中，人们有时也可以远离生活中的各种纷扰，一个人什么事也不做地闲坐着，随性品茶，肆意观赏，放松身心，享受前所未有的宁静与平和，自由地畅想、思索着生活与人生。正如陈琰所说："闲坐有了一种无言的快乐。独坐也可以随意地伸手动脚，因此它是一种彻底的身心自由。试想工作和劳动之余，独自一人坐在凳子或者沙发上，跷跷腿，抽一支烟，喝一杯清茶，翻翻闲书，看看报纸，这是何等的惬意。"③"喝

---

① 吕尚彬、彭光芒、兰霞编著：《休闲美学》，中南大学出版社 2001 年版，第 198 页。

② 于光远、马惠娣：《于光远马惠娣十年对话》，重庆大学出版社 2008 年版，第 229 页。

③ 陈琰编著：《闲暇是金：休闲美学谈》，武汉大学出版社 2006 年版，第 130 页。

茶则让闲坐颇有几分‘在人生边上’的况味，因而比之于那些行色匆匆的人们，闲坐又多了一份宁静。宁静不等于看破红尘，置社会与人生于淡漠，倒是让我们容易更平静地观审世界和人生。”①在这一过程中，也就实现了对日常生活的超越。当然，人们也可以和朋友、家人一起闲坐着，喝茶、聊天、吃零食，这作为日常生活中司空见惯的场景，作为休闲审美的重要方式，也可以带给人们轻松、愉快、自由、舒适、惬意、超然与散淡，别有一番人生的情趣、乐趣与滋味。在这样的活动中，人们往往能够在不知不觉中轻易地实现对日常生活的精神超越与升华。而就文艺作品中描写的日常生活场景中的细枝末节来说，比如《红楼梦》中的看戏、饮酒、赋诗、吃饭、赏花等，它们作为休闲审美活动，经过审美化、艺术化的处理与描写，更容易超越和升华出来，带给人们精神的审美的享受和深刻的思想启迪。

可以说，休闲审美活动存在于人们日常生活的方方面面：无论是闲逛于街市，购物于商场，还是淘货于地摊，流连于书店，或者是毫无目的地游荡于老街、村落、胡同、古巷，看人们下棋、打牌、品茶、聊天，欣赏市民百态，观察民风民俗……只要能够怀着非功利的、悠闲的、审美的心境去看待日常生活中的这一切，休闲者就能从中感受到生活的宁静、闲适、自由、从容、洒脱、温馨，体味到生活的乐趣与滋味，获得难以言表的精神享受，进而实现精神的超越与升华。

总之，日常生活是休闲审美活动的主要存在场域，人们往往能够在其中感受到快乐、情趣与滋味，并朝着精神的、文化的、审美的、理想的境界升华。

二、文学艺术：休闲审美的表述场域

文学艺术场域是休闲审美活动的表述场域，休闲审美活动往往在其

① 陈琰编著：《闲暇是金：休闲美学谈》，武汉大学出版社 2006 年版，第 129~130 页。

中得到经典的、理想的表达，从而使休闲审美活动和文学艺术场域产生密切的联系。正如赖勤芳指出的："如果说休闲是一种以自由为旨趣的艺术生活，那么它在很大程度上被哲学家、文人、艺术家等拥有。"①"哲人、文学家、画家其实就是追求休闲的'生活专家'，或者说'休闲人'就是'艺术人'。"②一方面，正是因为作家艺术家那种非功利的审美的精神气质、那种超越性的艺术人格、那种自由洒脱的人生态度、那种深邃的人生思考和非凡的精神境界，才使得他们的生活天然地成为一种审美化、艺术化的生活，一种休闲审美的生活，一种充满闲情逸致之美的生活，一种能带给人们精神愉悦和自由的生活；另一方面，休闲活动以及休闲审美活动滋养了人们的心灵和性情，开启了人们的思考和智慧，丰富了人们的精神生活，提升了人们的精神境界，开拓了人们的精神空间，带给人们精神的自由，当然也孕育了各种各样的美的体验和美的形态，酝酿了浪漫的诗意，生成了优美的文艺。

具体来说，在休闲活动及其高级形态休闲审美活动中，人们往往会在自由散淡中畅想过去、现在与未来，畅想自己的追求和理想，在信马由缰中展开发散性思维，实现感知、意象、思绪、知识等在大脑中的自由连接和碰撞，实现情感的翻腾激荡与想象的自由飞扬；灵感也可能在此时趋于活跃，激荡而出，突然而至。这些由休闲审美活动带来的内在精神世界的变化，往往构成文学艺术发生的基础和发展的动力。正如休闲学家皮珀指出的："文化的真实存在依赖于休闲。"③林语堂也指出："文化本身的进步，实是有赖于空闲的合理使用。""文化本来就是空闲的产物。所以文化的艺术就是悠闲的艺术。"④显然，文学艺术作为文化

① 赖勤芳：《休闲美学：审美视域中的休闲研究》，北京大学出版社 2016 年版，第 68 页。

② 赖勤芳：《休闲美学：审美视域中的休闲研究》，北京大学出版社 2016 年版，第 69 页。

③ 托马斯·古德尔、杰弗瑞·戈比著，成素梅等译：《人类思想史中的休闲》，云南人民出版社 2000 年版，第 69 页。

④ 林语堂：《生活的艺术》，中国戏剧出版社 1991 年版，第 144 页。

的重要载体与形式，自然是在休闲审美活动中孕育而生的。具体来说，正是在休闲审美活动中，才产生了自由、诗意与浪漫，才产生了悠闲的审美的心境，才产生了审美体验和美感，才产生了文学艺术。正如张玉勤所说："像魏晋人的'濠上之乐'、许棠的'闲赏步易远，野吟声自高'、陶渊明的'北窗下卧'、郑板桥的'置榻竹林'等，分明就是一首首绝美的诗，典型地折射出休闲活动与审美情趣、审美体验的统一。"①进一步说，休闲审美活动还推动了人们"艺术心灵"的产生。例如"坐忘"这种休闲或者休闲审美的精神状态，就有利于人们摆脱外物的奴役和束缚，在精神上获得自由，产生"艺术心灵"："坐忘不仅不是心灵的沉寂和空无，反而恰恰是一种超越了日常之我的那种心旷神怡、虚静恬淡而又生动愉悦的心灵状态，是在'忘'的境地中艺术心灵的诞生。"②而"艺术心灵的诞生"，则有利于文艺创作的展开和文艺作品的产生。正如吕尚彬所说："人类每当闲暇时，便想到做游戏；每当有一种新的发现和新的体验时，便创造艺术。以审美的态度休闲，是在闲暇时间回归游戏状态，并且进入艺术创造的境界。"③赖勤芳进一步指出："无论从何种维度而言，人类的艺术都不可能离开休闲。休闲是促进审美意识、艺术及其形式不断发展的必要条件，而审美意识、艺术及其形式的发展又表征着人类的休闲状况。没有休闲就没有艺术，这不是危言耸听。"④诗歌、散文、小说、戏剧等重要文学体裁的创作，在很多情况下都是在休闲或休闲审美中完成的。

就诗歌创作来说，正是在诗人们悠闲自得的审美心境和自由无羁的精神状态中，正是在他们随性散淡的诗意情怀和审美情趣中，他们的思

---

① 张玉勤：《休闲美学》，江苏人民出版社2010年版，第7页。

② 陈琰编著：《闲暇是金：休闲美学谈》，武汉大学出版社2006年版，第133页。

③ 吕尚彬、彭光芒、兰霞编著：《休闲美学》，中南大学出版社2001年版，第30页。

④ 赖勤芳：《休闲美学：审美视域中的休闲研究》，北京大学出版社2016年版，第50页。

绪才开始自由激荡，他们的情感才在不知不觉中发酵和积聚，他们的想象才开始自由飞扬，他们的灵感和艺术创造力才得以迸发，他们的诗思才得以酝酿，他们才得以创作出优美的诗篇，当然也包括以休闲活动为题材的诗篇。像王维的具有绝佳意境的诗歌——“人闲桂花落，夜静春山空。月出惊山鸟，时鸣春涧中”——就只能在这样的情景中被创作出来。具体来说，首先，休闲构成了诗人诗歌创作的重要条件和动力。正如吕尚彬所说，“游览、喝茶、静坐、读书、弹琴、下棋、闲眠、看花、听歌……凡是中国古代的休闲方式，似乎都有助于诗歌创造力的发挥”①，“建安时代的游宴诗，陶渊明的田园诗，梁陈时的宫体诗，唐代的山水诗，宋词中的婉约词，元代咏唱散诞逍遥的散曲……绝大部分是休闲时的艺术创造，其中许多作品具有永恒的艺术魅力。少了这些闲适诗，中国的诗史将不成其为诗史，中国文学会黯然失色”②。其次，休闲审美活动自身也往往成为诗歌描写和歌咏的重要题材和对象。正如吕尚彬指出的：“翻开中国诗歌史，很容易就发现一大半的诗是闲适诗。游览、写饮酒、写听歌赏曲、写看花玩鸟、写偎红依翠等消闲作乐的诗多得难以计数。可以这样说：休闲产生诗，休闲不能没有诗；诗能更闲适。诗与闲适同在。”③再次，诗歌创作这项活动在某种程度上是中国古人开展休闲审美活动、实现消闲遣兴的重要方式之一。中国古人的休闲审美活动丰富多彩，其中为文人所喜爱的高雅的、充满闲趣的方式之一就是创作、吟咏诗词，“中国号称是诗的国度，诗词是古人的重要休闲形式”④。时至今日，创作和吟咏诗词仍然是部分中国人喜爱的休闲审

---

① 吕尚彬、彭光芒、兰霞编著：《休闲美学》，中南大学出版社 2001 年版，第 34 页。

② 吕尚彬、彭光芒、兰霞编著：《休闲美学》，中南大学出版社 2001 年版，第 93 页。

③ 吕尚彬、彭光芒、兰霞编著：《休闲美学》，中南大学出版社 2001 年版，第 92 页。

④ 吕尚彬、彭光芒、兰霞编著：《休闲美学》，中南大学出版社 2001 年版，第 93 页。

美方式之一。

而就散文创作来说，正是在散文家们的休闲审美活动中，在他们的悠闲散淡、自由从容的生活方式中，在他们的侃侃而谈、谈笑风生中，在他们的趣味盎然的饮酒品茶中，在他们的随性遛弯、散步中，自由、散淡、闲适的心境油然而生，于是优美的散文在他们自由挥洒的笔下水到渠成。正如林语堂所说，“只有在有闲的社会中，谈话艺术方能产生”，“也只有从谈话艺术中，优美通俗的文章方能产生”，“真正优美散文是必须在谈天一道已经发展到成为一项艺术的地步方能产生”①。有人把到大街上遛弯散步作为创作散文的条件，郁达夫就是这样，他“略有空闲，便到大街上去溜达，由此才有清新、隽永的散文《屐痕处处》的问世”②。再如喝茶作为一种重要的休闲生活方式，能给散文家带来清新、散淡、闲适的心境，有利于他们创作出好的散文：“休闲品茶，贵在心境。品茶需要好心境，当然品茶也能创造好的心境。一位英国作家曾说文艺女神都带有酒的味道，茶只能产生散文。最清心闲适而又余味深长的，可能莫过于这散文茶了。”③

再就戏剧、小说创作来说，它们也往往和休闲审美生活存在着千丝万缕的联系。对于大多数小说家、戏剧家来说，只有具备了一定的物质条件以后，才能让他们成为在大多数人看来的“闲人”，才能让他们产生闲思逸趣，去创作小说、戏剧作品；而读者阅读小说、观众观看戏剧也是他们在劳动之余、茶余饭后的重要消遣娱乐方式。同时，正是由于小说家们、戏剧家们对日常生活中的休闲审美活动以及闲情逸致的体认，才使得具有休闲审美倾向的小说、戏剧作品被创作出来。以明代小说、戏剧创作为例，明代中后期繁荣的城市经济环境、相对宽松的休闲

---

① 林语堂：《生活的艺术》，中国戏剧出版社 1991 年版，第 201~203 页。

② 陈玬编著：《闲暇是金：休闲美学谈》，武汉大学出版社 2006 年版，第 158 页。

③ 陈玬编著：《闲暇是金：休闲美学谈》，武汉大学出版社 2006 年版，第 52 页。

娱乐环境以及特殊的科举环境①，推动了明代世人日常生活的休闲化，而明代的小说家、戏剧家倾向于接近老百姓的日常世俗生活和井市休闲生活，又使这种休闲化的生活进一步向审美境界升华。正是在这种对休闲审美生活的普遍追求和体认的社会风气中，小说、戏剧特别是那些具有休闲审美倾向的小说、戏剧才发展繁荣起来，并成为明代文学发展成就的主要标志。正如李玉芝指出的："明代文人对生活的艺术化追求，是明代美学的重要表征，也将中国古代的休闲美学推向高峰。小说戏曲以及小品文作为当时最具有代表性的休闲文学，集中展示了明代文人士大夫的休闲旨趣，它们共同构成明代文学发展的休闲化转向。"②"作为城市公共休闲文化空间的各种酒楼茶馆的发达促进了小说和戏曲的流行，此类文学的作者和接受者多是在城市中生活的市井小民，表现市井生活的休闲娱乐性对文人来说意义重大，在这样的背景下，全面展现市民社会风俗人情的'三言二拍'，以及世情小说《金瓶梅》的诞生也就顺理成章。"③单就小说创作来说，在茶余饭后，人们闲得无聊，为了消愁解闷，相互之间往往会聊一些不知从何而来、道听途说或者压根就是编造出来的"小道"消息、传说、故事等，它们构成了小说创作的条件或者题材来源。实际上，创作小说本身也可以成为消愁解闷的重要方式。正如赖勤芳所说："闲暇时间是小说这种审美艺术得以兴起的直接原因。"④

音乐同样和休闲审美生活紧密相关。在大多数情况下，无论是创作音乐还是欣赏音乐，都需要相关主体怀着高雅的、悠闲的、安然的、宁静的心境去体验和参与，并且这一过程也可以反过来催生和孕育高雅的、悠闲的、安然的、宁静的心境。就音乐所能发挥的休闲效用来看，

① 李玉芝：《论明代文学休闲化转向》，《北方论丛》2015年第4期。
② 李玉芝：《论明代文学休闲化转向》，《北方论丛》2015年第4期。
③ 李玉芝：《论明代文学休闲化转向》，《北方论丛》2015年第4期。
④ 赖勤芳：《休闲美学：审美视域中的休闲研究》，北京大学出版社2016年版，第52页。

就低层次来说，它可以有效地消除人们的疲劳和烦恼，带给他们愉悦、欢快的心情；就高层次来说，它在带给人们自由而愉悦的审美体验和审美享受的同时，也可以使他们从充满世俗功利的日常生活中超越出来，进入一种新的精神状态，使自己的情感、愿望和理想在其中得到宣泄和抒发，使自己的性情在其中得到陶冶，使自己的心灵在其中得到净化，使自己的高雅的情趣在其中得到培养，使自己的精神境界在其中得到提升，使自己的从容、优雅的精神生活方式在其中得以形成。弹琴弦就是音乐创作的重要形式，“在中国古代，士大夫手中的琴……实际上是文人士大夫闲适生活的点缀物和高情逸志的象征品。文人们弹琴，不为谄上，不为媚俗，在很大程度上摆脱了功利的束缚而进入了审美的境界。琴曲、琴音、琴韵、琴意、琴趣等多与文人士大夫的思想情感、品德节操、审美趣味相联系，使琴成为人的生活理想和艺术追求的象征”①。在弹琴的过程中，弹奏者的精神世界在不知不觉中变得平和淡远，他们的精神生态也逐步走向和谐、稳定、平衡。

绘画和书法同样和休闲审美生活紧密相关，特别是把它们作为一种业余的休闲审美活动时，就更是如此。就绘画来说，画者往往需要在一种悠闲的审美的心境中进行创作，这样他们在画纸上挥洒的时候才会显得更加自由、随性、洒脱，从而能够更充分地把自己特有的情思、意趣和精神展露出来，从而使画作的内涵显得更加丰富，也可能使内容自身就流露出无限的闲情与闲趣。相应地，怀着“无事人”的悠闲的审美的心境欣赏绘画，在带给欣赏者无穷的审美享受的同时，也会使他们的心灵得到净化、精神状态得到调节、精神生态得到维护：“观赏作品，借助于想象力，欣赏主体自然而然地置身于画境之中。看山水画，你就已经在青山绿水中徜徉；观花鸟画，你就会听到鲜花丛中百鸟争鸣；赏虫鱼画，你也会领略到水中畅游的意趣。不仅如此，欣赏绘画还可以净化

① 吕尚彬、彭光芒、兰霞编著：《休闲美学》，中南大学出版社 2001 年版，第 37~38 页。

心灵。沉浸在作品境界里，境与心会，你的心情或淡泊如菊，或清逸似梅，或恬静如兰，或温柔似水，在沉浸中使心灵得以净化。”①在欣赏的过程中，画作已经成为欣赏者安放心灵的精神家园，他们通过游心、徜徉和流连于绘画所营构的情景和境界，让自己的精神世界在沉浸其中的同时也达到平静、和谐、稳定的状态。再就书法来说，书法家在创作的时候，往往会超越各种利害得失的考虑，在悠闲的审美的心境中或者特定的情感情绪状态中，进入一种自由不羁的精神境界，充分展露自己的情趣、性情、个性与才华，最终创作出优秀的书法艺术作品：“没有达观从容的士人心态，王羲之写不出秀雅平和、号称天下第一行书的《兰亭序》……怀素……常常是乘着酒中的兴致挥扫出惊天动地的狂草作品。”②

总之，文学艺术场域中的诸多休闲审美活动往往都超越了世俗功利的羁绊，让参与者在“无事人”般的悠闲的心境中达到入迷、沉醉的精神状态——一种“忘我”“忘世”甚至“忘时”的状态，一种无欲无求、挥洒自如、恬淡闲适、意趣横生、其乐无穷的状况，最终指向一种自由的、超越的、审美的、“自在澄明”的精神境界。这对参与者性情的陶冶、精神状态的“内养”、精神世界的充实、精神生态的平衡发挥着重要的作用。可以说，文学艺术场域构成了休闲审美活动的主要表述场域，休闲审美的状态往往是文艺家本然的存在状态，同时也带给沉浸于文艺中的人们悠闲的审美的心境，有助于他们酝酿浪漫的诗意和情思。

三、故乡家园：休闲审美的诉求场域

休闲审美活动的另一个绕不开的重要场域就是故乡家园，休闲审美主体的精神的、心灵的、情感的诉求往往在其中得到满足。故乡家园是

---

① 吕尚彬、彭光芒、兰霞编著：《休闲美学》，中南大学出版社 2001 年版，第 160 页。

② 陈琰编著：《闲暇是金：休闲美学谈》，武汉大学出版社 2006 年版，第 32 页。

个体生命的摇篮和始发地，它构成了他们早期生活的基本寓所即“个人的直接环境”。正是在这样的环境里，个体生命得到滋养、孕育、丰富、成形、成长，性情得到陶冶，气质得到涵养，爱好得到发展，情趣得到培养，性格最终定型。可以说，这里滋养孕育了人们的肉体与灵魂，既是他们的生命“本质力量对象化”得到充分展开的地方，也是他们“对象化”了的生命。正因为如此，这里往往给人们留下了让人印象深刻的生活往事、让人魂牵梦绕的生命情感。人们对故乡家园的怀念、眷恋、沉迷与向往，可能有诸如生物本能的、亲情的、经济的、文化的等多种原因，其中重要的原因在于，故乡家园意味着一个工作之外的地方，意味着一个充满浪漫、诗意、美好的地方，意味着一个能带给人快乐、放松、自由、随性的地方，意味着一个温馨的心灵港湾——那里有其乐融融的温暖的家，有关心、呵护、牵挂自己的爷爷、奶奶、外祖父、外祖母、母亲、父亲等亲人，有让自己的天性得到自由挥洒的美好童年，有曾经和自己尽情玩耍、游戏的童年玩伴和无限的童趣。故乡家园是一个充满绵绵无尽的情思的地方，是一个先天具有诗情画意、让人流连无尽的地方，当然也是一个能带给人休闲审美的生活和让人自然地产生闲情逸致的地方。对此，著名作家韩少功在《我心归去》中有生动的描绘：“‘故乡’是什么？‘故乡’意味着故乡的小路，故乡的月夜，月夜下草坡泛起的银色光泽，意味着田野上的金麦穗和蓝天下的赶车谣，意味着一只日落未归的小羊，一只歇息在路边的犁头，意味着二胡演奏出的略带悲怆哀婉的《良宵》《二泉映月》，意味着童年和亲情，意味着母亲与妻子、女儿熟睡的模样，甚至也还意味着浮粪四溢的墟场。”①这些场景不正是充满着浪漫的诗意的休闲审美的场景吗？当人们见到故乡这熟悉的一切时，就像见到了久未谋面的亲人好友，自然会产生亲切感，也自然会孕育出闲情逸致，探亲访友、饮酒品茗、聊天下棋等活动也会自然而然地展开。总之，在这样的场景中，休闲审美活动得以自由而充分地展

---

① 李昂之编：《韩少功小说精选》，太白文艺出版社1996年版，第594页。

开，人们得以自由无拘地追求、欣赏、享受闲情逸致之美。故乡、家园中蕴含的休闲美学的内涵和意义是不言而喻的。

故乡之所以称为故乡，也往往意味着你曾经或者已经离开这个生你养你的地方，这个充满了诗意、浪漫、美好与温馨的地方，这个带给你闲情逸致的地方；但是，你又对这个地方无限眷恋、魂牵梦绕、朝思暮想。特别是对那些长年生活在现代化的城市以及城市里的高楼大厦里的人们来说，或者是对那些远离故土的、失去了“根”的人们来说，或者是对那些在异地生活得局促不安、失魂落魄、无以安放灵魂的人们来说，故乡往往成了他们永远的心灵港湾、温馨的精神家园、温暖的母亲的怀抱。于是，“回归故乡”就成了几千年来中国游子持续不断的人生追求和心灵冲动。故乡往往给遭受风吹雨打的人们提供了躲避风雨的小窝，那里有夫妻之间的爱情，有父子、母子、兄弟姐妹之间的亲情、温情，它们给人们带来了无尽的安慰、自由、温馨、安乐、享受，以及悠然的人伦乐趣。中国古代的诗人常常从这里获得闲情逸致和人生的幸福，并用生动优美的诗篇把它们描绘出来。海德格尔指出：“故乡最本己和最美好的东西就在于：唯一地成为这种与本源的切近——此外无它。所以，这个故乡也就天生有着对于本源的忠诚。因此之故，那不得不离开故乡的人只是难以离弃这个切近原位。但既然故乡的本己要素就在于成为切近于极乐的原位，那么，返乡又是什么呢？返乡就是返回到本源近旁。”①塞缪尔·约翰逊也指出：“居家的幸福，是一切雄心壮志的最终归宿。人们所有的进取精神和辛勤劳动，都是为了达到这一目标。”②

故乡在精神层面上的延伸是“精神的故乡”，那是人们的精神家园，是人们心灵的始发地、栖息地和归宿地，是人们在精神上安身立命的地

① 海德格尔著，孙周兴译：《荷尔德林诗的阐释》，商务印书馆2000年版，第24页。

② 亚历山德拉·斯托达德著，曾淼译：《雅致生活》，中国广播电视出版社2006年版，第9页。

方，“当人彷徨于人生的路口而不知所措时，当人生的意义被判为虚无时，人就面临失去家园的危险”①，“对于精神家园的梦中回归，已经成为现代人价值追求的新的起点”②。“寻找家园，是人类的一种最执著的努力。这里的‘家园’，不仅是物理意义上的赖以栖身的所在，更是心理意义上的一种精神空间，是一块自由表现生命的空间。从这样的角度看，我们甚至可以这样认为，人类几千年的文明史，就是百折不挠地寻找家园的艰难历程。”③而休闲美学也往往是“怀着一种乡愁的冲动到处去寻找家园”④。那么，这样的精神故乡和家园究竟是什么？不同的人有不同的理解。其中一种代表性的观点认为，它是一个自由的、快乐的、充满闲情逸致的精神空间，是一种悠闲的、审美的、充满闲趣的心态或心境，这构成了很多人的生命理想。陈琰指出：“真正的家园是人的所来之处、所在之处和所要去之处。家园不在浪漫的远方，也不在彼岸的天堂，它就是我们生活于其中的这个世界。由此，家园的意义就是生活世界的敞开，而它所敞开的就是生活的快乐。”⑤而生活中的休闲审美活动以及它带给人们的闲意、情趣和欢乐，往往能够将人们带向这个地方，让他们找到自己的精神家园，找到生命和生活的价值和意义。陈琰指出：“惟有休闲才是敞开精神生活最大限度的本原之地。正是在这样的意义上，休闲建构了我们美丽的精神家园。”⑥特别是在物质生活丰

① 陆庆祥：《走向自然的休闲美学——以苏轼为个案的考察》，浙江大学出版社2018年版，第122页。

② 鲁枢元：《开发精神生态资源》，鲁枢元编：《精神生态与生态精神》，南方出版社2002版，第310页。

③ 吕尚彬、彭光芒、兰霞编著：《休闲美学》，中南大学出版社2001年版，第32页。

④ 转引自朱荣科：《在“精神生态”中领悟人生和世界》，鲁枢元编：《精神生态与生态精神》，南方出版社2002版，第69页。

⑤ 陈琰编著：《闲暇是金：休闲美学谈》，武汉大学出版社2006年版，第2页。

⑥ 陈琰编著：《闲暇是金：休闲美学谈》，武汉大学出版社2006年版，第4页。

富而精神生活贫乏的时代，一些人的生命价值和意义丧失，精神故乡和家园遭到毁弃而无家可归。在这种情况下，休闲审美活动就显现出特别重要的意义，它可以使人们的精神世界得到抚慰而获得温暖，使他们重新找到人生的价值和意义，过上自由、充实、丰富的精神生活，达到精神生态的和谐、稳定与平衡。

总之，故乡、家园场域中蕴含着丰富的休闲美学内涵，它们构成了休闲审美活动主要的诉求场域，在这一场域中放松、随性、自由、美好、诗意、浪漫、趣味以及快乐就容易孕育出来，从而使休闲审美主体精神的、心灵的、情感的诉求得到满足。因此，它们也往往构成了人们的精神生活最重要的组成部分，在他们的精神生态系统中占据着重要的"生态位"，发挥着不可替代的独特功能，维护着他们的身心和谐和生命健康。

四、自然之道：休闲审美的境界场域

自然作为休闲审美活动的重要存在场域，往往使休闲审美主体获得精神上的提升和超越，甚至达到高层次的精神境界。现代城市能给人们提供有诱惑力的工作，方便他们事业的发展，也在某种程度上为他们提供了开展休闲审美活动的必要条件。但与此同时，它也往往意味着竞争、压力、紧张、疲惫、焦虑、郁闷、空虚。因此，它在总体上不是人们展开休闲审美活动的理想场所。相反，休闲审美活动展开的理想场域在于自然中。自然是人类从中孕育而出的地方，人类始终离不开自然、依赖于自然、生活于自然。因此，自然构成了人类生命存在的重要场所。人类对自然总是怀着一种本能的感情，"一种乡愁般的冲动，渴望回到自然生命的源头，回到生命的根"①。天然的具有美感的自然往往能带给人们身心的愉悦和审美的享受，甚至在较高的层面上陶冶着人们

① 陈琰编著：《闲暇是金：休闲美学谈》，武汉大学出版社 2006 年版，第 96 页。

的性情。相应地，它理所当然地成为人们开展休闲审美活动的重要场所。身处其中，人们会在不知不觉中与它和谐地融合在一起，忘却了工作中的竞争、压力，生活中的疲惫、紧张、焦虑，转而进入一种完全放松、从容、随意、散淡的身心状态，达到一种悠闲的、审美的、充满生命闲趣的精神境界。陆庆祥指出："人在自然中的休闲活动是人的休闲活动及休闲方式中最主要的一种，也是休闲感最为强烈的一种。在大自然中的休闲活动也最能直接体现休闲的自然化本质。"①"在休闲美学看来，人在大自然中游玩休憩当是最典型的休闲活动，它最自由无碍而又充满了形而上的精神性。"②因此，在自然中开展休闲审美活动、在休闲审美活动中走向自然、欣赏自然的过程，也就是走向自我的精神生活和精神世界，让自身能够面对自我的精神世界，获得自由、愉悦和美好心境的过程。

与其他民族相比，中华民族似乎对自然怀有更深的情结，人们自古以来就对自然山水兴趣盎然，怀着极大的热情深入其中去欣赏、体验，享受自此而来的闲趣、美好、诗意与浪漫。春秋时期的孔子就常常痴迷、沉醉于欣赏自然之美的休闲审美活动中。魏晋时期的邺下文人在自由闲暇的时间里往往游山玩水，以这样的方式来安放自己的灵魂，"游览山水就成了他们消遣闲情的主要方式"③，"六朝名士们常常游山玩水，乐而忘归。王羲之辞官后，与他的同道尽情地游山玩水，钓鱼射鸟，遇上风和日丽的日子，还扬帆海上。孙绰住在风光秀丽的会稽，游放山水，十有余年"④。自此以后，"国人的闲情以山水为情结的美学核

---

① 陆庆祥：《走向自然的休闲美学——以苏轼为个案的考察》，浙江大学出版社2018年版，第8页。

② 陆庆祥：《走向自然的休闲美学——以苏轼为个案的考察》，浙江大学出版社2018年版，第20页。

③ 吕尚彬、彭光芒、兰霞编著：《休闲美学》，中南大学出版社2001年版，第282页。

④ 吕尚彬、彭光芒、兰霞编著：《休闲美学》，中南大学出版社2001年版，第173页。

心终已凝成"①。一代代中国文人在悠闲的、自由的、自在的、自得的审美心境中，常常身临其境地感受和体验自然，从中获得无穷的乐趣，并且不吝笔墨地去歌咏、描绘它们，将自己在其中体验到的闲逸之美淋漓尽致地表达出来，留下了一篇篇美妙的诗词文赋、一幅幅优美的山水画卷。

以自然为场域的休闲审美活动，在使人们放松身心、消遣娱乐、享受生命闲趣的同时，也必然影响他们的精神世界，有利于他们精神生态的和谐、稳定与平衡。具体来说，欣赏者对自然的欣赏密切地关涉着他们的精神状态，对他们的情感、情思、心境等产生着深刻的影响，使他们的精神世界得以摆脱各种各样的干扰，获得放松、自由、解放；在打破既有精神生态平衡的同时，也使他们的精神生态在新的层面重新走向平衡，从而改善和优化了他们的精神状态。正如有学者指出的："无论是漫游名山大川，或是郊游踏青，亲临实景体验，投入大自然的怀抱，都是我们修身养性、解放自己、美化心灵、体验自由的一种理想的审美活动。"②具体以自然中的花朵为例，不同颜色的花朵往往会给休闲者带来不同的感受和心情。康德指出："百合花的白颜色似乎使内心情调趋于纯洁的理念，而从红色到紫色的七种颜色按照其次序则使内心情调趋于1)崇高、2)勇敢、3)坦诚、4)友爱、5)谦逊、6)坚强和7)温柔这样一些理念"。③ 这些不同颜色的花朵对人们精神状态的影响显然是不一样的。

大自然变化无穷，神奇莫测，人们在不同的自然美景中开展休闲审美活动，会产生不同的体验、感受，会形成不同的精神状态。在大多数

---

① 吕尚彬、彭光芒、兰霞编著：《休闲美学》，中南大学出版社 2001 年版，第 283 页。

② 吕尚彬、彭光芒、兰霞编著：《休闲美学》，中南大学出版社 2001 年版，第 285 页。

③ 转引自陈琰编著：《闲暇是金：休闲美学谈》，武汉大学出版社 2006 年版，第 89 页。

情况下，人们在大自然中开展休闲审美活动，欣赏和体验自然美，追求和享受闲情逸致之美，他们的精神状态就会随之自然地变得从容、轻松、宁静、愉悦，他们甚至能够找到美好、欢乐和幸福的感觉，他们人生的价值与意义在这一过程中也会自然而然地生成。陈琰指出：“自然山水，既可涤情又可养志。徜徉在它美丽的世界里，我们排除了种种世俗名利之心的纠缠。……游山玩水之所以是一种理想的人生，乃是因为人们在自然山水之间寻觅到了一个身心解放的自由境界。”①当看到溪水潺潺缓流，花朵娇艳欲滴，草木茂盛清秀，听到鸟鸣清脆悦耳的时候，人们在其中发现了生命活力与闲逸之美，感受到了人生的美好，这往往预示着他们的精神生态是和谐的、稳定的、平衡的。有时，人们怀着休闲审美的心境，对粗犷、壮观、充满无穷变幻和创造力的自然景观进行欣赏，又会震撼他们的心灵，使他们获得积极、健康、乐观、向上、豪迈、自信的人生态度，高洁的情操，高尚的情怀，超然的精神境界，从而改变了他们的精神状态。正如有学者指出的：“自然崇高以其荒蛮原始的动荡的感性形式，强烈地暗示出主体的存在，象征着人性的自由。”②曹操当年在碣石山上面对壮观的大海，就产生了博大的胸怀和非凡的豪情，萌生了要掌控和经营天下的远大抱负；范仲淹在登上高楼欣赏不同时节湖面的优美景色时，产生了“先天下之忧而忧，后天下之乐而乐”的生命情怀；毛泽东在欣赏北国壮丽的雪景后，产生了乐观的革命英雄主义的豪迈情怀……这些对独具特色的自然景色的欣赏，作为休闲审美活动，陶冶了他们的道德情操，提升了他们的精神境界。有时，在大自然中开展休闲审美活动，还能启迪人们的智慧，让他们获得透彻的人生感悟和深刻的哲思。吕尚彬等人认为，人们在大自然中游山玩水，在使身心得到放松、休息的同时，也会获得“意想不到的顿悟和发

---

① 陈琰编著：《闲暇是金：休闲美学谈》，武汉大学出版社 2006 年版，第 102 页。

② 吕尚彬、彭光芒、兰霞编著：《休闲美学》，中南大学出版社 2001 年版，第 284 页。

现”，体悟到“精神世界与客观世界的和谐”以及“宇宙及人生的真谛”①，从而达到休闲审美活动的最高境界。陶渊明在“采菊东篱下，悠然见南山”中就达到了这样的境界。在大自然中开展休闲审美活动，也会让人们产生爱心、同情心、善心等。正如有学者所说：“在投向自然美的涌动的情感中，我们会孕育出对美好事物的向往之情，它会使我们对世界万物产生同情心，让我们想到爱。一丛野花，一片秋叶，一朵白云，一泓清泉。似乎是最平凡的、最常见的，然而，即使在这种平常而又单纯的自然景物中，真挚情感的酝酿仍然可能唤起理想，唤起一种心灵深处的激动和最细腻的柔情，产生一种难以遏制的向往至善的渴求。”②在这些不同的状况下，休闲审美者的精神生态会以不同的方式走向和谐、稳定与平衡。当然，人们特定的情感、情思、心境等，也会反过来影响他们欣赏自然景物这样的休闲审美活动。正如有学者指出的，“有什么样的心境便看得到什么样的景物”③，“如果有一种闲适的心境，一种艺术的眼光，所见的一切自然事物，都可能成为美的图画”④。这种在大自然中开展的休闲审美活动和一些学者提出的“生态式休闲”是相互契合的——“生态式休闲同样关注精神生态，体现为人与自身关系的契合。……生态式休闲客观上要求人们在选择休闲活动的时候……应追求诗意、审美的东西；休闲……应是令人神往的精神家园”。⑤

在大自然中开展休闲审美活动，欣赏和体验自然之美，可能会受到持不同观点的人们的质疑。他们可能会认为，从繁华的都市向大自然回

---

① 吕尚彬、彭光芒、兰霞编著：《休闲美学》，中南大学出版社 2001 年版，第 281~282 页。

② 吕尚彬、彭光芒、兰霞编著：《休闲美学》，中南大学出版社 2001 年版，第 285 页。

③ 何向阳：《追寻文人的乡土情结》，鲁枢元编：《精神生态与生态精神》，南方出版社 2002 年版，第 262 页。

④ 陈琰编著：《闲暇是金：休闲美学谈》，武汉大学出版社 2006 年版，第 101 页。

⑤ 张玉勤：《休闲美学》，江苏人民出版社 2010 年版，第 103 页。

归、漫游，沉迷于对大自然的流连、欣赏，往往意味着社会人生的失意、失败、哀伤、痛苦、烦恼，往往意味着对现实人生的退让、躲避甚至逃遁，这是一种不敢直面社会人生的消极的人生态度和心境的表现。许多浪漫主义特别是消极浪漫主义的作家就是如此，他们在人生失意、失败、孤独、哀伤、痛苦、烦恼的时候，往往会做出这样的选择。持这种观点的人看到的其实只是人生的表象，即使是相关主体带着病态的心理状态退回到大自然中开展休闲审美活动，也能对他们发挥积极作用：缓解他们的心理压力，疗救他们的各种精神创伤如失意、失败、哀伤、痛苦、烦恼等，给他们带来无限的暖意与心灵抚慰。“看一看九寨的水，种种不幸、伤感和烦恼，将被化解得了无影踪。美丽的云霞也是一种常见的优美的景观，它的飘动让人有一种心襟摇荡的感觉。”①“如果有谁因人生失意而来到巍峨的山峰前，面对这壮美的自然，他往往会振作起来，焕发出巨浪般的气概和山岳般的胆识。……我们可能被人生的艰难困苦搞得胆怯、萎缩、衰弱，但是如果我们已经可以作为伟大自然的审美主体倾听江海浪涛的轰鸣，领略危岩雪峰的气派，观赏长江大河的壮阔，那么这就表明，我们已经在社会生活中重生，已经有了搏击人生的巨大的勇气。”②再如大自然中广阔无际的湖水湖面，往往会让人心旷神怡，“把我们从日常生活沉闷、压抑的感觉中解放出来，给人以神清气爽、空灵开阔的感觉”③。可以说，“自然美却不是世外桃源，不是厌世者和隐逸者的栖息地。自然美给人带来对人性的深度体验，带来超越生命的有限性的精神升华，但并不是把这种体验引向虚无缥缈的天国或彼岸世界，而是引发对人的现实生存状态的更为强烈、更为深切

---

① 陈琰编著：《闲暇是金：休闲美学谈》，武汉大学出版社 2006 年版，第 98 页。

② 吕尚彬、彭光芒、兰霞编著：《休闲美学》，中南大学出版社 2001 年版，第 285 页。

③ 陈琰编著：《闲暇是金：休闲美学谈》，武汉大学出版社 2006 年版，第 107 页。

的关注”①。在欣赏自然美的休闲审美活动中，人们的精神生态系统才会在更高的层面走向和谐、稳定与平衡。

也可能会有持不同观点的人质疑，认为离开繁华的都市来到自然的荒野开展休闲审美活动，可能会给相关主体带来孤独的体验。当然对某些心理脆弱的人来说可能会这样，但是从总体上看来，孤独更多的是一种内心的体验而不是一种外在的存在状态，有人离群索居也不会感到孤独，反而会产生怡然自得的闲逸情趣。正如王维在《竹里馆》里描述的："独坐幽篁里，弹琴复长啸。深林人不知，明月来相照。”而有人身居闹市却感觉孤独无比，如浪漫主义诗人拜伦就是这样，更不用说在蛮荒的自然中了。如果人们能够怀着悠闲的审美的心境去欣赏郊野的大自然，甚至还会产生一种充实和自由之感，获得无穷的乐趣。例如在郊外的大自然中，“置身在那一望无垠的平旷里，轻松的呼吸和自由自在的眺望让我们身轻如燕，一种浪漫的情调会油然而生。此时此刻，我们感觉自己就是天地之间的一只飞鸟，仿佛要飞越远在天边的那一道地平线”②。再如欣赏冬天郊外雪夜的美景，某些人可能会感到万籁无声的孤独，而如果能够怀着悠闲的审美的心境对之进行欣赏的话，相关主体的内心世界可能会变得从容宁静、无比自由，甚至获得一种“承担孤独的勇气和力量”，“因为孤独同时意味着自由，在冬野里，我们发现我们自己就是天地间的一个自由的思考者和存在者”③。当然，人们更可能从变化无穷的自然中获得无尽的乐趣：“春野生机勃发，秋野成熟，冬野宁静，不同时节的郊游给我们带来不同的乐趣。”④相关主体的精神世界，正是

① 吕尚彬、彭光芒、兰霞编著：《休闲美学》，中南大学出版社 2001 年版，第 284~285 页。

② 陈琰编著：《闲暇是金：休闲美学谈》，武汉大学出版社 2006 年版，第 119 页。

③ 陈琰编著：《闲暇是金：休闲美学谈》，武汉大学出版社 2006 年版，第 122 页。

④ 陈琰编著：《闲暇是金：休闲美学谈》，武汉大学出版社 2006 年版，第 122 页。

在这一过程中，超越了现实的利害得失，得到了洗涤与净化。

那么，如何怀着悠闲的审美的心境去欣赏大自然，那需要人们在超越功利的心境中去静观，需要人们借助于自己的感觉去倾听。在这一过程中，人与自然进行着精神上的默契无间的沟通与交流，相互欣赏与赞美。正如陈琰所说："只有凭借倾听，我们才有可能领会自然那宁静的大音和沉默的大美，从而感受到那无言的欢乐。"①这一过程也是相关主体的精神状态得到调节、改善与优化的过程。

总之，自然之道构成了休闲审美活动的主要境界场域，在其中，人们在开展休闲审美活动、得到自然之闲、之乐、之趣的同时，实现了精神境界的提升。

五、"生命的留白"：休闲审美的价值场域

休闲审美活动的场域，较少地存在于工作、事业、名利、地位、责任、义务等利害得失之中，而更多地存在于人生的自由之地、生命的留白之地。在这些地方，休闲审美主体将体会到，空白的地方并不是生命的浪费和毫无价值的虚度与虚无，而是包含着重要的价值和意义。"留白"不仅是深刻的人生哲学、高境界的处世哲学，也是广泛地体现于世事、人生、艺术等方方面面的玄妙的艺术哲学。例如在国画创作中，画家对"留白"艺术的运用往往达到出神入化的境地——"在国画里，空白不是无形的'虚无'，而恰恰是为了找一个更大的空间给主体物像有活动自由的余地，是'藏境'的重要手段。它好比音乐中的休止符号一样，常常起着'此时无声胜有声'的艺术效果"②；很多人在为人处世时，总是不把事情做到极端，而是为他人、他物留下足够的"空白"或者说生存空间；人们在开发自然时，往往进行自我约束，不过度开发，从而为保护自然生态留下足够的空间；古人在捕猎野兽时，有时会"网开一

---

① 陈琰编著：《闲暇是金：休闲美学谈》，武汉大学出版社 2006 年版，第 91 页。

② 吕尚彬、彭光芒、兰霞编著：《休闲美学》，中南大学出版社 2001 年版，第 182 页。

面”，为部分野兽的逃生留下空间；渔夫在水中捕鱼时，往往有意识地使用网眼足够大的渔网，从而给幼小的鱼苗留下逃生的空间；学者在用笔记本做笔记时，往往在纸张的边缘部分留下足够的可以做批注的空间；在生活中，有时人们会像“无事人”一样闲坐着，什么事也不做，给自己的身体和内心留下“空白”，使它们得到休息，这样的“闲坐”有时会收到比忙碌地做事更好的“留白”效果……这些是“留白”的哲学在世事、人生和艺术中的运用，其中包含着丰富的意义和价值。

就个体人来说，他要保持精神生态的和谐、稳定与平衡，就不能将自己的人生安排得过于沉实、饱满、拥挤、繁忙、劳碌，而应该有意识地留下一点缝隙、空白、间隔，留下一点不工作、不做事、不思考的时间，留下一点看蓝天白云、红花绿草、飞鸟游鱼的时间，也就是留下一点能够自由支配的开展休闲审美活动、追求闲情逸致之美的时间。正如亚里士多德指出的：“闲暇自有其内在的愉悦与快乐和人生的幸福境界；这些内在的快乐只有闲暇的人才能体会”。① 现代社会的人们，总是在想着如何用更短的时间去做更多的事情，很少有人想着把各种各样的几乎永远也做不完的事情撇开，给自己的生命留下一点“空白”，让自己什么事也不做，如其所愿地发发呆、看看天，或者去做一些发自内心想做的轻松愉快的事情，去过一种休闲的审美的生活，去享受一下人生中的闲情逸致之美；一些人到了退休的年龄却还不愿意退休，而仍然习惯性地去拼命工作，这实际上是不懂生命的“留白”艺术和哲学的缘故。实际上，他们不妨在半生劳碌之后，试着换一种方式去开始新的生活，这种新的生活也许充满了自由、闲散与诗意，充满了生命新的价值与意义，能带给他们更加美好的体验。而去开展休闲审美活动、追求生活中的闲情逸致之美，就是这种生活方式中的一种。不仅是到了退休年龄的人，事实上，任何人在生命历程中的某个阶段或某些时候，都完全有权利把生活和工作中各种各样的平日无法脱身的繁杂事务撇开，去做一些

---

① 亚里士多德著，吴寿彭译：《政治学》，商务印书馆 1965 年版，第 410 页。

在别人看来毫无用处、“不务正业”的事情。例如去回望一下往昔美好的岁月，去追求一点生活中平日不曾有的别样的情趣、诗意与浪漫，这也许就是生命“留白”的一种方式，其中包含的意义甚至是阐释不尽的。可惜，很多人在忙忙碌碌的生命状态中，体会不到这些意义。

以某个出身于农村的穷苦学生为例，他在经历了曲折坎坷的生命之路之后，某一天考上了心仪的大学，终于从以往的各种不堪中解放出来，获得了人生的暂时止步、驻足、休息。这甚至让他产生了一种悠闲、自由、自在、自得的心境，产生了一种“春风得意马蹄疾”的志得意满的感觉，使他有心思和心情去自由表达对生活的热爱，去开展休闲审美活动，去追求生活中的闲情、闲趣，去获得生活中的欢乐、幸福，在这一过程中，他各方面的能力也获得了充分而自由的发展。于是，他曾经灰暗无比的精神状态悄然改变，他在悠闲自得的心境和心态中发现了一个新的世界，一个美好的、充满活力的、阳光灿烂的世界。在明媚春天的美丽校园里，他眼前的一切都像刚刚洗过那样清新，天空湛蓝湛蓝的，脚下的绿地平整开阔，河边的迎春花笑容灿烂，摇曳着纤细的枝丫欢迎着远方来的学子；绿莹莹的河水平静如镜，偶尔一阵风吹来，荡开了满脸的笑纹；罩在草丛上面的海棠花也开了，它们随风舞动，片片零落，显得分外妩媚、妖娆……学校的一切似乎都在拼命地释放着生命的活力，来勾住这个远方学子的心魂。这一切使他尽情地享受着闲情逸致之美。不仅如此，在繁忙的学习、科研之余，他也常常走出校园，参加师门聚会，共同出游，走遍大街小巷，游遍青山秀水，这使他的生命充满了勃勃生机，从而使他能够在紧张的学习、研究生活中并不觉得过于劳累，这就是一种学业之外的“留白”，一种生活中的闲情、闲趣、闲意。它们对这个学子精神生态的和谐、稳定、平衡以及身心的健康都发挥了重要作用。这些丰富多彩的生活是他漫长、厚重、扎实的人生道路上的一道轻灵、美丽、曼妙、浪漫的风景，形成一些不可或缺的空隙、间隔、留白。它们虽然没有什么经济价值，但却给他的人生带来了歇脚、止步、休息、休闲。正是有了这样的生命的“留白”，他才能以更加饱满的精神、更加轻盈的脚步走向社会，走上更加广阔的人生舞台。

中国著名的文艺理论家鲁枢元，在教育学生时往往善于把“留白的艺术”潜移默化地融入其中。据有学者介绍，他为了纠正自己学生的错误的科研习惯，常常让他们在做笔记的时候不要吝惜纸张，在笔记本上只写下一半，而严禁他们在剩下的纸张空间中写下任何文字，却不说出这样做的理由。这些纸张上的“空白”可不是故意浪费资源，也不是可有可无的，这实际上是让他的学生在这些纸张的“空白”之处有足够的自由去施展自己的创造力，去想象，去思索，去记下他们的点滴思考和感悟，而不是甘愿做人云亦云的两脚书橱。这不仅是在传授科研方法，实际上还是在潜移默化地传递这样的人生道理和观念：人生不能过得太扎实、太沉重了，那样会活得太累，也应该留下一点空隙和空白，留下一点看不出实际利害、似乎没有实效的潜在的轻灵的东西，这样才会有利于个体精神生态的平衡和身心的健康。客观地说，他在悄无声息中传授给学生的这些科研艺术和生命观念是高明的，既使他的学生在生活中处处遵循“留白”的生命哲学，将自己的生活过得自由洒脱、从容逍遥、趣味横生，也使他的学生的科研方法得到根本改进，独立思考能力和写作能力得到极大的提升。

鲁枢元和学生的聚会也常常充满“留白”色彩。他有时会在其乐融融的氛围中，让学生顺次表演各自拿手的节目，或者畅谈忙碌的工作学习之余的兴趣与爱好，例如唱歌、游泳、旅游等，并嘱咐他们不论多么繁忙也要留下一份闲心去培养一点业余的兴趣与爱好。这样的做法和观念往往带给人深刻的启迪：人生应该是丰富多彩的，也应当有一些缝隙、间隔、“留白”，从而让人们去休憩、娱乐、沉思，去追求一些生活中的情趣、滋味、韵味、欢乐、幸福，而不应当永远都是劳作。只有这样，人生才会更加精彩、更富弹性和韧性、更具活力、更有生机，才不至于像被拉直的弹簧一样成为无用的废物；也只有这样，才有利于人们精神生态的和谐、稳定与平衡。可以说，“生命的留白”构成了休闲审美活动的主要价值场域，使活动于其中的人们在拥挤、劳碌的物质生命之外，拥有了精神生命的缝隙、空白、间隔，从而使他们获得另一个层面上的生命的价值与意义。

总之，在“生命的留白”的广阔空间中，休闲审美活动得以在日常生活、文学艺术、故乡家园、大自然中自由而广泛地展开，从而有效地维持了人们精神生态的和谐、稳定与平衡，使人们的精神状态得到改善与优化。可以说，休闲审美哲学已经超出了一般的生命境界，是一种更高层次的生存智慧。

第五章　市场经济条件下的休闲美学

一些守持传统观念的知识分子习惯于从中国传统文化思想出发，对现代市场经济社会中的市场、商业、商品、消费、享乐等进行质疑、拒斥、否定和批判。实事求是地说，这些质疑、拒斥、否定和批判有其合理的一面。一方面，在一穷二白的基础上建立的中华人民共和国，习惯于重生产轻消费、重勤俭节约轻休闲享乐，并积淀成了一个一定历史时期内的社会传统，而把奢侈消费、安逸享乐作为资产阶级、地主阶级遗留下来的恶习加以否定、批判和抵制。另一方面，这些质疑、拒斥、否定和批判又深刻地揭露了现代市场经济社会的诸多弊端，控诉了它对人、人性以及人的内在精神世界等造成的伤害，深化了人们对它的复杂性的认识。但如果将这些质疑、拒斥、否定和批判推向极端，则容易陷入不切实际、夸大其词、危言耸听的境地，给人们留下蜷缩于高雅的象牙塔、不敢也不愿面对现实、不食人间烟火的印象。事实上，这些彻底的质疑、拒斥、否定和批判背离了马克思主义传统。马克思本人不仅不反对市场、商业、商品等，也不反对市场经济条件下的消费、享受，相反，还把它们看成现代文明人必备的素养，“要多方面享受，他就必须有享受的能力，因此他必须是具有高度文明的人”①，而消费也能够有效地促进人的发展：“决不是禁欲，而是发展生产力，发展生产的能力，因而既是发展消费的能力，又是发展消费的资料。消费的能力是消费的条件，因而是消费的首要手段，而这种能力是一种个人才

---

① 《马克思恩格斯全集》第46卷(上)，人民出版社1979年版，第392页。

能的发展……”①在马克思看来，“物”的发展，包括科技的进步、机器的出现和改进以及商品、商业、资本的发展等，虽然在某种程度上对人造成了伤害，产生了一系列负面影响，但是从根本上、总体上、长远上来说，它们都推动了社会和历史的发展，都有其历史的必然性、进步性与合理性。而现代市场经济社会作为这些现代性因素积聚到一定阶段的产物，相应地也就具有了其历史的必然性、进步性与合理性。实际上，无论人们是否承认，客观地说，市场、工业、商业、商品、消费、享受等对社会和个人都具有重要意义。对个人来说，市场经济条件下的人们都生活在一个统一的商品生产和消费的经济体系中，离开了它，人们的吃、穿、住、用等日常生活必需品的供给往往难以保证，当然他们的各种能力的发展也将因此受到影响，更不用说高层次的自我实现的达成了。从某种意义上说，市场经济社会的消费甚至比生产更重要，消费维持了人们生命的延续和“才能的发展”(特别是生产能力的发展)，人们在无法生产的时候就已经开始消费了，并且伴随他们的一生，市场经济社会尤其如此。而对于一个社会而言，市场、工业、商业、商品、消费、享受等也构成了其经济以及其他各个方面持续稳定、发展繁荣的动力，这对当今世界各种社会形态来说都是如此。就社会主义社会来说，正如于光远指出的，“因为社会主义生产的目的就是增加人民的消费，并且消费的增加可以引起生产热情的提高、生产需要的增加，它对经济发展起积极的推动作用”②。由此可见，我们应该对现代市场经济社会采取更加客观、公允、辩证的态度，既要看到它积极的、进步的一面，也要看到它的弊端和缺陷，这才是实事求是的态度。只有在对这种既定的社会现实有清醒的认识的前提下，我们才能更好地适应它，进而寻找到恰当的解决问题的办法。

向市场经济社会的方向迈进是当今世界主流社会的重要发展趋势，

---

① 《马克思恩格斯全集》第46卷(下)，人民出版社1980年版，第225页。

② 马惠娣：《休闲：人类美丽的精神家园》，中国经济出版社2004年版，第157页。

中国社会也不例外。我们这里研究休闲美学也只能在市场经济社会的环境中进行，并且和它紧密地结合在一起。只有在承认并接受这一社会现实和社会环境的前提下，我们才能进一步探讨如何在其中更好地发展休闲美学，如何使休闲审美活动在其中得到更好的展开，并对精神生态系统发挥其独特的功能。那么具体来说，这样的社会现实和社会环境对休闲美学、对休闲审美活动究竟产生了什么样的影响？其影响显然也包括两个方面，既有推动、促进作用，也有破坏、抑制作用，这符合马克思主义的基本观点。

第一节　市场经济社会对休闲审美的促进作用

现代休闲活动(包括现代休闲审美活动)产生于西方市场氛围浓厚的社会环境中，是它的共生物和依存物，两者紧密地结合在一起。这样的社会环境构成了现代休闲活动(包括现代休闲审美活动)存在和发展的社会背景，并对后者产生了积极的推动、促进作用。其主要表现在以下几个方面。

一、现代人的身心状况与现代休闲审美的产生

对人类来说，无论是从紧张、繁忙的劳动造成的困倦、疲惫中恢复过来，维持生命的正常运转，还是追求精神世界的丰富、发展、完善，达到高层次的诗意的审美的生存，实现生命的价值与意义，都离不开闲暇时间，都离不开对这种闲暇时间的自由的、自觉的运用，都离不开休闲活动和休闲审美活动。无论是中国还是西方，自发的休闲活动和休闲审美活动很早就产生了，并且形成了悠久的历史传统和深厚的历史积淀，尽管当时的相关活动主体并没有对这些活动产生清晰的认识。例如，原始人要花大量的时间去交谈、唱歌、跳舞以及盛宴狂欢，这实际上就是自发的休闲活动或休闲审美活动，只是他们没有明确地意识到这些活动的目的、意义、价值，当然更不可能形成明确的概念。他们对待

非劳动时间的基本态度是“散漫的”，没有自觉的休闲观念(当然包括休闲审美观念)，没有意愿也没有能力积极主动地安排和运用这些时间，这些时间对他们来说也许是无聊的，他们甚至会像卢梭描述的前工业社会的“自然人”那样，“当他仅有的、最基本的需求获得满足后，他就会在最近的一棵树底下入睡”①。

自觉的休闲活动包括休闲审美活动的产生，与自觉的休闲观念包括休闲审美观念相伴随。而这些自觉的观念产生于18世纪西方近代市场氛围浓厚的社会环境中，其工业、技术、商业、消费、娱乐等都得到了很好的发展。这样的社会环境有力地推动了现代意义上的休闲观念(当然包括休闲审美观念)的形成。正如西方学者Dumazdier指出的：“休闲是生产劳动之余的自由时间，要归功于技术的进步和社会活动，归功于人在有效工作之前、之中以及之后对于没有效率的活动的需求”。② 杰弗瑞·戈比也指出：“在很多方面，休闲在现代社会的出现要归功于商业企业。”③Rybczynski进一步描述了现代休闲观念(当然包括休闲审美观念)被发现的过程：“受商业影响最大的反而不是休闲的商业化，而是休闲的发现。自18世纪的杂志、咖啡馆和音乐厅，延续至19世纪的职业体育和假日旅游，现代人的休闲观念几乎是和各类休闲产业同时产生的。没有后者，也就不会有前者。”④西方近代的市场经济环境一方面极大地提高了劳动生产率，推动了物质财富的快速增长，另一方面也造成了劳动者工作强度不断加大，身心紧张程度不断提高。其结果是，导致劳动者的身心健康不可避免地出现一系列问题，如身体上的过度困

① 肖恩·塞耶斯著，冯颜利译：《马克思主义与人性》，东方出版社2008年版，第70页。

② 转引自杨林：《现象学视域下的休闲美学及其基本问题探析》，《湖北社会科学》2015年第1期。

③ 杰弗瑞·戈比著，康筝译：《你生命中的休闲》，云南人民出版社2000年版，第154页。

④ 杰弗瑞·戈比著，康筝译：《你生命中的休闲》，云南人民出版社2000年版，第155页。

倦、疲惫，精神上的巨大压力，心理上的焦虑、忧郁、痛苦、烦恼等，身心的严重失调，人生意义与价值的逐渐丧失，精神生活的逐渐枯萎，精神生态的逐渐失衡……唐代诗人白居易在《题谢公东山障子》中说："多见忙时已衰病，少闻健日肯休闲"。面对西方近代的市场经济环境给当时劳动者的身心健康、精神状态带来的这一系列问题，在寻求解决办法的过程中，现代休闲观念包括休闲审美观念应运而生，而与之紧密相关的现代休闲活动包括休闲审美活动也随之开展起来。这些观念和活动有效地帮助当时的劳动者消除了身心的困倦、疲惫，放松了紧张的神经，缓解了过重的压力，恢复了身体的健康、身心的和谐以及精神生态的稳定，也使他们重新找到了人生的价值和意义，再次获得了精神生活的丰富和充实，甚至实现了精神境界的提升。可以说，"人类的休闲时间和活动在一定程度上是在调节、平衡、弥补人们的异化劳动所产生的人的片面发展和异化状态"①。正如肖恩·塞耶斯指出的，"广大劳动人民积极自由地、创造性地利用工作以外的时间，是现代工业社会的一大发展"②，以便"让人以更好的身心状态投入新的工作中去"③。由此可见，现代意义上的休闲观念(包括休闲审美观念)、休闲活动(包括休闲审美活动)与西方近现代的工业化生产劳动都是西方近现代市场经济环境下的产物，两者紧密相关，正是后者的快速发展有力地推动了前者的出现。肖恩·塞耶斯指出："休闲只是在工作的环境中才具有价值，休闲就像是工作的补充，休闲一旦与工作分离，成为一种独立的活动时，它就不再具有任何价值。"④

---

① 张玉能、张弓：《身体与休闲》，《华中师范大学学报》(人文社会科学版)2014年第5期。

② 肖恩·塞耶斯著，冯颜利译：《马克思主义与人性》，东方出版社2008年版，第70页。

③ 杨林：《现象学视域下的休闲美学及其基本问题探析》，《湖北社会科学》2015年第1期。

④ 肖恩·塞耶斯著，冯颜利译：《马克思主义与人性》，东方出版社2008年版，第97页。

现代休闲观念(包括休闲审美观念)、休闲活动(包括休闲审美活动)的产生，还与西方近代市场经济环境中闲暇时间的增多、政治争斗的影响等密切相关。在西方近代市场经济环境中，科技不断进步，工商业生产快速发展，劳动者用越来越少的时间就能生产出大量的物质财富，从而为他们获得更多的闲暇时间提供了可能。另一方面，这些生产出来的物质财富以及多出来的闲暇时间更多为资本家所占有，而劳动者的劳动和生活处境、经济和社会状况不断恶化，他们开始为争取更多的物质财富和闲暇时间，与资本家进行了坚决的斗争，并取得了巨大的胜利，于是他们逐渐获得了越来越多的闲暇时间。当然，资本家通过残酷地剥削劳动者的“剩余劳动时间”，他们拥有的闲暇时间可能会更多。于是，如何有效地利用和打发这些闲暇时间，就成了摆在资本家和普通劳动者面前的一个不得不解决的问题。为了解决这一问题，现代休闲观念(包括休闲审美观念)和休闲活动(包括休闲审美活动)就应运而生了。

拥有了现代的休闲观念(包括休闲审美观念)，自觉地开展休闲活动(包括休闲审美活动)，并不意味着科学意义上的、系统化的、理论化的休闲学和休闲美学已经产生。学术界公认的休闲学产生的标志是凡勃伦发表于1899年的《有闲阶级论》；而直到21世纪初，在休闲学的分支学科持续增加的时代背景下，以中国学者吕尚彬等人2001年8月出版的《休闲美学》为标志，休闲美学在中国诞生了。显然，在休闲学的基础上衍生出的休闲美学，也有其产生的特定的社会文化背景。

首先，中国在改革开放之初，在从农业社会向工业社会转型而尚未完全完成这一转型的过程中，当时的劳动者迫于生存的压力，不辞劳苦，努力工作，经受了超常的劳动时长、劳动强度、体力支出、精神压力，也不可避免地使自身的身心健康遭到损害。到21世纪初，中国的改革开放已经持续了几十年，社会的工业化发展继续快速推进，社会主义工商业体系逐步完善，市场经济的社会环境初步形成。与此相伴随的是，劳动者的社会竞争越来越激烈、工作压力越来越大、生活节奏越来越快，这继续对他们的身体健康、身心和谐、精神生态产生不利影响。在这种情况下，改变在特定的历史条件下形成的不科学的劳动和休息观念，树立现代意义上的科学的休闲审美观念，开展健康有益休闲审美活动，就显得特别重要。它们有利于引导人们有意识地为自己腾出更多的闲暇时间，并自觉地、有效地利用这些闲暇时间，来追求闲情逸致之美，并以此来平衡工作中的繁忙劳碌，“消除体力的疲劳”，缓解生活的压力，排解精神的紧张，恢复身体的健康，获得“精神上的慰藉”，提升生命的价值与意义，实现身心的和谐以及精神生态的平衡与稳定。随着这样的休闲审美观念在中国大地上的普及，随着这样的休闲审美活动在中国大地上的开展，中国学者开始以这些观念和实践为基础，参照西方的休闲学理论，建构自己的休闲学理论体系，于光远、马惠娣、潘立勇、庞学铨是其主要代表。随着中国休闲学理论体系的不断成熟及其分支学科的不断增多，中国的休闲美学也随之而生。前者构成了休闲美学产生的历史和时代背景，也构成了休闲美学产生的群众基础、实践基础和学理基础。

其次，随着休闲观念的普及，随着人们对休闲的认识的不断深入，随着形式多样的休闲活动的普遍开展及其内容和内涵的不断丰富、质量和层次的不断提高，中国人逐渐不再满足于通过休闲活动实现“消除体力上的疲劳”“获得精神上的慰藉”①等被动的低层次的目标，而是积极主动地通过这些活动向精神的、文化的、审美的高层次领域延伸和提升，试图以此在悠闲的审美的心境中获得闲情逸致，以审美的方式乐享人生，释放自己的本质力量，发展、完善、提升自我，寻找人生的意义，实现人生的价值。而这些更高层次的追求，为休闲美学的产生奠定了重要的审美心理基础。

再次，就中国的文化传统来说，中国的主流文化传统一向轻视物质

---

① 马惠娣：《文化精神之域的休闲理论初探》，《齐鲁学刊》1998 年第 3 期。

功利而重视精神、文化、审美、诗意、理想等，其重要载体文学艺术源远流长，发达繁荣，特别是诗歌曾经达到世界诗歌艺术的高峰。所以，根植于深厚的文化积淀和深层的民族文化基因，中国人天然地倾向于过一种审美的诗意的生活，追求对日常生活的精神性超越，这种倾向和追求得到了社会各阶层的人们广泛而普遍的实践。所以当中国人在闲暇时间中开展休闲活动的时候，往往会在自觉不自觉中将精神的、文化的、审美的、文艺的、诗意的因素融入其中，从而使他们开展的休闲活动天然地带上了审美的色彩，成为休闲审美活动。并且，在这一过程中，也逐渐形成和积累下来了丰富的休闲审美思想和观念，成为休闲美学产生的思想文化资源。这是休闲美学产生的民族文化基础。

总之，正是在这样的社会文化背景下，受如上多重因素的交叉影响，以休闲审美活动和现象为研究对象的休闲美学便应运而生了。

二、社会环境的营造与休闲审美的发展

现代市场经济社会中市场、工业、商业、商品等的发展以及消费、休闲、娱乐等的展开，为休闲审美活动的开展营造了氛围，提供了动力，从而也有利于休闲美学的发展。具体来说，建立在现代大工业生产基础上的市场经济社会环境已经成为一种无处不在的社会环境，身处其中的一切事物都不可避免地受其影响、辐射与塑造。离开了这一环境，这些事物将不再成为其自身。休闲活动也是如此，它们在这一社会环境的影响、辐射和塑造下，不可避免地带上了这一环境的市场消费与经济力量的色彩。正如张玉勤指出的，“我们不反对社会的‘休闲业’去追求一定的物质和经济利益，因为我们不得不承认，在今天的社会中，如果忽视商品经济和市场运作规律，任何人、任何组织都将寸步难行”①，“休闲与经济、消费之间有着千丝万缕的联系。特别是在当今时代，人们更无法离开‘经济’、‘市场’和‘消费’这个大环境而孤立地谈论休

① 张玉勤：《休闲美学》，江苏人民出版社2010年版，第98页。

闲。……现代社会的资本逻辑无时无刻不在到处渗透，休闲文化自然也逃脱不了它的影响"①。"休闲离不开消费。休闲，特别是现代意义上的休闲，并不是要求人们过一种清教徒式、苦行僧般的生活。适当的消费对休闲来讲有时的确是必要的，因为追求享受毕竟包含物质和精神两个层面。"②

就西方资本主义社会来说，市场经济条件下的商品消费有利于资本主义生产和再生产的正常运转，有利于剩余价值的实现以及资本的增值，有利于资本主义经济的发展，潜在地为工人阶级(当然包括资产阶级)获得更多的"自由时间"创造了条件，从而为工人阶级(当然更不用说资产阶级了)更充分地开展休闲活动提供了可能。并且，资本家也发现，如果工人阶级过度繁忙劳碌于工厂和工作，往往会占用他们过多的时间，使他们没有空闲时间、精力以及心情去消费，这显然不利于资本主义社会生产和再生产的顺利进行，也不利于自身持续不断的剩余价值的积累，当然也不利于资产阶级政府源源不断的财政收入的增长，相应地，也就不利于资本主义社会的正常运转。因此，资产阶级从自己的根本利益、整体利益和长远利益出发，不得不减少工人阶级的劳动时间、增加工人阶级的闲暇时间，从而使他们有足够的闲暇时间、旺盛的精力、良好的精神状态和心情去购买和消费自己出售的商品。正如托马斯·古德尔、杰弗瑞·戈比指出的："由于有利于生产，休闲一直是合理的……如果没有夜生活和周末，娱乐业将会崩溃，如果没有假期，旅游业将会衰落。实际上，是休闲而不是劳动使得工业资本主义走向成熟。在这里，休闲的新的合理性展现出来了。"③马惠娣也指出："资本主义社会化大生产的内在本质决定了资本家在极大地占有物质财富的同时，必须同时培养和造就具有多方面享受能力的社会人，使广大的劳动

① 张玉勤:《休闲美学》，江苏人民出版社 2010 年版，第 95~96 页。

② 张玉勤:《休闲美学》，江苏人民出版社 2010 年版，第 96 页。

③ 托马斯·古德尔、杰弗瑞·戈比著，成素梅等译:《人类思想史中的休闲》，云南人民出版社 2000 年版，第 118~119 页。

者成为丰富的工业产品的消费者……这时，自由时间也就不成为劳动时间的对立物了，消费便成了经济发展的一个主要增长点。”①而事实上，休闲产业、休闲审美产业自身也可以成为利润丰厚的产业，为资本家带来巨额利润，资本主义市场经济发展程度越高，这一特征也就越明显。这在客观上推动了这些产业中的资本家想尽办法帮助工人阶级获得更多的闲暇时间并诱导他们利用这些时间去消费，去开展休闲活动，以此来发展休闲产业，从而使自己在这一过程中赚取更多的利润。而对工人阶级来说，在不降低自己工资的前提下，减少自己的劳动时间，增加自己的闲暇时间，并利用这些闲暇时间去消费，去开展休闲活动，无疑是一件好事，必然受到他们的欢迎。当然，工人阶级更多闲暇时间的获得，并不是资产阶级免费赠予的，而往往是通过政治斗争，在与资产阶级激烈而复杂的较量中争取过来的。总之，多种因素结合在一起，形成一股强大的合力，有力地推动了工人阶级闲暇时间的增多，这在客观上保证了他们有充裕的时间开展休闲活动，自由无拘地追求闲情逸致之美，享受生活的无穷乐趣，并使自己多方面的能力(包括享受的能力)得到充分的发展。从文化的角度看，现代休闲文化(包括休闲审美文化)属于更具包容性的大众文化的一部分。现代市场经济的社会环境诱导和推动了大众文化的发展，进而为现代休闲文化的发展创造了条件。

而就中国的情况来说，中国虽然和西方存在着社会制度的根本差异，但是中国的市场经济体系又和西方存在着某种程度的相似性，通过休闲活动来发展休闲产业，进而促进经济的发展也显得十分必要。具体来说，随着当下中国市场经济社会的逐步形成，商品消费对物质生产的发展以及经济社会的进步产生着越来越大的影响，发挥着越来越强劲的推动作用。慢慢地，消费经济逐渐成为中国经济发展不可忽视的重要力量。在发掘消费经济的着力点，寻找诸多促进消费的手段的时候，人们

---

① 马惠娣：《休闲：人类美丽的精神家园》，中国经济出版社 2004 年版，第 13 页。

发现，覆盖面广泛的休闲活动(包括休闲审美活动)逐渐成为推动消费、发展消费经济的重要力量。于是，休闲活动(包括休闲审美活动)逐渐受到经济界人士的关注，很多人甚至把它们看成高层次、高境界的消费方式和手段，看成引领时代风尚的高档消费活动，倍加推崇。相应地，建立在此基础上的休闲美学也获得了发展的动力。正如赖勤芳指出的，“消费时代的到来，不仅把消费问题突显出来，而且把休闲美学问题真正推上了前台”①，“消费者……的消费动机、消费对象以及从事消费的场所、环境等都越来越休闲化。如今的休闲主体往往是那些以满足休闲需要为目的的消费者。……参与休闲的，往往是那些具有一定经济能力的‘消费者’”②。“当代社会在本质上是消费主导型社会，其中休闲消费已成为最主要的消费形式之一。人们在闲暇时间内从事的休闲活动越来越趋于商业化和社会化，越来越成为显现消费的新领域。”③休闲活动(包括休闲审美活动)的商业化和产业化推动了大规模的休闲产业和休闲审美产业的形成，对市场经济社会来说，它们有效地挖掘了消费潜力，激发了市场活力，推动了休闲经济的发展，有力地带动了中国经济的发展。正如马惠娣指出的：“休闲的普及将会变成推动经济发展的重要力量，休闲消费将成为生产的主要动力之一。”④赖勤芳也指出：“不断升温的休闲经济及休闲产业，成为国民经济不可或缺的组成部分，亦成为极具时代特征的新经济形态。”⑤张玉勤也指出：“从社会经济角度考察，休闲当然是一种产业，甚至休闲作为一种产业已成为当今十分重

---

① 赖勤芳：《休闲美学：审美视域中的休闲研究》，北京大学出版社2016年版，第145页。

② 赖勤芳：《休闲美学：审美视域中的休闲研究》，北京大学出版社2016年版，第69页。

③ 赖勤芳：《休闲美学：审美视域中的休闲研究》，北京大学出版社2016年版，第58页。

④ 马惠娣：《休闲：人类美丽的精神家园》，中国经济出版社2004年版，第165页。

⑤ 赖勤芳：《休闲美学：审美视域中的休闲研究》，北京大学出版社2016年版，第59页。

要的一支社会经济力量。据美国权威人士预测，休闲、娱乐活动、旅游业将成为下一个经济大潮，并席卷世界各地。”①有鉴于休闲活动(包括休闲审美活动)对经济发展的重要意义，杰弗瑞·戈比指出：“在21世纪，休闲的中心地位将会继续得到加强，人的休闲观念会发生本质的变化，休闲的经济意义日益增加。”②

另一方面，休闲活动(包括休闲审美活动)要实现自身更好的发展，也离不开市场经济条件下经济与消费的力量。借助于经济的力量，借助于资本的投资，借助于消费者的消费热情，休闲活动(包括休闲审美活动)开展的外部环境和条件得到了明显的改善，从而有利于它们更好更快地发展。正如于光远指出的，“不同的休闲方式需要不同的休闲产品和所需的服务。这就需要有为满足这种需要的休闲产业。休闲产业就是休闲得以实现的条件。”③潘立勇进一步指出：“不同的休闲产品与服务”，可以“满足人们多样化、不同层次的休闲需要”，它们“直接切入‘人’丰富的日常休闲生活，满足人的内在的、本能的、真正的休闲需求。”④与此同时，休闲活动(休闲审美活动)也往往把对商品的消费作为自身展开的方式之一，例如很多女性热衷于逛街、购物，并把它们作为消磨时光、享受生命乐趣的重要方式。所以，为了休闲活动(休闲审美活动)获得更好更快的发展，鼓励和支持它们形成规模化的休闲产业、休闲经济就显得非常必要。正如于光远指出的：“在市场经济条件下，休闲业当然要取得经济效益，否则休闲业就不可能扩展起来，但休闲业之所以能够取得经济效益，就是因为它能满足休闲、消遣这种社会需要。”⑤需要指出的是，即使休闲活动成为产业，它们仍然可以沿着既有的轨道顺利展开，并继续发挥着自己独特的功能，而不失自己的本性。

---

① 张玉勤：《休闲美学》，江苏人民出版社2010年版，第97页。

② 张玉勤：《休闲美学》，江苏人民出版社2010年版，第220页。

③ 于光远：《闲、休闲、休闲业》，《上海商业》2004年第3期。

④ 潘立勇、汪振汉：《休闲产业的人本内涵与价值实现》，《江苏行政学院学报》2019年第6期。

⑤ 于光远：《论普遍有闲的社会》，中国经济出版社2004年版，第7页。

正如马惠娣指出的："休闲产业可以引导休闲需求与消费。这种引导开始可能只是形式上的或只是活动的参与，但是人们在参与中可能领悟到休闲带给他们的价值和快乐，会唤醒他们的休闲意识，改变休闲观念，从而自身追求更多的休闲方式和更高的休闲境界"。① 李仲广也指出："休闲商品化使提高人们休闲效用，丰富和改进休闲方式，促进人的全面发展成为可能"。② 由此看来，把休闲活动和休闲审美活动产业化和经济化，不但不会造成它们质量的下降和精神内涵的缩水，如果处理得当，反过来还可能促进它们质量的提高、精神内涵的丰富，这不但能使休闲者的身体得到放松和休息，身心健康得到维护，心灵世界得到慰藉，还能使他们的审美趣味和精神境界得到提升，多方面能力得到发展，生命价值得到实现。

从以上分析可以看出，在现代市场经济环境中，休闲活动和商品消费活动已经被紧紧地联系在一起了，休闲活动越来越多地带上了商品消费活动的色彩，而商品消费活动也越来越具有休闲化的发展趋势。正如马惠娣指出的："休闲，作为人的一种普遍存在的行为方式，必然与经济发生千丝万缕的联系。一方面，休闲可以被用来体验、娱乐、消费，支持有效的经济参与；另一方面，经济'买来'休闲，成为经济回报中的一部分；正是休闲消费的'再创造性'使得休闲成为经济中的重要组成部分。"③在消费与休闲的紧密联系中，两者逐渐产生了依存共生的关系，消费离开休闲，或者休闲离开消费，都将使它们各自遭到严重的伤害："没有消费的现实生活必定是原始的，而没有休闲介入的消费也必定是平庸的。"④两

---

① 马惠娣：《休闲：人类美丽的精神家园》，中国经济出版社 2004 年版，第 220 页。

② 马惠娣：《休闲：人类美丽的精神家园》，中国经济出版社 2004 年版，第 227 页。

③ 马惠娣：《走向人文关怀的休闲经济》，中国经济出版社 2004 年版，第 41 页。

④ 赖勤芳：《休闲美学：审美视域中的休闲研究》，北京大学出版社 2016 年版，第 144~145 页。

者相互需求、相互促进、共同发展的态势越来越明显。当今中国，置身于市场经济体系中的休闲活动已经沾染上了越来越浓重的经济、产业、消费的色彩，它们通过拉动消费，形成休闲产业、休闲经济，有力地推动了中国经济的发展；而借助于经济、产业和消费，休闲活动变得越来越形式多样、内涵丰富、质量上乘，它们像插上了腾飞的翅膀，获得了更好、更快的发展。以中国私家园林的典范——苏州园林——为例，作为依地形地势而建的园林，山水花鸟、水榭歌台俱全，为休闲者开展休闲审美活动、追求闲情逸致之美提供了绝佳的场所，休闲者身处其中会不由自主地心旷神怡、逸趣横飞，而这样的优雅闲逸的园林气象也是在明清时期江南极为发达的商品经济的社会环境中生成的。再以河南开封的“清明上河园”、洛阳的隋唐洛阳城皇家园林“九州池”为例，置身其中，休闲者会不由自主地产生悠闲、自由、自在、自得的感觉，闲情逸致往往会在不知不觉中油然而生。这些现代复建的历史景观，作为休闲产业的重要设施，在吸引人们开展休闲活动的同时，也必然会激发市场活力，推动消费升级，拉动经济增长，产生较好的商业、经济和社会效益。而反过来，中国市场经济环境的形成也为这些景观的开发、改造和提升提供了良好的经济、产业、消费支撑以及其他外在的条件。因此，“清明上河园”“九州池”等现代复建的历史景观在某种程度上也是中国市场经济环境下的产物。正如张玉勤在分析开封的“清明上河园”时指出的，清明上河园“既表现为一种产业、一种经济，又传达出一种历史、一种文化。就前者而言，大量游客聚集‘清明上河园’，无疑会给当地的交通、餐饮、住宿、购物、娱乐、导游、门票、相邻景点等带来数量可观的实际经济收益。……置身于‘清明上河园’的世界里，人们可以在高节奏的现代生活之余尽情享受闲暇与轻松。……置身于‘清明上河园’的世界里，人们有说有笑，消解了工作中的束缚、紧张、压抑，获得了自由、欢快、愉悦”①。由此看来，产业化、商业化、消费化的休

① 张玉勤：《休闲美学》，江苏人民出版社 2010 年版，第 98~99 页。

闲活动的正确开展确实能够有力地推动地方经济的发展，成为当地经济发展的重要增长点。正如马惠娣指出的："城市经济的良性循环在很大程度上也越来越依赖于休闲要求的实现……经济模式在向以休闲为依托的经济转变。"①有鉴于此，国家应该大力提倡已经产业化、商业化、消费化了的休闲活动。

不可否认，在现代市场经济的社会环境中成长起来的休闲活动往往先天地带有经济、市场、商业、消费的色彩，因此也必然会产生这样或那样的问题。这就要求国家相关职能部门积极地、主动地进行引导，使它们向人文的、精神的、审美的境界升华，从而具有丰富的精神文化内涵。正如马惠娣指出的："让休闲学和休闲产业、休闲经济服务于人的休闲——人的价值和意义，而不是服务于产值的增长和业主利润的增加。"②

三、现代物质技术手段与休闲审美的发展

毫无疑问，现代市场经济社会的到来会给休闲活动（包括休闲审美活动）带来这样或那样的问题，但是就这一社会形态本身来说，它是历史发展到一定阶段的产物，因此，它的到来具有必然性、合理性和进步性。它将在根本上、长远上、总体上对休闲活动的开展产生积极作用。具体表现在以下几个方面：

首先，现代市场经济的社会环境为休闲活动的展开提供了坚实的物质基础和充分的物质条件，包括休闲环境、休闲场地、休闲设施、休闲时间、休闲支出等。可以说"没有一定的财力作基础和保障，享受休闲很可能是一种奢望和空想"③。休闲者正是在这样的基础上，才会产生

① 马惠娣：《休闲：人类美丽的精神家园》，中国经济出版社2004年版，第146页。

② 马惠娣：《休闲：人类美丽的精神家园》，中国经济出版社2004年版，第225页。

③ 张玉勤：《休闲美学》，江苏人民出版社2010年版，第95页。

悠闲的审美的心境，才有心思和意愿开展休闲活动，才会产生开展这些活动的冲动，才能优雅从容地体验到闲情逸致之美，才能获得休闲的情趣。而像颜回那样，在极端贫困的物质生活条件下去开展休闲审美活动，追求闲情逸致之美，只有具备“圣人”那样的文化修养才能做到，只是特例和个案，不具有普遍性和代表性。

其次，现代市场经济的社会环境为休闲者提供了物质技术、方法和手段，使他们能够运用这些技术、方法和手段更好地开展休闲活动，更好地追求和享受闲情逸致之美。具体来说，市场经济的社会环境为人们提供了可以自由挑选和消费的琳琅满目的商品，这些商品为休闲者开展休闲活动提供了技术、方法和手段。例如作为一项休闲审美活动，坐在热气球上飘浮到高空去俯瞰地球，去观望和欣赏某个地方优美的自然风光，能够给休闲者带来别样的休闲情趣，使他们感受到“小天下”的成就感、满足感，因此受到很多休闲者的喜爱。但是如果没有现代市场经济以商品的形式为普通老百姓提供相关的休闲服务以及特定的物质技术手段——热气球，这样的休闲审美活动就无法开展。再如，作为一项时髦的休闲审美活动，操控无人机从宏观的视野对某个城市的建筑奇观或者自然景观进行空中拍摄并进行审美欣赏，为很多休闲者所喜爱，但是如果没有现代市场经济提供的物质技术手段——成熟的无人机技术，这一切都无从谈起。太空旅行是未来让人们期待的休闲审美活动，它必然给休闲者带来前所未有的休闲审美体验，但是如果没有现代市场经济提供的成熟的、稳定的、可靠的航空航天技术，这项活动也就只能局限于占人类极少数的航天员，普通老百姓根本无法参与。即使是日常生活中常见的休闲审美活动，如钓鱼、放风筝、跳广场舞等，如果没有现代市场经济提供的必要的物质条件，如现代的钓具、轻盈而又造型优美的风筝、现代的音响设备，这些活动也都无法很好地开展。从这些例子就可以看出，离开了现代市场经济提供的必要的物质技术手段，休闲审美活动就会受到很大的限制，许多活动也许根本就无法正常开展。并且，这些物质技术手段大多是传统农业社会无法提供的。

随着现代市场经济社会的不断发展与完善，越来越多的物质技术、方法、手段被以商品的形式提供出来，而休闲者得以以购买商品的形式对它们进行消费和利用，从而使他们能够开展的休闲活动的范围越来越大，方式越来越多且富于变化，内容越来越丰富。例如普通老百姓通过购买以商品的形式提供的机票，已经能够轻易地在飞机上观看城市风光和自然美景，享受腾云驾雾的感觉，而这种当下越来越普及的休闲审美活动如果放在 20 世纪早期以及更早以前，几乎是无法想象的。再如，通过购买和消费高科技公司提供的互联网、物联网以及其他高端技术装备和服务(例如海底拍摄技术等)，普通老百姓在家中就可以自由而轻松地欣赏五彩斑斓的海底生物世界，体验别样的休闲审美情趣。一些专业的休闲审美爱好者，还可以通过穿戴购买来的特殊的高端技术装备，通过行业专业人士以商品服务的形式提供的培训，亲自潜入海底自由观赏充满趣味的神秘的生物世界。通过购买电脑、手机等技术装备，在网络上自由而轻松地浏览和欣赏世界各地发生的精彩故事，早已成为老百姓生活中司空见惯的休闲审美活动……特别是以商品形式存在的智能手机和移动互联网技术，使“人类的休闲方式逐渐改变，休闲活动更加丰富……休闲途径的日益拓宽……休闲结构逐步改善”①，而就它们对人们的休闲方式的改变来说，它们“给人们的休闲方式带来了极大的变化，新颖、丰富、便捷的休闲新方式为人们带来了前所未有的新体验，也为休闲发展带来了新机遇”②。而这一切如果离开现代市场经济以商品的形式提供的物质技术手段和服务，都是很难想象的，反而有可能沦为少数政治精英、科技精英、商业大佬等独享的特权，离普通老百姓的休闲生活十分遥远。再如，只有在现代市场经济以商品的形式提供的技术、服务、资本、产业等的帮助下，才能汇聚起足够强大的力量将荒无人烟

---

① 潘立勇、寇宇：《“微时代”的休闲变革反思》，《浙江社会科学》2018 年第 12 期。

② 潘立勇、寇宇：《“微时代”的休闲变革反思》，《浙江社会科学》2018 年第 12 期。

的沙漠变成诗意葱茏的绿洲，将让人避之不及的穷山恶水变成让人居之心仪的青山秀水，将让人生存艰难的贫瘠荒野变成让人心生愉悦的灵秀园林，从而为休闲者开展休闲审美活动、追求和享受闲情逸致之美创造了良好的外部条件。总之，现代市场经济以商品的形式提供的这些物质技术手段，丰富了休闲者的休闲审美生活，深化了休闲者的休闲审美体验，提高了休闲者的休闲审美质量，使休闲审美活动能够更好、更充分地发挥其独特的功能，进而作用于休闲者的精神世界，维护休闲者的精神生态。在未来市场经济社会的进一步发展中，以商品的形式提供的物质技术手段将会越来越丰富，而以此为基础开展的休闲审美活动也将给人们带来更多的惊喜，提供更广阔的想象空间。

当然，必须辩证地认识到，现代市场经济的社会环境并不是所有的休闲活动得以展开的必不可少的条件，并不是说离开了这些外部条件，这些活动都将无法进行。因为这些活动能否顺利开展并不主要取决于外在的物质条件，而主要取决于休闲主体是否拥有悠闲的审美的心境。正如张玉勤所说："休闲需要消费，但休闲未必总要花很多钱，有钱的人也未必真正能享受休闲。林语堂就曾说过，享受悠闲生活当然要比享受奢侈生活便宜得多；没有金钱也能享受悠闲的生活，有钱的人不一定能真正领略悠闲生活的乐趣，只有那些轻视钱财的人才真正懂得其中的乐趣。"①

第二节 市场经济社会休闲审美的误区

现代市场经济社会环境的形成和发展固然在根本上、长远上、总体上有利于休闲活动的开展，但是这样的社会环境也不可避免地给后者带来了诸多问题，如果在其中不恰当地开展休闲活动，甚至有可能使这些活动走向误区。正如于光远指出的，休闲"既可以成为人类'成长'的助

① 张玉勤：《休闲美学》，江苏人民出版社 2010 年版，第 96 页。

推器，也可以因‘闲’不当，而让人类沦为‘魔鬼’”①。马惠娣也深刻地指出：“有了闲暇，如果不能有价值地利用它，那么闲暇必然演变为社会机体或个体机体上的毒瘤。”②例如市场经济社会中的休闲活动可能被消费主义绑架，从而丧失自身丰富的精神内涵；可能被某些人利用而成为特权、身份、地位的象征，甚至沦为建构特定社会关系的手段，从而丧失其自得其乐、情趣盎然的一面；也可能为上层阶级所垄断，成为他们用来区分和人民大众的差异的标识，最终远离了人民大众的生活；也可能受享乐主义以及其他错误的休闲观念的影响，使自身过分黏滞于物质层面和较低的精神层面而失去应有的精神升腾的力量；还可能因为过分执着于自我、关注一己之乐而忽视自然生态，甚至产生反自然、反生态的倾向，从而导致与自然生态关系的恶化。所有这种种误区都可以说偏离了休闲活动的“‘人学’初衷”和“人本宗旨”③，甚至可能导致这些活动走向异化，沦为“异化休闲”或“伪休闲”，失去灵魂和本性。具体来说，中国市场经济社会中的休闲活动可能存在的误区主要表现在：

一、消费主义的绑架

在现代市场经济的社会环境中，包括生活必需品在内的诸多事物都开始以商品的形式出现，所以人们要生活，就必须以购买和消费这些商品的方式生活。在这样的社会环境中，甚至连闲暇时间以及对闲暇时间的打发、消磨也都带上了消费的色彩。正如阿格尔指出的：“当代世界的闲暇时间往往是用受广告操纵的消费来填补的，这种消费是闲暇时间意义的唯一来源。”④这样，利用闲暇时间开展休闲活动，也就自然地成

---

① 于光远：《书面发言》，马惠娣、宁泽群主编：《跨学科研究：休闲与社会文明》，中国旅游出版社2010年版。

② 马惠娣：《瞭望休闲学研究之前沿》，《洛阳师范学院学报》2010年第2期。

③ 潘立勇、汪振汉：《休闲产业的人本内涵与价值实现》，《江苏行政学院学报》2019年第6期。

④ 本·阿格尔著，慎之等译：《西方马克思主义概论》，中国人民大学出版社1991年版，第498页。

了一种商品消费活动。事实上，现代意义上的休闲活动本身就是现代市场经济社会环境的产物，自然地带有商品消费的属性，而传统的休闲活动也将在其中被改造和重塑，从而带上商品消费的属性，成为现代休闲体系(当然包括现代休闲审美体系)的重要组成部分。由此看来，在现代市场经济的社会环境中，休闲活动(包括休闲审美活动)以商品消费的形式呈现出来，有其必要性、必然性与合理性。以适度的商品消费的形式开展休闲活动(包括休闲审美活动)，来改变刻板的清教徒式的生活，追求愉悦和乐趣，打发掉无聊的时光，是现代人普遍的生活方式，显得合情合理。

市场经济条件下的商品消费介入休闲活动本来无可厚非，但是必须保持适度。如果让它们沾染上过于浓厚的商品消费色彩，也会产生一系列问题。例如这些活动一旦被过度商品化、消费化，随之而来的就是标准化、模式化、简单化，从而使它们的精神内涵缩水，质量降低。再如，这些活动一旦被过度的商品消费模式操纵，甚至被消费主义绑架，往往会滑入万丈深渊而无力自拔。有人在这种模式或观念的引导下，以商品化、消费化的休闲活动来满足自己的物欲、占有欲，表现出对物质层面的过度追求和沉迷，甚至沦为物欲、占有欲的奴隶。正如马克思指出的："商品崇拜是人的异化的主要因素。人类被他们自己的商品奴役了，即使休闲的自由和亲密关系的共享也被物化为一种占有与消费的精神状态。"①约翰·凯利在新的时代条件下进一步指出："如果休闲成了一种高度商品化的参与市场供应与资源分配的活动，那么它也就变成了被异化的活动。"②马惠娣更具体地指出："休闲便被'商品化'所扭曲，它不再是自由与'成为'的领域，而是经济、政治所控制的工具。在资本主义社会中，甚至将休闲变成了生产的附属物，在这样的休闲中没有

---

① 马克思：《资本论》第1卷，人民出版社1972年版，第172页。

② 约翰·凯利著，赵冉译：《走向自由——休闲社会学新论》，云南人民出版社2000年版，第205页。

自由，只有对占有、控制和地位的欲望。”①由此看来，休闲活动固然可以通过经济的、市场的、消费的形式呈现出来，但是不能过度，不能单纯地逐利或追求物欲的满足，更不能滑入物质主义、消费主义、享乐主义。

休闲活动过度商品化和消费化的深层原因，在于畸形的消费主义的流行。这种畸形的消费观念兴起于西方19世纪中叶市场经济氛围浓厚的社会环境中，它坚持的准则是“追求体面的消费，渴望无节制的物质享受和消遣，试图以物欲的满足和占有来构筑其心理和精神的需求，把人的价值单一地定位于物质财富的享用和高消费的基础之上”②。显然，这种观念是有问题的，它遭到了很多理论家的批判。马克思就曾经对受这种观念影响、通过无偿占有他人的财富而过度的、肆意的消费、挥霍、享受的人的行为进行过深刻的批判，认为这些人“把人的本质力量的实现，仅仅看作自己放纵的欲望、古怪的癖好和离奇的念头的实现”③，这不仅不能实现他们的本质力量，反而会造成他们精神自由的丧失与精神世界的贫瘠。正如马尔库塞指出的：“支配物质产品从来都不是人类劳作和智慧的全部工作……一个人如果将其最高目标和幸福都倾注到这些产品中，必定会使自己成为人和物的奴隶，出卖了自己的自由。”④毫无疑问，这种肆意消费、挥霍、享受物质财富的畸形消费观念也必将对休闲活动产生消极的影响。例如，一些人把休闲等同于消费商品，在他们看来，休闲就意味着对各种商品的购买、占有、消费和使用，“休闲就成了日常生活消费在自由时间内的延伸和转移，休闲时间成了用来消费产品的一段时间，休闲感受让位于物质享受，休闲越来越

① 马惠娣：《休闲——文化哲学层面的透视》，《自然辩证法研究》2000年第1期，第62页。

② 于光远：《论普遍有闲的社会》，中国经济出版社2004年版，第108页。

③ 《马克思恩格斯全集》第42卷，人民出版社1979年版，第141~142页。

④ 马尔库塞著，李小兵译：《审美之维》，广西师范大学出版社2001年版，第104页。

像可以出售的商品、可以购买的回报"①。受其影响，还有一些本不属于休闲活动的行为也打着"休闲"或"休闲审美"的幌子，行赚钱盈利或奢侈腐败之实，完全背离了休闲活动的本义。正如张玉勤所说："如今的一些茶社、咖啡厅、洗浴中心等，与其说是休闲场所，倒不如说是消费场所，因为这里显然少了份诗意、休闲和体验，更多的则是比消费、求排场、讲身份，甚至成为腐败和色情的滋生地。"②受其影响，休闲活动也将在畸形的消费中走向异化，或者说"商品消费对休闲的垄断使之成为新的异化休闲形式"③，从而使它们变成"俗闲""恶闲"，变成"伪休闲""异化休闲"。可以说，这种被异化了的休闲活动已经被过度的商品消费所"绑架"，成了高档消费、超前消费、冗余消费、奢侈消费的代名词，不再能够让人们"解除体力上的疲劳，恢复生理的平衡"或者"获得精神上的慰藉，成为心灵的驿站"④，也不再能给人们带来悠闲的审美的心境和盎然的闲趣，更不能使他们实现生命的价值与意义。

更深一层来看，在现代市场经济社会中，商品消费观念的畸形发展所形成的消费主义，还从根本上损害着休闲活动的超越性和精神性，使其中蕴含的人生价值与意义丧失。具体来说，畸形的消费主义必将带来人们消费的异化，以及休闲活动的异化。人们似乎只有以购买和消费商品的形式开展休闲活动，才会觉得人生有意义、有价值，从而使其中本应包含的悠闲、自由、自在、自得的审美心境以及让人沉醉的生命情趣丧失，当然也使其中内在应有的超越性和精神性丧失。正如马斯洛指出的："经济价值本身成了目的，生命的意义也就沦为单纯的享乐和安逸

---

① 张玉勤：《休闲美学》，江苏人民出版社 2010 年版，第 85 页。

② 张玉勤：《休闲美学》，江苏人民出版社 2010 年版，第 85 页。

③ 杨林：《现象学视域下的休闲美学及其基本问题探析》，《湖北社会科学》2015 年第 1 期。

④ 马惠娣：《人类文化思想史中的休闲——历史·文化·哲学的视角》，《自然辩证法研究》2003 年第 1 期。

了。商品(包括技术)也就仅仅有益于从物质上维持肉体及身心的安逸。在这无休止的获得与消耗的自然循环中，生命的意义……丝毫不曾得到回答。"①马惠娣也指出："在现实中，当琳琅满目的物品把大众日常生活从传统的'悠然自得'的自由状态，引向无穷无尽的'消费自由'的享乐之时，它在开了一条使现代社会的富人和穷人尽其可能地占有生活的物质基础的道路的同时，不由自主地把人的自由纳入了'消费'制度体系之中。自由不再是需要精神付出的艰难行程，反而变成了由'消费'来加以组织的享受形式。"②更具体地说，在这些休闲活动中，由于沉溺于低层次的商品消费和物欲满足，将会使相关休闲主体的思想意识、文化审美、观念信仰等精神层面的东西，或者受到粗暴的入侵，或者遭到无情的抛弃，其结果是，他们的精神世界变得空虚，甚至出现危机，他们的人生意义与价值丧失，精神境界明显下降，自由感、幸福感全无。而就人文知识分子来说，他们在休闲活动中一向崇尚的"淡泊明志，宁静致远"、一向追求的闲情逸致之美，在过度的商品化、消费化浪潮中以及畸形的消费主义浪潮中，也无法独善其身，被拖入难以抑制的物质欲望的泥潭中，丧失了丰富的精神文化内涵。当然，在这一过程中，休闲活动自身也遭到严重的扭曲，其精神文化内涵同样严重萎缩。

总之，我们并不反对休闲活动和市场、经济、产业、商品、消费等适度地结合在一起，因为现代意义上的休闲活动本身就是市场经济的社会环境的产物，因此两者适度的结合有其必要性、必然性与合理性。我们反对的是畸形的消费主义以及在它的引导下出现的过度消费、异化消费给休闲活动、休闲审美活动带来的一系列问题。正如张玉勤所说的："休闲需要消费，关键是要适量适度。不能把休闲仅仅视为消费的变体，或完全迷失于功利化的社会消费系统之中，因此舍弃休闲的文化、精神

---

① 马斯洛著，林方等编译：《人的潜能和价值》，华夏出版社 1987 年版，第 24 页。

② 马惠娣：《休闲：人类美丽的精神家园》，中国经济出版社 2004 年版，第 17 页。

和意义的向度……不能一味地追求物质享受和经济消费，动辄挥霍无度，一掷千金，而要追求休闲的质量和品位，以质休闲，以趣休闲。”①

二、身份地位的象征

在当今市场经济的社会环境中，休闲活动和休闲审美活动为人们趋之若鹜，成为一种社会风气，甚至成为一种时尚，其原因是多方面的：人们可供自由支配的闲暇时间越来越多；人们在工作中觉得过于劳累、疲惫，因此需要通过这样的活动来放松神经、愉悦身心；当然也有些人想通过这样的活动来实现高层次的人生追求，如培养情趣、发现意义、启迪智慧、提高精神境界……其中一个重要原因是，不同形式的休闲活动往往被一些人看成是不同的人身份地位的象征。占有较多物质财富、社会地位较高的人和占有的物质财富不多、社会地位不高的人，他们所开展的休闲活动也确实存在一定程度的差异。例如，在市场经济较为发达、热闹繁华的城市里，人们开展的休闲活动往往花样繁多、内涵丰富、境界较高；而在市场经济不够成熟、偏僻落后的小山村里，自觉的休闲活动较少，并且方式单一、内涵单薄、层次境界不高。这种在休闲活动中呈现出的城乡差异在一些人看来就是人与人之间身份地位差别的表现。因此，这些人试图通过开展独特的时髦的休闲活动来建构自己的身份、地位以及社会关系，炫耀自己生命存在的优越感，进而达到其他各种各样的目的。再如，一些人通过需要雄厚财力支撑才能开展的休闲活动，如开高档汽车，驾驶昂贵的游艇在海面上肆意纵横，驾驶私人飞机在高空盘旋等，来展现自己的时尚、时髦，来炫耀自己的排场、阔气，来凸显自己的优越感，来证实自己的与众不同。正如张玉勤所说的：“在那些‘有闲阶级’看来，只有过上有闲生活才能保持自鸣得意的心情，才能显示自己比别人优越。他们的休闲就是以炫财比富的方式告

---

① 张玉勤：《休闲美学》，江苏人民出版社2010年版，第96页。

诉世界他比邻居和朋友更有钱，消费的更多，也更有地位。”①按照他们的逻辑，除了可以凸显自己超越众生的优越感外，通过这些活动还可以达到其他外在的目的如政治（如政治协商与谈判）、经济（如签订经济合同）或个人生活（如吸引异性注意）等。特别是那些通过过度消费开展的所谓的“休闲活动”（往往是“异化休闲”）就更是如此，相关“休闲”主体在吃、喝、玩、乐等肆意的物欲享受中，炫耀自己的身份地位，树立自己的等级尊严，确证自己的生命优越感，构建自己的社会关系。

三、形而下的沉溺

正如前文所述，休闲活动是分层级的，从多个方面满足社会各个阶层的人们不同层次（从低级的身体生理层次到高级的精神文化层次等）的需要。但是就其本性和本质来说，它们更倾向于满足人们的高级的精神文化层次的需要，它们要超越利害得失和现实功利的考虑，达到理想的休闲境界——精神的自由、自在与自得，甚至精神的创造与成长。但是在市场经济的社会环境中，休闲活动有时却无法切近其本性和本质，一些人对它们缺乏真正的了解，造成他们在开展这些活动时未必能达到高级的精神文化层次，反而沉溺于形而下的层次不可自拔，失去了精神升腾的力量，导致了精神、文化、审美的“贫困”。

就当下中国的具体情况来说，由于从传统农业社会走出来的时间还不长，受国家综合国力、现代化发展水平、人们的物质生活条件等的影响，一些老百姓的受教育程度有限、文化素养低下、精神境界不高，他们对休闲活动的本性、本质、价值和意义等的认识还很不到位。这使他们在放纵本性开展休闲活动的过程中，往往忽视其中包含的精神的、文化的、审美的内涵，转而滑入形而下的琐碎的、物质的、庸俗的层面中去，转而滑入身体的、生理的层面中去。当然，源自西方、在当下中国逐步形成的市场经济的社会环境中的休闲活动，本身就内在地包含着物

① 张玉勤：《休闲美学》，江苏人民出版社 2010 年版，第 10 页。

质层面的因素。因此，生活在这一社会环境中的人们在开展休闲活动的时候，会很自然地将它们与市场、经济、商业、商品、消费等结合起来，如果他们的人生追求、精神境界、文化素养、审美理想、审美情趣再不高，就必然地失去精神升腾的力量，沉溺于形而下的物欲、性欲、情欲、占有欲中去，滑向低俗、庸俗甚至媚俗的境地中去，其结果必然造成休闲活动的畸形与异化。正如有学者指出的："如果忽略了休闲的精神价值和意义，仅仅把休闲视为消磨时光，或者简单的休息，没有一个健康的生活方式和休闲方式，那就有可能闲情寄错，导致生命的变异和休闲美的异化，产生出生活丑和休闲丑。"①这种休闲活动的畸形与异化可以表现在以下几个方面：

（一）逃避现实、空虚无聊、无所事事、懒惰懒散的表现和借口

休闲和劳动、工作都是人类生命活动不可或缺的组成部分，如果走向一个极端而完全忽视另一个方面，将会对人们的身体健康、身心和谐以及精神生态造成严重的伤害。具体就市场经济的社会环境来说，它给人们的生存带来巨大的压力和动力，能够促使他们努力工作并成就一番事业。当然也会使一些"休闲者"在畸变和异化了的所谓的"休闲活动"中沉沦，沦为百无一用的废物。在现实生活中，如果一个人工作过于拼命、劳动过于辛苦，完全没有休闲的时间和空间，那么这将使他身心俱疲，心灵空间萎缩，精神生态失去平衡与稳定。这样的例子在生活中不乏其人。例如一个人心怀远大的理想，清教徒式地抑制自己的各种欲望（包括合理的欲望），心无旁骛、专心致志地努力工作，竭力成就一番伟大事业。显然，这种体现崇高、伟大精神的行为值得人们肯定与赞美。但是，这一行为也将迫使他不得不做出一系列的自我牺牲。他将严重缺乏足够的自由闲暇时间、从容优雅的审美心境，去开展休闲活动，去追求生活中的闲情逸致，从而使他的人生显得机械、呆板、单调、乏

---

① 吕尚彬、彭光芒、兰霞编著：《休闲美学》，中南大学出版社 2001 年版，第 309 页。

味，缺乏人性、人情、乐趣、滋味、色彩，相应地也就缺乏弹性、韧性与活力，因此是不可持久的。相反，如果走向另一个极端，国家、社会、家庭和自身的处境都迫切需要他去劳动、工作，而他却在身心健康、精力充沛、精神生态稳定的情况下，以开展所谓的休闲活动为借口，不愿意去劳动和工作，不愿意对国家、社会、家庭和自身负起该负的责任，做出有意义和价值的事情，那也会陷入虚无主义的泥潭，造成他精神世界的空虚、无聊、单调、乏味。正如有学者指出的："人需要休闲，但又不可太闲。如果闲得无事可做，那就难免空虚，生出无聊。"①甚至会陷入颓废、沉沦、绝望乃至不可救药、万劫不复的境地中去。这样的例子在现实生活中似乎更多。例如一个人生追求、精神境界、文化素养、审美理想、审美情趣不高的人，不愿意认真地面对现实生活，不愿意通过辛勤劳动实现独立自主的、有尊严的生存，不愿意为社会做出应有的贡献，实现人生的价值与意义。他的享乐主义思想抬头，远离和逃避劳动和工作，醉心于他所谓的"休闲活动"，甚至沉溺于形而下的物欲、性欲、情欲、占有欲等欲望，懒惰懒散，碌碌无为，无所事事，一事无成，甚至玩物丧志、惹是生非，沦为百无一用的废物，在毫无意义的空虚无聊中度过自己的人生。这时，他们开展的所谓的"休闲活动"也早已不再是它们自身，而是它们自身的畸变和异化。正如吕尚彬等人指出的："休闲娱乐，毕竟只是拼搏和休闲构成的完整人生的一部分。如果过分沉溺休闲，那同样是人生的偏转。如果加上休闲主体的自身素质与道德、艺文、审美修养脱节，休闲活动根本不可能上升为休闲美，都有可能导致玩物丧志，爱下棋的或许变成了'臭棋篓子'，喜欢足球的或许变成了'足球流氓'，沉溺网络的或许变成为'电子海洛因吸食者'，养花种草的变成为'花痴草迷'等等。"②这样的人物

① 吕尚彬、彭光芒、兰霞编著：《休闲美学》，中南大学出版社 2001 年版，第 313 页。

② 吕尚彬、彭光芒、兰霞编著：《休闲美学》，中南大学出版社 2001 年版，第 315~316 页。

在中国和西方、在历朝历代都是存在的，并在文艺作品中得到了生动的、形象的、典型的反映。例如俄国作家描绘的那些“多余的人”形象系列，就是这类人物的典型代表。在当下中国市场经济的社会环境中，无论是城市还是乡村，都不乏这样的人。

当然，在现实生活中，这种真正走向极端的人是很少见的，更常见的情况是，一些人以开展所谓的“休闲活动”为借口，逃避现实生活，在毫无意义的所谓的“休闲活动”中空耗时光、虚度人生。例如有人在工作劳动之余适度地上网、看电视、打游戏，并把它们作为休闲活动来放松身心、获得精神慰藉，并无不可。但是，也有人以牺牲必要的工作、劳动和学习时间为代价，不分白天黑夜地上网、看电视、打游戏，并把它们作为人生的全部寄托。更有甚者，有人以家人辛苦的工作换来的微薄收入作为经济来源，去开展所谓的“休闲审美活动”，去追求所谓的“闲情逸致”，而完全无视家人的付出与不易，甚至成为家人和社会的负担，这不但不值得尊敬，反而显得可憎。从另一个角度看，休闲活动是分层级的，有低层次和高层次之分，即使是同一种休闲活动，由于休闲主体的差异，也可能使它们趋向于不同的甚至相反的层次和境界。如果休闲主体在空虚无聊、无所事事中沉溺于休闲活动的琐碎的、物质的、庸俗的层面而不去努力升华它们，不去挖掘其中的超越性、精神性、审美性内涵，这明显对他们的精神健康是不利的。例如有人在百无聊赖之中停留于感性层面的看电视、看电影、上网、打游戏、歌厅飙歌等，不去领悟其中包含的深层的超越性、精神性、审美性内涵，更不去从事看书、散步、旅游、欣赏风景、创造文艺作品等更倾向于超越性、精神性、审美性的休闲活动，这毫无疑问将不利于他们生命内涵的充实、精神境界的提高以及精神健康的实现。吴文新曾对当下中国人层次不高的休闲现状进行过分析，他指出，“我国人民的休闲还处于较低层次，把学习知识、接受教育、欣赏艺术、积极参加各种公益活动、培养志愿者精神作为休闲的主要内容的人太少”①。这种现象的出现，往

---

① 吴文新等：《大众休闲与民闲社会》，黑龙江人民出版社 2009 年版，第 31~32 页。

往与休闲者的思想文化素养与精神境界不高有关。针对这种现象，张法对休闲者提出了这样的建议："'玩'不是一般的玩，而是以一种胸襟为凭借，以一种修养为基础的'玩'。它追求的是高雅的'韵'，它的对立面是'俗'。"①

（二）放纵欲望的工具

从根本上来说，休闲活动与休闲主体的内在精神世界（包括人生追求、精神境界、思想文化素养、生命观念与态度、心态与情感、对外部世界的感受与体验、对人生价值与意义的理解与感悟、审美理想、审美情趣等）紧密相关。相应地，"判定某项活动是否属于休闲，关键要看主体的心态和该活动能否给主体带来自由放松、审美愉悦和境界提升"②。从这个标准来看，并不是所有以"休闲活动"命名的活动都是真正意义上的休闲活动。例如遍布大街小巷的休闲养生会所、休闲洗浴中心、休闲疗养中心、娱乐购物中心、酒吧舞厅、休闲食品体验场所、休闲服饰体验场所……以它们为载体开展的某些活动在一定程度上确实满足了人们的合理欲求，例如，恢复了人们的身心健康，放松了人们的紧张情绪，使人们获得了心灵愉悦等，从而属于休闲审美活动。而有些则有名无实，表面上打着"休闲审美活动"的幌子，实质上却成了腐化堕落的温床：藏污纳垢，伤风败俗，肆无忌惮地从事着非法的、低俗的、色情的交易，满足着相关主体无耻的、低劣的、灰暗的私欲。这就与本质意义上的休闲审美活动毫无关联，甚至背道而驰了。例如，作为休闲审美活动，下棋、打牌、玩桌球等，本来属于工作之外的不涉及利害得失的充满闲趣的活动，能够给人们带来轻松和欢乐，但是有人却饱含功利之心，心机算尽，刻意以此为手段去曲意逢迎有利用价值的所谓的"休闲"伙伴，试图以此达到这些活动之外的经济、商业、政治、军事、社会、私人生活等目的，甚至达到某些不可告人的目的（例如通过不正

---

① 张法：《中国美学史》，上海人民出版社2000年版，第224页。

② 张玉勤：《休闲美学》，江苏人民出版社2010年版，第88~89页。

当手段获得某些权力、职位或利益等)，这都是休闲审美活动畸变和异化的重要表现。再如，打麻将作为一项休闲审美活动，顺应了人们游戏、玩耍的天性，包含着丰富的精神文化内涵，如果人们能够在悠闲的、从容的、优雅的、审美的心境中去参加这项活动，必然给他们带来无穷的闲情、闲趣、闲致、闲意，带来无限的自由、欢乐、愉悦。但是如果让一些素质低下、境界不高的人来开展这项活动，却可能把它异化成赌博的工具、暴富的手段等，来满足他们的占有欲、金钱欲、发财欲，“怕就怕玩将起来，不管三七二十一，搓麻将，斗地主，炸金花，赌斗鸡，把一个个正常的休闲活动异化为赌博的某种形式。有的人一进入角色，就没有节制，并且非要带点‘彩’，好像不来钱就不刺激，不带劲”①。也有人以此为幌子，从事着其他见不得人的勾当，“贪赃枉法，行贿受贿，卖官鬻爵，非法敛财，包二奶或养二爷。从古至今，发生在麻将桌子上的奇事、怪事、缺德事、伤心事、惨痛事不胜枚举，罄竹难书”②。更有一些素质低下、缺乏同情心的人，兽性和破坏欲爆棚，把欣赏血腥的搏杀场面作为充满乐趣的休闲审美活动，热衷于观看人与人、人与兽之间的生死搏杀(古罗马角斗士之间的生死搏斗、古罗马斗兽场中奴隶与猛兽之间的生死搏斗等是其先例，至今仍有西班牙斗牛节中的斗牛活动)，从中寻求新鲜、刺激、快感、乐趣，而置他人以及其他生命的生死于不顾。再如购买古玩或收藏，如果能够超越功利，在悠闲的审美的心境中进行，确实能满足相关主体的精神需求，给他们带来不少生活的乐趣和心灵的愉悦，丰富他们的知识，提升他们的精神境界。但是也有人试图通过这样的活动，来满足自己的购物欲、恋物欲、占有欲、贪欲、虚荣心，来炫耀自己与众不同的身份地位，这已经与休闲审美活动沾不上边了。再以饮酒为例，不论是一个人独酌或者是和朋

① 吕尚彬、彭光芒、兰霞编著：《休闲美学》，中南大学出版社 2001 年版，第 312 页。

② 吕尚彬、彭光芒、兰霞编著：《休闲美学》，中南大学出版社 2001 年版，第 311~312 页。

友聚饮，都可以成为休闲审美活动，给相关参与主体的生活带来优雅的情调、斑斓的色彩、无穷的乐趣，而有人却把它异化成了满足欲望、发泄情绪、肮脏交易、胡作非为、惹是生非的手段，完全背离了休闲的本义。所有这些畸变、异化了的休闲活动和休闲审美活动，都丑化着这些活动在人们心目中的形象，伤害着人们的身心健康，拉低着人们的精神境界，破坏着人们的精神生态，败坏着伦理道德规范和社会风气，实际上已经与休闲审美活动的本义风马牛不相及了。

总之，很多包含着丰富精神内涵的休闲审美活动，由于相关参与主体素养不高、精神境界低下，都可能畸变和异化成赌博、暴力、低俗、色情等活动，满足他(她)们的物欲、权力欲、占有欲、破坏欲、金钱欲、贪欲、兽欲等各种非理性欲望，从而对这些活动造成严重的伤害。正如张玉能、张弓指出的："一般的观念中，休闲时间和活动是人们的私人事情，是一个私密的事情，完全可以放松一点，随意一点，于是休闲的时间和活动就更加容易流于'三俗'('庸俗、低俗、媚俗')，一些不登大雅之堂的欲望化趣味、满足生理需要的某些服务……在阴暗的角落里蔓延流行，使得一部分人的休闲时间和活动变得乌烟瘴气，庸俗不堪。"①面对这种情况，必须进行批判、整顿和改造。

(三)在玩物丧志中成为懒人、庸人、俗人

在市场经济的社会环境中，对于普通老百姓来说，休闲活动往往需要在劳动、工作之余进行，以不耽误正事、正业为前提，这样它们才会获得充分的合理性、必要性与可能性，休闲者也才会获得可靠的经济来源，具有开展相关活动的坚实的物质基础，进而才会有乐观、自信与豁达的心理状态，才会有悠闲的、自由的、自在的、自得的、审美的心境去开展休闲活动。否则如果本末倒置，不去劳动、工作，不顾正事、正业，荒废事业、学业等，去开展所谓的"休闲活动"，去追求所谓的"闲

① 张玉能、张弓：《身体与休闲》，《华中师范大学学报》(人文社会科学版)2014年第5期。

情逸致之美”，则会在不知不觉中使自己的活动滑入游手好闲、不务正业、玩物丧志的境地，遭人唾弃。这样的例子在中国历史上不乏其人，在当今的市场经济条件下更是不胜枚举。例如，同样是玩赏鹞鹰，唐太宗在将国家治理得井井有条，甚至出现“贞观之治”的社会背景下，于繁忙国事之余玩赏鹞鹰，以此来放松身心、调养精神，就得到了世人的尊敬、理解与认同。而五代后晋皇帝石重贵在外敌入侵、国家危难、政局动荡、自己即将成为亡国之君的社会背景下，仍然在后花园里若无其事地赏玩鹞鹰，纵情享乐，则是一种典型的玩物丧志行为，令人耻笑。宋徽宗赵佶可以说是休闲审美活动的行家里手，他在琴、棋、书、画、诗文、足球等领域样样精通，趣味盎然，但是他在与金国的军事斗争中却连连败退，使国家逐渐陷入危机四伏甚至濒临灭亡的境地。即使在这样严峻的国家形势下，他依然沉迷于上述诸种休闲审美活动，甚至根据踢球技艺水平的高低来选拔任用官员……结果国家灭亡了，自己也被金兵掳走了，成了亡国奴与阶下囚，显得荒唐可笑、可悲可叹。当然，在市场经济条件下，类似的情况更是比比皆是。一些资本大佬、商业大亨及其家属，其生存境遇早已超越了为金钱、为基本生活而焦虑或者担忧的阶段，但是他们却可能因为缺乏应有的素养、理想、追求、境界等而迷失人生的方向，丧失人生的价值与意义，从而显得慵懒闲散、无所事事、虚空无聊甚至百无聊赖。在这种心境和心态下，他们可能为了拥有人生的寄托、获得精神的慰藉而去寻找生命的乐趣，去开展所谓的“休闲审美活动”并沉迷其中，但是又往往缺乏超越和升腾的精神力量，从而迷失自我，最终沦为懒人、庸人、俗人、恶人、废人。正如吕尚彬等人指出的：“如果神情专注于物而不能超越，大者贻误国事，小者荒废学业，更有甚者，玩物丧命或不顾廉耻。夺人所爱，玩物丧志的也大有人在。现实生活中，玩物丧命的例子为数不少。”①

---

① 吕尚彬、彭光芒、兰霞编著：《休闲美学》，中南大学出版社 2001 年版，第 314 页。

总之，上述畸形的、异化的“休闲活动”严重地伤害了人们的身心健康，玷污了人们的精神世界，降低了人们的精神境界，扰乱了人们的精神生态。而要解决这些问题，还需要人们深化对休闲活动的本性、本质、价值、意义的认识，避免“在闲暇时间内去做不利于自己，甚至不利于社会的事情，去做不利于当前或者不利于未来的事情……防止和克服一切消极的填充闲暇的方式”①。在此前提下提升休闲者的精神文化素养，重视“有文化地休闲”，倡导并展开真正意义上的休闲审美活动，并通过这样的活动使休闲者获得悠闲自得、从容散淡的心境，理解和感悟人生的价值与意义，完善自己的人格，提升自己的精神境界，最终实现自己精神世界的自由、超越、新变与成长。正如有学者指出的：“声乐酒色并非不要，而是应对之保持一种审美的超越”。②

四、生态矛盾的激化

人类众多的休闲活动都离不开特定的自然生态环境。人类一方面细心呵护这一环境，另一方面又在其中开展休闲活动，以恢复体力、修养精神、实现身心的发展与成长。可以说，人类的休闲活动与自然生态环境之间存在着天然的亲近关系。这种亲近关系从“休闲”的本义就可以看出来。“休”字的本义是“人依木而休”，“闲”字的重要含义之一通“娴”，“具有娴静、思想的纯洁与安宁的意思”，另一含义为“门与门框之间有了空隙”，“月亮光射到门里来”③，进一步引申为“门缝中看月亮”，它们都体现了人们的休闲活动与自然生态之间的相互依存、良性互动、和谐共生的关系，并使人们在其中实现了身体的放松、心灵的愉悦、精神的和谐。然而在当今市场经济的社会环境中，一些中国人开展

① 于光远、马惠娣：《关于“闲暇”与“休闲”两个概念的对话录》，《自然辩证法研究》2006 年第 9 期。

② 陆庆祥：《走向自然的休闲美学——以苏轼为个案的考察》，浙江大学出版社 2018 年版，第 120 页。

③ 于光远：《论闲之为物》，《未来与发展》1996 年第 5 期。

的所谓的“休闲活动”却不是这样，而是在有意无意中破坏了自然生态环境，从而沦为畸变的、异化的“休闲活动”，完全背离了休闲的本义。以当下流行的自然风光游这种休闲审美活动为例，旅游所在地的自然景观资源和环境往往存在着因过度的商业开发和运作而遭到破坏的情况，而过度爆棚的游客在其中旅游、赏玩的过程会进一步恶化这种状态。正如马惠娣指出的：“旅游业的过快发展和景区的人满为患，带给人类的不仅是经济发展的福音，还有环境恶化、水质污染、生态破坏等所产生的隐患和警示。”①特别是在一些旅游者身上出现了“为满足好奇心和追求感官刺激对自然的践踏而导致的生态环境的破坏”②。当然，不仅是自然风光游，当今中国诸多以高消费、超前消费、冗余消费、过度消费等方式开展的异化了的“休闲活动”，在扭曲相关休闲主体的灵魂，使他们的病态欲望得到满足的同时，也往往会消耗大量的自然资源，破坏自然环境，恶化自然生态系统。例如有人为了开展休闲活动，不惜建造奢侈豪华的硬件设施，从而损耗了大量的自然资源，甚至严重破坏了当地的自然生态系统。例如修建豪华的高尔夫球场、赛马场、大型景区，建造气派的别墅群、大型木结构仿古建筑，都可能使大片的森林、草地以及其他自然生态资源在地球上消失。再如，大量的游客聚集在豪华游轮上对海上的珊瑚礁进行近距离观赏，也可能会对这片珊瑚礁造成不可修复的破坏。再如，大型的海边旅游活动或者海边休闲聚会，不仅会消耗掉大量的自然资源，还会产生大量的垃圾和废物，严重污染海水，给当地的自然生态环境造成沉重的负担。开着拉风的大排量汽车、高油耗摩托车成群结队地在公路上兜风、飙车、比赛，固然可以给相关休闲主体带来惊险、刺激、炫酷、畅爽的休闲审美体验，但是这些汽车、摩托车排放的废气会造成严重的空气污染，从根本上破坏当地的生态环境。正如马惠娣所说：“以经济价值为目的的无休止的行为，以及人们仅仅

① 张玉勤：《休闲美学》，江苏人民出版社2010年版，第101页。

② 于光远、马惠娣：《关于文化视野中的旅游问题的对话》，《清华大学学报》(哲学社会科学版)2002年第5期。

为满足好奇心和追求感官刺激对自然的践踏而对生态环境的破坏，它所带来的负面影响绝不可低估。”①

不仅如此，一些畸变的、异化的“休闲活动”还推动着城市走向喧嚣，从而对人们的内在精神生态系统造成干扰与破坏。在一些休闲会所、休闲娱乐中心、歌厅舞厅、餐厅酒吧等场所，休闲者对着麦克风纵情飙歌固然可以让他们尽情地发泄内心的情绪，缓解他们生活、工作中的压力，恢复他们心理的平衡，但是那些传播得很远的震耳欲聋的狂吼乱叫也包含着催人发狂的力量。城市广场上的广场舞、打陀螺、甩鞭子等休闲活动，固然可以给相关休闲主体带来生命的乐趣和审美的享受，但是它们产生的大量噪音却也严重地干扰了在附近居住的老百姓的宁静的精神世界与和谐、稳定的精神生态。乘坐着旅游直升机或者私人直升机在高空俯瞰广袤大地上的美景，固然可以给相关休闲主体带来全新的休闲审美体验，但是直升机发出的巨大轰鸣声也会给在附近生活的居民带来揪心的心理干扰，使他们失去心灵的平静、安宁与和谐，变得焦躁不安，精神生活状况快速恶化……这些畸变了的、异化了的“休闲活动”带来的噪声污染正在成为现代城市的重要的污染源，使生活于其中的人们的精神生态系统遭到严重的破坏，使他们很难沉下心来进行深刻的人生思考与感悟，过一种平静的、安宁的、和谐的、淡然的精神生活。总之，畸变了的、异化了的“休闲活动”可能使自然生态系统和人们的内在精神生态系统遭到双重破坏，从而使人们远离了大自然，远离了自己从容而优雅的精神生活。而在这一过程中，人们也将失去休闲活动自身，因为它们早已背离了自己的初衷、本性和本义。

事实上，真正意义上的休闲活动在发挥其独特的功能的时候，并不必然以破坏地球自然生态系统为代价，两者完全可以实现相互依存、良性互动、和谐共生。正如杰弗瑞·戈比指出的：“休闲并不意味着大规

① 马惠娣：《休闲：人类美丽的精神家园》，中国经济出版社 2004 年版，第 178 页。

模的消费，也并不意味着破坏生态。……我们将越来越不能根据一个人是否喜欢来判断某一个休闲行为是否正当，否则我们的空气、水、土地和野生动物就会遭到根本的破坏。休闲必将接受税收、教育和休闲政策的改造。”①这就要求我们对市场经济条件下畸变了的、异化了的“休闲活动”和“休闲审美活动”进行深刻的反思，引导它们遵守基本的道德和法律底线，拥有正确的价值取向：“正常和积极的休闲应是有利于人的身心健康，有利于人的创造性，有利于人的全面发展。”②正处于形成和发展中的中国休闲美学将在这一过程中发挥重要作用，“休闲美学的意义就在于能够对现代性语境中消费主义式的休闲展开深刻的反省”③。在此基础上，才能进一步对休闲活动进行正确的引导和改造，使它们逐渐走出种种误区，朝着有利于现代人身体的健康、身心的和谐以及精神的愉悦的方向发展，朝着有利于现代人生命乐趣的形成、精神境界的提升以及精神生态的平衡的方向发展，朝着有利于保护自然生态并和它和谐相处的方向发展。

第三节　当今中国休闲美学的反思与重建

现代市场经济的社会环境给休闲活动带来了一系列问题，使它们走向了误区，出现了异化，背离了本性，远离了本质，所以有必要对这一环境中的休闲活动进行深刻的反思，使相关休闲主体在开展这些活动的时候，能够对它们进行改造、重塑与重建，使它们从被消费主义绑架的纯粹的商品消费模式中超越出来，从对形而下的物质欲望的过度追求和沉迷中解放出来，从对权力、地位等外在功利目的考量中解脱出来，从反自然、反生态的恶劣形象中逆转出来，转而逐渐走出误区，走出畸变和异化，回归本义、初衷、本性和本质，回到良性发展的轨道。在这一

① 转引自张玉勤：《休闲美学》，江苏人民出版社 2010 年版，第 101 页。
② 庞学铨：《休闲学研究的几个理论问题》，《浙江社会科学》2016 年第 3 期。
③ 刘毅青：《作为功夫论的中国休闲美学》，《哲学动态》2013 年第 8 期。

过程中，相关休闲主体将缓和与自然生态的矛盾，重新获得生命的闲趣，最终达到精神的自由、超越与升腾，重新过上丰富的精神生活，最终达到精神生态的和谐、平衡与稳定。

一、超越精神的回归

正如前文所述，现代休闲活动和休闲审美活动的内涵非常丰富，既包括物质的、身体的、生理的、心理的形而下的层面，也包括精神的、文化的、审美的形而上的层面。而在当今市场经济的社会环境中，中国人的休闲实践更多地关注其形而下的层面，包括经济利益的实现、功利目的的达成、虚荣心的满足、物质欲望的满足以及生理、心理快感的体验等，而忽视了关涉其本义、本性与本质的形而上的层面，包括精神的自由、超越、创造与成长，文化的、审美的享受，内在生活的丰富与充实，精神生态的和谐与稳定等，从而很容易失去灵魂，走向畸变、迷失与异化。例如，由于自身修养及人生境界的局限，一些休闲者在开展休闲活动的时候，往往停留于物质的、身体的、生理的和心理的层面，试图通过这样的活动来缓解压力巨大的工作带来的身体的疲劳、心理的紧张，转而实现体力的休整、心理的协调、生命的健康。这种通过这些活动实现生命力的修复和补偿的诉求有其合理性和必要性。当然也有些休闲者试图通过这些活动来满足自己某种感性的欲望，来达到自己某种羞于示人的外在目的，这就使他们的休闲实践滑入了误区。但是无论如何，休闲者不应该停留于这种形而下的低级的休闲境界里，而应该从中超越出来，从经济、商品和消费中解放出来，从身体的、生理的、心理的感性需求中升华出来，从外在利益与功用的现实考虑中解脱出来，自觉地、积极地、主动地将它们升腾到精神的、文化的、审美的层面，有意识地追求闲情逸致之美，自然而然地生发出人生的乐趣，体会和领悟人生的意义和价值，进而丰富自己的精神生活，提升自己的生命境界。这才是休闲的本义、本性与本质。正如马惠娣指出的："将休闲上升到文化范畴则是指人的闲情逸致，为不断满足人的多方面需要而处于的文化创造、文化欣赏、文化建构的一种生存状态或生命状态”。① 潘立勇也指出：“越是高层次的休闲越是充满了审美的格调，越是体现出休闲主体对自我生命本身的爱护与欣赏，也越是能体验到生命—生活的乐趣。”②而这样的休闲活动开展的过程，也就是休闲主体对闲适自得的人生境界执着追求的过程，也就是休闲主体的生命本质力量自然流露和生命活力自然涌现的过程，也就是休闲主体对自我生命真切体验的过程，也就是休闲主体的深沉反思能力不断提升的过程，也就是休闲主体的内在自我不断完善的过程，也就是休闲主体实现精神的自由、发展与成长的过程。

当下中国市场经济的社会环境和中国传统社会的社会环境存在着明显的差异，人们的生活中越来越多地充斥着经济、商品、商业和消费的元素，这也构成了当下中国人开展休闲活动和休闲审美活动的重要环境。当下中国这些活动的开展既受惠于这一环境提供的便利条件，又受到它的严重影响、制约、侵蚀与破坏，但是又因为中国传统休闲文化等多重因素的作用，它们并不会完全臣服、沉沦、受控、羁绊于这一环境，从而失去自我，失去自我的本义、本性与本质。相反，它们可以充分借助于中国传统休闲文化的力量实现解放、超越与升华，进而充分恢复自我，恢复自我的本义、本性与本质。中国古人虽然没有现代的自觉的休闲观念(包括休闲审美观念)，但却在漫长的农业社会环境中自发地形成了丰富的休闲观念(包括休闲审美观念)，创造了多姿多彩的休闲形式(包括休闲审美形式)，积累了多种多样的休闲方法和智慧。他们在丰富的休闲实践中有着对休闲的独到感悟和深刻理解，这使他们能够疏离和超越形而下的物质欲望、平庸的人生追求以及现实的功利目的，进而在富于精神的、文化的、审美的意味的休闲活动(包括休闲审

① 马惠娣：《休闲：人类美丽的精神家园》，中国经济出版社 2004 年版，第 66 页。

② 潘立勇：《当代中国休闲文化的美学研究和理论建构》，《社会科学辑刊》2015 年第 2 期。

美活动)中追求闲情逸致之美，享受悠然、散淡中的乐趣，实现精神上的自由、自在与自得。他们在自己丰富的休闲实践中流露出的对待现实人生、功利欲望以及精神生活的态度给当下中国人开展的休闲活动提供了丰富的精神营养和深刻的思想启迪。以陶渊明为例，他曾经开展的休闲审美活动、曾经追求的闲情逸致、曾经获得的田园之乐，就摆脱了现实功利等诸多方面的羁绊，实现了精神的、文化的、审美的升腾，达到了自由、自在、自得的精神境界。例如他的经典名句“采菊东篱下，悠然见南山”就自然地流露出了他的悠闲散淡的心境、从容洒脱的心态以及超越现实功利的人生境界。他的休闲审美实践对现代中国人如何高质量地开展休闲审美活动、如何恰当地追求闲情逸致之美提供了重要启示。

我们应当从现代休闲学和休闲美学的理论视野出发，对中国古人的这些休闲实践、观念、形式、方法和智慧进行审视、学习、借鉴、继承、改造，并将它们应用于当下中国人的休闲实践，用来改进和提升他们的休闲活动，使他们在保证基本的生活需要的前提下，进一步摆脱物质、欲望、功利等的羁绊，进入超越性的休闲审美领域，自觉地追求闲情逸致之美，享受精神的愉悦，充实自己的精神生活，提升自己的精神境界，丰富自己的人生内涵，实现自己人生的价值和意义，最终收获一个逍遥、洒脱、自由、自在、自得的人生。这就使中国古人的休闲智慧在当下中国具有了现实意义。

二、平民休闲美学的提倡

人们常常可以看到，普通劳动人民虽然生活压力较大，往往为生活的基本需求而担心忧虑，为衣食住行、油盐酱醋等日常生活的必需品而奔波操劳，但是却无法改变其爱“闲”、爱“玩”的本性，常常在必需的劳动和工作之余，开展休闲活动，如跳广场舞、弹奏乐曲、飙歌、钓鱼、放风筝、打牌、散步等，并乐在其中，有滋有味，兴趣盎然。这些活动甚至构成了他们精神生活不可或缺的组成部分。因此，“进不了高尔夫球场的人也不必去否认富豪们在宽广的草地上挥着球棍时的悠闲自得，但普通人富有情趣的休闲，在质量上丝毫不比前者差”①。可以说，这种对休闲活动的追求内在于每一个普通劳动者的心中，是他们生命不可或缺的调和剂和营养剂，对他们的身体健康、身心和谐、精神世界的发展与成长、精神生态的稳定与平衡发挥着重要作用。在当今中国市场经济的社会环境中，普通劳动人民要开展休闲活动，需要做好以下两点：

（一）借鉴中国古代普通劳动人民的休闲智慧

我国古代普通劳动人民在长期的生活实践中发明和创造了形式多样的休闲活动，积累了丰富的休闲经验和智慧，给现代人开展休闲活动提供了重要启发。当今中国的普通劳动人民在树立现代的休闲意识的前提下，应该认真研读中国古代的休闲文化典籍，应该深入考察民间流传下来的民俗活动(其中包括休闲活动)，自觉地从中国传统文化中汲取古代劳动人民的休闲智慧，在消化和吸收的基础上，把它们应用于自己的休闲实践(包括休闲审美实践)，从而使自己能够更好地、更适当地、更从容地从各种劳动和工作中抽身出来，而去有意识地开展适合自己的休闲活动，以此来获得身体的健康、身心的和谐、精神生态的平衡与稳定，实现精神生活的丰富、精神世界的发展与成长、精神境界的提升。当今中国的普通劳动人民应该学习中国古人在较为艰苦的物质生活条件下，在甚至不具备开展特定的休闲活动的外在条件的前提下，及时地调整自己的人生态度、精神状态、休闲心态，进而得以开展高质量的休闲活动，过高层次的精神生活，实现人生的价值与意义。正如潘立勇指出的：“如果社会的生产力和发展水平尚未能提供给人们足够的闲暇时间和经济基础，人们的休闲就缺乏必要的外在条件。但……人们可以通过人生态度的恰当把握……在当下的境地中获得相对的自由精神空间，由

① 吕尚彬、彭光芒、兰霞编著：《休闲美学》，中南大学出版社 2001 年版，第 41 页。

此进入休闲的人生境界。”①“我们可能无法绝对地左右物质世界，但我们可以通过对心灵的自由调节，获得自由的心灵空间，进入理想的人生境界。”②陆庆祥也指出：“人之难能可贵之处在于不仅可以居安处乐，更要能处苦，面对困境仍然能‘乐处’。”③总之，一个人能否开展高质量的休闲审美活动，能否过上高层次的精神生活，受他的政治权力、社会地位、物质生活条件等外部条件的影响，但影响不大，而主要和他的人生态度、精神状态、休闲心态等紧密相关。由此看来，当今中国的普通劳动人民完全可以有自己的高质量的休闲审美活动，我们的国家和社会应该对此大力提倡。

（二）改善普通劳动人民的物质生活条件

虽然休闲活动主要和人们特定的人生态度、精神状态、休闲心态等直接相关，但是休闲主体特定的物质生活条件、经济状况等也会对休闲活动的开展产生重要影响。普通老百姓较差的物质生活条件、经济状况等不可避免地对他们畅快地、自由地开展休闲活动带来了诸如金钱、时间、环境、场地、设施、心态等方面的限制。要打破这些限制，使他们的休闲活动能够得到高质量的开展，还需要对中国社会的现状进行改变，为普通老百姓改善自身的物质生活条件、经济状况等提供更多的机会和条件，使他们可以通过自己的辛勤劳动和聪明才智富裕起来，变得物质生活坚实，吃穿住用等日常生活无忧，国家甚至有必要在特定的条件下直接为社会弱势群体提供基本的物质生活条件和生活保障。我们的社会作为劳动人民当家作主的社会，应该有“安得广厦千万间，大庇天下寒士俱欢颜”的社会理想和人文关怀。在这样的基础上，我国的普通

---

① 潘立勇：《当代中国休闲文化的美学研究和理论建构》，《社会科学辑刊》2015 年第 2 期。

② 潘立勇：《当代中国休闲文化的美学研究和理论建构》，《社会科学辑刊》2015 年第 2 期。

③ 陆庆祥：《走向自然的休闲美学——以苏轼为个案的考察》，浙江大学出版社 2018 年版，第 96 页。

劳动人民在排除了各种后顾之忧之后，将会在悠闲的、自由的、审美的心境中，去开展休闲活动，去追求、体验闲情逸致之美，去丰富精神生活，去提升精神境界，去实现精神上的发展与成长，去获得生命的价值与意义。中国社会要达到的休闲目标是：曾被"视为'有闲阶级'(leisure class)特权的休闲"，"成为大多数人的财富"①。

三、休闲审美与生态系统的和谐共生

自人类社会诞生以来，人类的内在精神生态系统就和地球的自然生态系统存在着紧密的联系，前者在整体上隶属于后者，在两者关系中占据着重要位置，发挥着主导作用，深刻地影响着后者的发展变化。如果人类的精神生态出现问题，就可能带来自然生态的危机。正如畅广元所说："从某种角度讲，自然界的生态危机是导源于人类社会精神危机的，只有人对自己的精神生态系统有了正确的理解，并在实践上能自觉地维护和更新其和谐的与健康的水准，自然的生态危机才有可能逐渐根除。"②反过来，人类的内在精神生态系统的调整与优化也需要从地球的自然生态系统中汲取有益的营养、获得有益的启示。正如鲁枢元指出的："要重新修整现代社会的价值体系，在很大程度上取决于人类如何调整、端正自己的价值取向，如何看待精神的价值，如何开掘地球生态系统中的精神资源。"③由此看来，人类的精神生态和地球的自然生态相互依存、相互影响、相互作用。前者要想实现自身的和谐、平衡与稳定，就必须处理好与后者的关系，从而实现两者之间的和解与和谐。因此，我们应该"把人类的'精神因素'引进地球总体的生态系统中来，从对于人类自身行为的反思出发，重新审视工业社会的主导范式、重新调

---

① 张玉勤：《休闲美学》，江苏人民出版社 2010 年版，第 6 页。

② 畅广元：《大众文化与精神生态》，鲁枢元编：《精神生态与生态精神》，南方出版社 2002 年版，第 219 页。

③ 鲁枢元：《开发精神生态资源》，鲁枢元编：《精神生态与生态精神》，南方出版社 2002 年版，第 304~305 页。

整现代人与自然的关系，为日趋绝境的生态危机寻求一条出路”①。

而就休闲活动与上述两者的关系来说，休闲活动直接影响着人类的精神生态系统，当然也以各种方式影响着自然生态系统；反过来，自然生态系统也为特定的休闲活动的开展提供场地和环境，而人们和谐、平衡、稳定的精神生态系统也有利于休闲活动的开展，“在休闲美学看来，人在大自然中游玩休憩当是最典型的休闲活动，它最自由无碍而又充满了形而上的精神性”②。具体地说，在自然生态环境中开展的休闲活动，有利于人的自然化和自然的人化，必然给相关休闲主体带来良好的精神生态，进而实现与自然生态的相互依存、良性互动、和谐共生。因此，“休闲把追求人与自然关系和谐融为一体的意境提升到一个新的层次。……当代人在休闲中越来越强调可持续性要求：满足休闲需要，不能以破坏生态平衡为代价；休闲过程是否合理，以资源的适度使用作为检验的标准”③。也就是说，“对休闲问题的考察必须置之于人与环境和谐发展、互动共存的整体性语境中”④。

那么，有益的、健康的休闲活动的开展为什么能够实现与精神生态、自然生态的相互依存、良性互动、和谐共生？这是因为，本质意义上的休闲活动的开展并不体现在对外在自然生态环境的索取、攻伐、践踏或者破坏上，也并不体现在对自然生态资源的过度消费或损耗上，而是体现在相关休闲主体在过着不过度消耗自然生态资源的简朴的物质生活的前提下，对自身精神世界中的精神资源进行充分的开发和利用上，体现在通过这一活动的开展形成超越性的精神境界上，形成独特的内在

---

① 鲁枢元：《精神生态学》，鲁枢元编：《精神生态与生态精神》，南方出版社 2002 年版，第 534 页。

② 陆庆祥：《走向自然的休闲美学——以苏轼为个案的考察》，浙江大学出版社 2018 年版，第 20 页。

③ 赖勤芳：《休闲美学：审美视域中的休闲研究》，北京大学出版社 2016 年版，第 131 页。

④ 赖勤芳：《休闲美学：审美视域中的休闲研究》，北京大学出版社 2016 年版，第 67 页。

感受、体验和心态上。正如皮珀指出的，休闲主要是主体的一种精神状态或者内倾性的人生态度，它“意味着一种静观的、内在平静的、安宁的状态”①，意味着一种“内在的无所忧虑，一种平静，一种沉默，一种顺其自然的无为状态”，一种“无法言传的愉悦状态”②。马惠娣对此也深有体会，她指出，“人有了休闲并不是拥有了驾驭世界的力量，而是由于心态的平和，使自己感到生命的快乐。休闲本身是一种精神体验，是人与休闲环境融合的感觉，是人对社会性、生活意义、生命价值存在的享受”③。例如，人们在欣赏优美的自然风光(作为一种休闲审美活动)的时候，往往怀着非功利的、审美的、自由的、悠闲的心境，调动自己的视、听、触、味、嗅等多种感官，来仔细感受和体验这些自然风光之美，获得身心的愉悦和精神的享受，获得精神的发展与成长，进而实现两者之间的相互交融、相互依存、和谐共生。正如朱璟指出的：“休闲审美的过程，始于人全身感官的自在敞开，融于天人合一的自由境界。”④也就是说，这些休闲活动依托于外在自然生态，主要指向休闲主体的内在精神世界，往往给他们带来自由、自在、自得的心境和愉悦快乐的心情。更深入地说，这些活动将休闲主体的注意力从外部世界拉回了他们的内在精神世界，并潜移默化地影响着这一世界，使其精神生态保持和谐、稳定与平衡，进而实现与自然生态的相互依存、良性互动、和谐共生。正如张玉勤所说的，通过生态休闲、绿色休闲、自然休闲，可以使休闲者“在追求享受和愉悦性满足的实际休闲活动中……保护我们的世界和生存的家园，恢复已遭不同程度破坏的世界的整一”⑤，

---

① 张玉勤：《休闲美学》，江苏人民出版社 2010 年版，第 7 页。

② 约瑟夫·皮珀著，刘森尧译：《闲暇：文化的基础》，新星出版社 2005 年版，第 40~41 页。

③ 马惠娣：《为张玉勤专著〈休闲美学〉而作》，张玉勤：《休闲美学》，江苏人民出版社 2010 年版，第 2 页。

④ 朱璟：《休闲美学的身体感官机制》，《社会科学辑刊》2015 年第 2 期。

⑤ 张玉勤：《休闲美学》，江苏人民出版社 2010 年版，第 102 页。

“在回归自然、涵泳自然中体悟宇宙之道和人生至境”①。即使是那些顺自然之势建造的人造自然景观，也力图使休闲者在其中开展休闲活动和休闲审美活动的过程中获得审美的体验和精神的愉悦，从而实现这些活动与精神生态、自然生态之间的和谐与统一，洛阳的龙门石窟景区、开封的清明上河园景区等莫不如此。因此，“生态式休闲旨在把人们从生活的‘牢笼’、工作的‘迷狂’、情感的‘沙漠’和生存的‘误区’中解放出来，恢复为人的本真和自由，增进人与人之间的沟通、交流和情谊，促进人际关系和社会关系的和谐”②，在带给人们精神生态的和谐、稳定与平衡的同时，也实现了与社会生态、自然生态的和解、和谐、畅达与统一。而相反，那些在开展畸变的、异化的“休闲活动”的过程中肆意破坏自然生态的行为必将遭到人们的唾弃与批评，“从前可以以自由或快乐的名义，乘摩托车或沙漠越野车穿过沙漠，从而对沙漠的动植物栖息地造成实际的破坏，今后，这样的事情将越来越少。在休闲中大量消耗地球上的不可再生资源，也将越来越找不到辩解的借口”③。

进一步说，在自然生态环境中开展真正的休闲活动，无论是在庭院、公园中品赏花草树木、虫鱼鸟兽，在树荫下小溪边下棋、垂钓、读书、放歌，在亭台楼阁上俯瞰湖光水色、仰观天光云影，在野外远眺蓝天白云、风筝飞鸟，到一望无际的大草原追踪飞驰的骏马、成群的牛羊，还是到异国他乡观赏异域风情与美景……都可以说顺应了休闲者的天性与本心，指向了他们的精神世界，或者使他们感悟了宇宙与人生，或者使他们拥有了悠闲自得、平和宁静、自由畅快的心境，或者使他们体验了生活的闲趣、情调与滋味，或者使他们缓解了精神上的压抑与痛苦，或者使他们忘却了焦虑与忧愁，或者使他们受到了启迪与震撼……正如马惠娣指出的：“随着物质财富和闲暇时间的增多，人们为满足于

① 张玉勤：《休闲美学》，江苏人民出版社 2010 年版，第 102 页。

② 张玉勤：《休闲美学》，江苏人民出版社 2010 年版，第 103 页。

③ 杰弗瑞·戈比著，康筝译：《你生命中的休闲》，云南人民出版社 2000 年版，第 399 页。

精神和物质享乐的需要而游山泽、观鱼鸟、赏春花、望秋月，于是能高朗其怀，旷达其意，览景会心，使人在领略山川自然和人文古迹之美的同时，陶冶了性情，锻炼了意志，丰富了生活，使人的物质享受和精神享受高度、完美地结合起来，达到了人与自然和谐一体。”①张玉勤也指出：“闲暇的态度不是干预，而是自我开放，不是攫取，而是释放，把自己释放出去，达到忘情的地步，好比安然入眠的境界，而在我们的灵魂静静开放的此时此刻，就在这短暂的片刻之中，我们掌握到了理解‘整个世界及其最深邃之本质’的契机。”②以在鸟语花香的花园里阅读闲书这样的休闲审美活动为例，相关休闲主体在优美的自然环境里的阅读使他的注意力悄然转向语言文字所承载的精神世界以及他自身的内心世界，进而使他的精神生活得到丰富，使他的精神境界得到提升，而这一过程与自然美景有机地交融在一起，成为一种和谐共生、相互映衬的诗意存在。因此，“读书，既是一种高雅的休闲方式，也是一种绿色休闲方式、生态休闲方式、低碳休闲方式，值得大力提倡”③。再以养花这种休闲审美活动为例，休闲者在种花、养花、护花、赏花的过程中，实现了自身与花木之间的情感交流与心灵沟通，也实现了自身与自然之间的交融、和谐与共生，“它的生长，它的绽放甚至它的凋零，无不牵动养花人的喜怒哀乐和悲欢离合。正是这种朴实无华的感同身受，使得养花对于人们的生活有了特别的意义。对于真正爱花的养花人来说，花成为他生命的一部分，好像花就是他自己，他自己就是所养的花。基于这种生命同属一体的真实关联，养花就不是附庸风雅的摆设，而是生命的沟通和对话”④。再以在大自然中游山玩水这样的休闲审美活动为例，它往往使休闲者心旷神怡、愉悦无穷、闲趣横生，也可以使休闲者获得

① 马惠娣：《休闲：人类美丽的精神家园》，中国经济出版社 2004 年版，第 72 页。

② 张玉勤：《休闲美学》，江苏人民出版社 2010 年版，第 11 页。

③ 张玉勤：《休闲美学》，江苏人民出版社 2010 年版，第 258 页。

④ 陈琰编著：《闲暇是金：休闲美学谈》，武汉大学出版社 2006 年版，第 71 页。

对宇宙人生的深刻感悟，它“是和自然万物相交往，所追求的是一种返璞归真、天人合一的审美境界”①。总之，在悠闲的审美的心境中与自然万物交往，自由从容地悠游其中，出入其中，并与之相互交流、沟通与欣赏，能够丰富休闲主体的精神世界，提升休闲主体的精神境界，帮助他们实现与自然生态的交融、和谐与共生，帮助他们找到渴慕已久的美丽的精神家园，帮助他们实现精神生态的和谐、平衡与稳定，甚至帮助他们实现精神世界的超越、发展与成长。

与现代的休闲活动相比，中国古代的休闲活动更多地以“天人合一”作为自己的哲学基础，以内倾性人格作为自己的心理基础，“通过‘向生命处用心’和‘内在超越’来求得人自身的解放及人与世界关系的和谐”②，“最崇尚自我心境与天地自然的交流与融合”③，“推崇静观、独处等宁静的状态，以达到修身养性、提升人格之目的”④，所以也往往能更好地处理与自然生态以及精神生态的关系，实现两者之间的相互交融、和谐共生。实际上，中国传统文化中语义学意义上的“休闲”，就已经包含着在自然中开展休闲活动(包括休闲审美活动)可以放松身心、愉悦精神的内涵，同时也包含着休闲活动(包括休闲审美活动)、休闲者的精神生态与外在的自然生态之间相互依存、良性互动、和谐共生的内涵。具体来说，“休”在《康熙字典》和《辞海》中最重要的含义之一就是“人倚木而休”，体现的是人依托自然而实现休闲，实现身体的怡养和精神的休整，并与自然之间实现相互依存、和谐共生。而“闲”在古代通“娴”，“具有娴静、思想的纯洁与安宁的意思”，马惠娣认为

---

① 陈琰编著：《闲暇是金：休闲美学谈》，武汉大学出版社 2006 年版，第 162 页。

② 潘立勇、朱璟：《审美与休闲研究的中国话语和理论体系》，《中国文学批评》2016 年第 4 期。

③ 马惠娣：《休闲问题的理论探究》，《清华大学学报》(哲学社会科学版) 2001 年第 6 期。

④ 马惠娣：《休闲问题的理论探究》，《清华大学学报》(哲学社会科学版) 2001 年第 6 期。

"'闲'字，古体字'闲'中有一个'月亮'，隐喻'闲庭赏月'的诗情画意，蕴含着人的纯洁与生活美好之意"①。而《现代汉语词典》继承了中国传统文化的精神，把"休闲"解释为"农田在一定时间内不种作物，借以休养地力的措施"，这是土地的"休闲"，表达了人们对自然的理解与尊重。在这样的分析的基础上，马惠娣进一步指出，中国传统文化中的"休闲"实际上蕴含着三种"和谐"关系，即"人与自然关系的和谐""人与人关系的和谐""人与人自身的和谐"②，这三种"和谐"关系，也可以进一步归结为休闲活动与自然生态、社会生态、精神生态之间的和谐关系。正如陆庆祥指出的："人面对大自然的时候，人与自然的关系既有物质性的关系，又有精神性的关系。特别是人欣赏自然的景色的时候，人与自然就是一种生命之间的交流互动。人在自然中的休闲，把人的内在精神提升至自然无为的境界。"③这里就很好地体现了以上所说的第一种和第三种和谐关系。吕尚彬更以具体的事例论述了这两种和谐关系，他认为闲暇、"美的休闲""强调内心的宁静，将自我静静地沉浸于山光水色，沉浸于清风、流霞和明月，沉浸于草木虫鱼的生命律动之中。闲暇既是追求心境的宁静，也是感知自然的真美和大美。当自我与外物融为一片时，我们就得到了最好的休息，体悟到精神世界与客观世界的和谐"④。在这一过程中，外在的优美的自然风光与内在的诗意的人生境界完美地、和谐地融合在了一起。再如，李白的"相看两不厌，只有敬亭山"，就表达了诗人与敬亭山之间像朋友一样真诚、自然、自由的交流与沟通，而诗人在这一过程中也物我两我、悠然自得、怡然自乐，其

---

① 马惠娣：《为张玉勤专著〈休闲美学〉而作》，张玉勤：《休闲美学》，江苏人民出版社 2010 年版，第 3 页。

② 马惠娣：《社会转型：对中国传统休闲价值的回望》，《洛阳师范学院学报》2012 年第 1 期。

③ 陆庆祥：《走向自然的休闲美学——以苏轼为个案的考察》，浙江大学出版社 2018 年版，第 16 页。

④ 吕尚彬、彭光芒、兰霞编著：《休闲美学》，中南大学出版社 2001 年版，第 6 页。

精神生态与外在自然生态实现了交融、和谐与共生。再如，陶渊明的“采菊东篱下，悠然见南山”“晨兴理荒秽，带月荷锄归”等诗句，描写了优美的田园风光、身处其中的诗人带有休闲色彩的田园生活以及在悠闲的审美的心境中获得的闲趣与诗意。再如，欣赏梅、兰、竹、菊、松等休闲审美活动，往往会指向相关休闲主体的精神世界，给他们带来独特的审美体验和情思意趣，使他们身心放松、精神愉悦，并可能在有意无意中比附人类的某种道德人格、精神操守、人生理想、生命境界等，这就达到了休闲主体自身、休闲主体内在的精神生态与外在的自然生态之间契合、交融、统一的天人合一的境界。从总体上看，中国传统文化中的“休闲”精神总是顺应着自然，养护着自然，维护着自然生态的平衡，而休闲主体也总是欣赏着自然，与自然进行着精神的交流与沟通，并在这一过程中达到了“物我两忘”的精神境界、“天人合一”的澄明之境。

可以说，将休闲活动与人们内在的精神生态以及外在的自然生态有机地联系起来，实现它们之间的相互依存、良性互动、和谐共生，是中国传统文化的重要思维方式之一。这和西方一些文化推崇的畸变的、异化的“休闲活动”对精神生态的干扰、破坏、恶化以及对自然生态的损毁、践踏、瓦解所发挥的作用完全不同。相反，这一文化反而是约束、阻止和抑制这些活动的负面效应的重要制衡力量。它顺应了人们的天性，将休闲者的注意力引向真正意义上的休闲活动，引向对闲情逸致之美的追求，引向休闲者的自由、自在、自得的精神世界，引向对生命价值与意义的思考与感悟，引向对生命理想的张扬。而这必然丰富、发展、完善休闲者的精神世界，给他们带来健康、和谐、生机、快乐和幸福，使他们不至于丧失生存的根基，丧失美丽的自然家园和精神家园。在这一过程中，也就实现了“以精神资源的开发替代对自然资源的滥用，以审美愉悦的快感取代物质挥霍的享乐，以调整人类自身内在平衡减缓对地球日益严重的压迫”①。正如潘立勇指出的：“中国先哲的休闲思想

---

①　鲁枢元：《开发精神生态资源》，鲁枢元编：《精神生态与生态精神》，南方出版社 2002 年版，第 314 页。

没有对物质条件的过多计较，即使是‘一箪食，一瓢饮’，‘在陋巷’，也会因‘谈笑有鸿儒，往来无白丁’而‘不改其乐’。这是一种人性的达观境界，在这里，休闲不仅是人与自然的和谐，人与社会关系的和谐，更是人自身肉体和灵魂的和谐，是‘无往而非乐’的美感享受。”①总之，中国古人开展的具有丰富精神内涵的休闲审美活动有待于深入考察和研究，中国传统文化中包含着的丰富的休闲审美思想资源有待于深入挖掘和全面梳理，它们对当下中国市场经济的社会环境中的有益的、健康的休闲审美活动的开展以及休闲美学的研究都具有重要的启发。

---

① 潘立勇：《休闲与审美：自在生命的自由体验》，《浙江大学学报》(人文社会科学版)2005年第6期。

结　论

可以深信不疑的是，在现代社会未来的发展中，人们可以自由支配的闲暇时间将不断增多，一个休闲的时代，一个“以休闲为中心”的时代，一个休闲审美的时代必将到来。但是在当下中国的现实语境中，研究休闲美学，研究休闲审美活动以及闲情逸致之美，必须坚持实事求是的态度，把它们放在学术界以及社会生活中的一个适当的位置加以考察，既不过分夸大它们的作用，也不对它们过分地贬低和无视。休闲美学以及休闲审美活动正是在这个适当的位置上，对人们的精神生态系统、社会生态系统、自然生态系统发挥着独特的功能。这种独特的功能和文艺活动所发挥的功能有相似的地方，当然，文艺活动自身在特定的情况下也是休闲审美活动的重要表现形式之一。何况，休闲美学、休闲审美活动在学术界、在社会生活中的位置也不是一成不变的，而是随着时代以及社会生活的发展变化而不断地发展变化着，有向学术界以及社会生活中心位置移动的趋向。就目前来说，休闲美学的研究对象——休闲审美活动以及闲情逸致之美——虽然对人们的身心健康、精神愉悦、精神的超越、自由、发展、成长、精神生态的和谐、稳定与平衡等发挥着重要作用，但是也必须认识到它们所具有的局限性，目前还不能把它们作为人生的全部寄托，否则有可能滑入享乐主义的泥潭而不能自拔，出现碌碌无为、惹是生非、玩物丧志等严重后果。这样的例子在中国古代历史上不胜枚举，特别是在一些王朝的晚期或者末期，一些统治者沉湎于歌舞声色之中，其中有些还具有文人雅士的闲情逸致，如南朝梁武帝萧衍、南唐后主李煜、北宋宋徽宗赵佶等就是典型的例子。他们沉迷的休闲审美活动、追求的闲情逸致之美，在某种程度上断送了他们的江山，使他们成为历史上有名的亡国之君，令人耻笑。

因此，笼统地谈休闲审美活动的作用，它对人生的价值和意义，就无法对它作出客观公正的、合乎理性的评价。只有把它放在特定的历史、时代和社会背景中，它才会显现出特定的价值和意义，我们也才能对它做出恰当的评价，这坚持的正是历史唯物主义和辩证唯物主义的科学态度。在国家强盛、国泰民安的时代，休闲审美活动往往会呈现出积极的意义，它表征了人民生活的幸福、健康与安乐，展现了人民心灵的悠闲、自在与舒展。因此，它也就粉饰、点缀、衬托了太平盛世。历史上的唐玄宗、宋太宗爱好下围棋，善于享受生活，这样的休闲审美活动不但不是他们奢侈腐化的表现，反而体现了他们与民同乐的情怀。在王朝统治的晚期或者末期，国家处于风雨飘摇之中，危机四伏，败象百出，统治阶级黑暗、反动、腐朽、残忍，人民生活于水深火热之中，这时统治者如果仍然不理朝政，不顾国家安危，酣歌醉舞，通宵达旦，沉迷于休闲审美活动，追求闲情逸致之美，就有点“商女不知亡国恨，隔江犹唱后庭花”的味道了，从而显得滑稽、荒唐、可笑、可悲、可叹，甚至可恶、可恨。并且，一个王朝或盛或衰的不同时代，人们开展的休闲审美活动的方式也是不一样的。正如有学者指出的：“一个民族兴盛时，大多流行健康有益的休闲方式；颓废时又另有流行的休闲方式。”①

在当今的全球化时代，中国传统的休闲美学思想在休闲审美活动中发挥着越来越重要的作用，同时在世界休闲文化格局中担负着越来越重要的历史使命。我国著名的东方学大师季羡林根据当今世界发展的总体趋势和在这一趋势下东西方两大文化体系关系的演变情况，指出西方主流文化在当今世界正在走向衰落，东方文化在沉寂了几百年以后的今天

---

① 吕尚彬、彭光芒、兰霞编著：《休闲美学》，中南大学出版社 2001 年版，第 2 页。

正在走向复兴。据此，他进一步作出了一个广为人知的大胆判断："21世纪必将是东方的世纪，将迎来东方文化的全面繁荣与复兴"。① 在这一过程中，在马克思主义的指导下，在现代休闲美学观念的引领下，作为东方文化重要组成部分的中国传统休闲美学思想，作为中国传统文化重要组成部分的中国传统休闲美学思想，将在当下全球的休闲审美活动和休闲审美文化中发挥越来越重要的作用，并为当今中国休闲美学的建设和发展贡献力量。

① 秦维宪：《21世纪：东方文化全面复兴的新纪元——东方学大师季羡林先生访谈录》，《探索与争鸣》2002年第1期。

参考文献

中文文献：

《马克思恩格斯选集》第1卷，人民出版社1995年版。

《马克思恩格斯选集》第4卷，人民出版社1972年版。

马克思：《资本论》第1卷，人民出版社1972年版。

马克思：《剩余价值理论》(三)，人民出版社1976年版。

马克思著，中央编译局译：《1844年经济学哲学手稿》，人民出版社2004年版。

恩格斯：《自然辩证法》，人民出版社1984年版。

《列宁全集》第24卷，人民出版社1990年版。

鲁枢元：《精神生态通讯》。

鲁枢元编：《精神生态与生态精神》，南方出版社2002年版。

鲁枢元：《生态文艺学》，陕西人民教育出版社2000年版。

鲁枢元：《陶渊明的幽灵》，上海文艺出版社2012年版。

池田大作、贝恰著，卞立强译：《二十一世纪的警钟》，中国国际广播出版社1988年版。

弗兰克·戈布尔著，吕明等译：《第三思潮：马斯洛心理学》，上海译文出版社1987年版。

卡尔·雅斯贝尔斯著，周晓亮、宋祖良译：《现时代的人》，社会科学文献出版社1992年版。

樊美筠：《中国传统美学的当代阐释》，北京大学出版社2006年版。

刘餗著，程毅中点校：《隋唐嘉话》，中华书局 1979 年版。

马惠娣：《休闲：人类美丽的精神家园》，中国经济出版社 2004 年版。

托马斯·古德尔、杰弗瑞·戈比著，成素梅等译：《人类思想史中的休闲》，云南人民出版社 2000 年版。

于光远：《论普遍有闲的社会》，中国经济出版社 2004 年版。

肖恩·塞耶斯著，冯颜利译：《马克思主义与人性》，东方出版社 2008 年版。

马斯洛：《人的潜能和价值》，华夏出版社 1987 年版。

亚历山德拉·斯托达德著，曾淼译：《雅致生活》，中国广播电视出版社 2006 年版。

杨虹编：《休闲四韵——逍遥游》，贵州人民出版社 1994 年版。

林语堂：《生活的艺术》，北方文艺出版社 1987 年版。

辜正坤：《中西文化比较导论》，北京大学出版社 2007 年版。

林语堂：《中国人》，学林出版社 2007 年版。

陈学明：《痛苦中的安乐》，云南人民出版社 1998 年版。

章海山：《斯芬克斯现代之谜的破解》，中山大学出版社 2009 年版。

杰弗瑞·戈比著，张春波译：《21 世纪的休闲与休闲服务》，云南人民出版社 2000 年版。

阿格妮丝·赫勒著，衣俊卿译：《日常生活》，重庆出版社 1990 年版。

马丁·海德格尔著，孙周兴译：《荷尔德林诗的阐释》，商务印书馆 2000 年版。

唐雄山：《人性平衡论》，中山大学出版社 2007 年版。

赫伯特·马尔库塞著，黄勇、薛民译：《爱欲与文明》，上海文艺出版社 1987 年版。

本·阿格尔著，慎之等译：《西方马克思主义概论》，中国人民大学出版社 1991 年版。

袁愈荌等译注：《诗经今译》，贵州人民出版社 2000 年版。

林语堂：《中国人的生活智慧》，陕西师范大学出版社 2007 年版。

钱谷融、鲁枢元：《文学心理学》，华东师范大学出版社 2003 年版。

胡伟希、陈盈盈：《追求生命的超越与融通：儒道禅与休闲》，云南人民出版社 2004 年版。

张明林编：《论语》，中央民族大学出版社 2002 年版。

欧阳修：《欧阳修集编年笺注》(八)，巴蜀书社 2007 年版。

曾枣庄、刘琳编：《全宋文》第 8 册，上海古籍出版社 2006 年版。

林语堂、傅斯年、鲁迅：《闲说中国人》，北方文艺出版社 2006 年版。

黄卓越、党圣元：《中国人的闲情逸致》，广西师范大学出版社 2007 年版。

吴小龙：《适性任情的审美人生：隐逸文化与休闲》，云南人民出版社 2005 年版。

合山究编：《明清文人清言集》，中国广播电视出版社 1991 年版。

西美尔著，顾仁明译：《金钱、性别、现代生活风格》，学林出版社 2000 年版。

马尔库塞著，李小兵译：《审美之维》，三联书店 1989 年版。

张世英：《进入澄明之境——哲学的新方向》，商务印书馆 1999 年版。

马克斯·韦伯著，于晓、陈维纲等译：《新教伦理与资本主义精神》，三联书店 1987 年版。

卡尔·雅斯贝尔斯著，王德峰译：《时代的精神状况》，上海译文出版社 1997 年版。

陆贵山：《人论与文学》，中国人民大学出版社 2000 年版。

叔本华著，韦启昌译：《人生的智慧》，上海人民出版社 2001 年版。

中野孝次著，邵宇达译：《清贫思想》，上海三联书店 1997 年版。

亚历山大·冯·舍恩堡著，王德峰等译：《生活可以这样过》，华艺出版社 2008 年版。

杰弗瑞·戈比著，康筝译：《你生命中的休闲》，云南人民出版社 2000 年版。

约翰·凯利著，赵冉译：《走向自由——休闲社会学新论》，云南人民出版社 2000 年版。

于光远：《论普遍有闲的社会》，中国经济出版社 2004 年版。

马尔库塞著，李小兵译：《现代文明与人的困境》，上海三联书店 1995 年版。

约瑟夫·皮珀著，刘森尧译：《闲暇：文化的基础》，新星出版社 2005 年版。

罗素著，张师竹译：《社会改造原理》，上海人民出版社 1959 年版。

A. N. 怀特海：《科学与近代世界》，商务印书馆 1959 年版。

李立：《看似逍遥的生命情怀：诗词与休闲》，云南人民出版社 2004 年版。

威廉·莱斯著，岳长龄、李建华译：《自然的控制》，重庆出版社 1993 年版。

于光远、马惠娣：《于光远马惠娣十年对话》，重庆大学出版社 2008 年版。

林语堂：《吾国与吾民》，陕西师范大学出版社 2003 年版。

司马迁：《史记》，中国文史出版社 2002 年版。

李昂之编：《韩少功小说精选》，太白文艺出版社 1996 年版。

吴文新等：《大众休闲与民闲社会》，黑龙江人民出版社 2009 年版。

罗歇·苏著，姜依群译：《休闲》，商务印书馆 1996 年版。

徐海荣编：《中国娱乐大典》，华夏出版社 2000 年版。

黑格尔著，贺麟、王太庆译：《哲学史讲演录》(第 1 卷)，商务印书馆 2017 年版。

王大胜：《生命·衰老·长寿》，内蒙古人民出版社 1983 年版。

毛颂赞编：《长寿话题百篇》，复旦大学出版社 2013 年版。

王乐理：《美德与国家：西方传统政治思想专题研究》，天津人民出版社2015年版。

约瑟夫·皮柏著，黄藿译：《节庆、休闲与文化》，三联书店1991年版。

张法：《中国美学史》，上海人民出版社2000年版。

李渔：《李渔随笔全集》，巴蜀书社1997年版。

王宁：《消费社会学》，社会科学文献出版社2001年版。

赖勤芳：《休闲美学：审美视域中的休闲研究》，北京大学出版社2016年版。

约翰·赫伊津哈著，多人译：《游戏的人》，中国美术学院出版社1996年版。

马尔库塞著，李小兵译：《审美之维》，广西师范大学出版社2001年版。

马惠娣：《走向人文关怀的休闲经济》，中国经济出版社2004年版。

陆庆祥：《走向自然的休闲美学——以苏轼为个案的考察》，浙江大学出版社2018年版。

陆庆祥、章辉编选：《民国休闲原理文萃》，云南大学出版社2018年版。

陆庆祥、章辉编选：《民国休闲实践文萃》，云南大学出版社2018年版。

章辉、陆庆祥编选：《民国休闲教育文萃》，云南大学出版社2018年版。

张玉勤：《休闲美学》，江苏人民出版社2010年版。

吕尚彬、彭光芒、兰霞编著：《休闲美学》，中南大学出版社2001年版。

陈琰编著：《闲暇是金——休闲美学谈》，武汉大学出版社2006年版。

马惠娣主编：《中国休闲研究学术报告2011》，旅游教育出版社

2012 年版。

马惠娣、宁泽群主编：《跨学科研究：休闲与社会文明》，中国旅游出版社 2010 年版。

衣俊卿：《衣俊卿集》，黑龙江教育出版社 1995 年版。

《六合休闲文化研究资料》1996 年，内部发行资料。

期刊类：

论文：

习近平：《在中央政治局第六次集体学习时的讲话》，2013 年 5 月 24 日。

左羽、书生：《市场经济社会中的国家财产所有权》，《中国法学》1996 年第 4 期。

王南湜：《传统文化在市场经济社会中的命运》，《中国社会科学院研究生院学报》1997 年第 5 期。

孟宪俊、赵安启、张厚奎：《试论生态社会的新伦理学——生态伦理学》，《西安建筑科技大学学报》（社会科学版）2003 年第 1 期。

袁记平：《马克思主义生态观与生态社会建设》，《求实》2011 年第 12 期。

黄承梁：《论习近平生态文明思想对马克思主义生态文明学说的历史性贡献》，《西北师大学报》（社会科学版）2018 年第 5 期。

晏辉：《从权力社会到政治社会：可能性及其限度》，《东北师大学报》（哲学社会科学版）2019 年第 4 期。

于光远：《旅游与文化》，《瞭望周刊》1986 年第 14 期。

于光远：《论闲之为物》，《未来与发展》1996 年第 5 期。

于光远：《论闲之为物》（续），《未来与发展》1996 年第 6 期。

于光远：《论“玩”》，《消费经济》1997 年第 6 期。

于光远：《论普遍有闲的社会》，《自然辩证法研究》2002 年第 1 期。

于光远：《闲、休闲、休闲业》，《上海商业》2004 年第 3 期。

于光远：《休闲的价值不言而喻》，《中国休闲研究学术报告 2011》。

于光远、马惠娣：《关于文化视野中的旅游问题的对话》，《清华大学学报》(哲学社会科学版)2002 年第 5 期。

于光远、马惠娣：《关于“闲暇”与“休闲”两个概念的对话录》，《自然辩证法研究》2006 年第 9 期。

于光远、马惠娣：《劳作与休闲——关于休闲问题对话之五》，《洛阳师范学院学报》2008 年第 3 期。

马惠娣：《建造人类美丽的精神家园——休闲文化的理论思考》，《未来与发展》1996 年第 3 期。

马惠娣：《文化精神之域的休闲理论初探》，《齐鲁学刊》1998 年第 3 期。

马惠娣、成素梅：《关于自由时间的理性思考》，《自然辩证法研究》1999 年第 1 期。

马惠娣：《休闲——文化哲学层面的透视》，《自然辩证法研究》2000 年第 1 期。

马惠娣：《21 世纪与休闲经济、休闲产业、休闲文化》，《自然辩证法研究》2001 年第 1 期。

马惠娣、刘耳：《西方休闲学研究述评》，《自然辩证法研究》2001 年第 5 期。

马惠娣：《休闲问题的理论探究》，《清华大学学报》(哲学社会科学版)2001 年第 6 期。

陆彦明、马惠娣：《马克思休闲思想初探》，《自然辩证法研究》2002 年第 1 期。

马惠娣：《大旅游视野中的休闲产业》，《杭州师范学院学报》(社会科学版)2003 年第 2 期。

马惠娣：《人类文化思想史中的休闲——历史·文化·哲学的视角》，《自然辩证法研究》2003 年第 1 期。

马惠娣：《休闲：一个新的社会文化现象》，《科学对社会的影响》

2004年第3期。

马惠娣:《文化、文化资本与休闲——对休问题的再思考》,《自然辩证法研究》2005年第10期。

马惠娣:《关于我们时代休闲与旅游的三点看法》,《旅游学刊》2006年第10期。

马惠娣:《瞭望休闲学研究之前沿》,《洛阳师范学院学报》2010年第2期。

马惠娣:《社会转型:对中国传统休闲价值的回望》,《洛阳师范学院学报》2012年第1期。

马惠娣:《"休闲:终归是哲学问题"——记于光远休闲哲学思想》,《哲学分析》2014年第4期。

潘立勇:《休闲与审美:自在生命的自由体验》,《浙江大学学报》(人文社会科学版)2005年第6期。

潘立勇:《审美的休闲旨趣:审美境界的生活化》,《杭州通讯》2006年第4期。

潘立勇、毛近菲:《休闲、审美与和谐社会》,《杭州师范学院学报》(社会科学版)2006年第5期。

潘立勇:《休闲、审美与当代生活品质》,《"和谐社会中的美学与高校美学教育"全国学术研讨会论文集》2006年8月。

潘立勇:《走向休闲——中国当代美学不可或缺的现实指向》,《江苏社会科学》2008年第4期。

潘立勇:《生活细节的审美与休闲品味——李渔审美与休闲思想的当代启示》,《浙江师范大学学报》(社会科学版)2008年第4期。

潘立勇、陆庆祥:《中国传统休闲审美哲学的现代解读》,《社会科学辑刊》2011年第4期。

潘立勇、章辉:《从传统人文艺术的发展到城市休闲文化的繁荣——宋代文化转型描述》,《中原文化研究》2013年第2期。

潘立勇:《关于当代中国休闲文化研究和休闲美学建构的几点思

考》，《玉溪师范学院学报》2014 年第 5 期。

潘立勇：《当代中国休闲文化的美学研究和理论建构》，《社会科学辑刊》2015 年第 2 期。

潘立勇：《休闲美学的理论品格》，《杭州师范大学学报》(社会科学版)2015 年第 6 期。

潘立勇、朱璟：《审美与休闲研究的中国话语和理论体系》，《中国文学批评》2016 年第 4 期。

潘立勇：《休闲与美育》，《美育学刊》2016 年第 1 期。

潘立勇、寇宇：《“微时代”的休闲变革反思》，《浙江社会科学》2018 年第 12 期。

潘立勇、汪振汉：《休闲产业的人本内涵与价值实现》，《江苏行政学院学报》2019 年第 6 期。

潘立勇、刘强强：《从现代人生论美学到当代生活美学——生活美学的历史脉络与现代渊源》，《陕西师范大学学报》(哲学社会科学版)2020 年第 4 期。

庞学铨：《休闲学的学科解读》，《浙江学刊》2016 年第 2 期。

庞学铨：《休闲学研究的几个理论问题》，《浙江社会科学》2016 年第 3 期。

庞学铨：《休闲学：挑战、希望与出路》，《浙江学刊》2019 年第 1 期。

庞学铨：《转换休闲研究的思维范式》，《哲学分析》2019 年第 2 期。

庞学铨、程翔：《休闲学在西方的发展：反思与启示》，《浙江社会科学》2019 年第 4 期。

庞学铨、程翔：《休闲学在西方的发展现状与未来》，《浙江大学学报》(人文社会科学版)2020 年第 1 期。

陆庆祥：《人的自然化：休闲的哲学阐释》，《湖北理工学院学报》(人文社会科学版)2013 年第 5 期。

陆庆祥：《自然主义休闲美学刍议》，《江苏大学学报》(社会科学版)2015年第4期。

陆庆祥:《道家休闲美学的逻辑基础与话语结构》,《社会科学辑刊》2016年第4期。

章辉:《中国当代休闲美学研究综述》,《美与时代》(上)2011年第8期。

章辉:《论休闲学的学科界定及使命》,《中央民族大学学报》(哲学社会科学版)2012年第2期。

章辉:《休闲美学构建的文化基础与现实吁求》,《社会科学辑刊》2015年第2期。

王德胜:《消费文化与虚拟享乐》,《北京社会科学》1988年第2期。

潘一禾:《论工作与休闲的关系及其意义》,《浙江大学学报》(人文社会科学版)1996年第4期。

前村:《挑战压力》,《读书》1997年第12期。

秦维宪:《21世纪:东方文化全面复兴的新纪元——东方学大师季羡林先生访谈录》,《探索与争鸣》2002年第1期。

王小波:《工作与休闲——现代生活方式的重要变迁》,《自然辩证法研究》2002年第8期。

庄穆:《休闲:理想与现实》,《自然辩证法研究》2002年第8期。

李立:《休闲与休闲的文学———种古典意义上的休闲美学》,《江西社会科学》2004年第1期。

黄兴:《论休闲美学的审美视角》,《成都大学学报》(社会科学版)2005年第1期。

申葆嘉:《关于旅游与休闲研究方法的思考》,《旅游学刊》2005年第6期。

石桥:《休闲经济与休闲产业研究的新领域——于光远新著〈论普遍有闲的社会〉评介》,《中国流通经济》2005年第10期。

马秋丽:《〈论语〉中的休闲理论初探》,《山东大学学报》(哲学社会科学版)2006年第5期。

杨存昌、崔柯：《从"寓意于物"看苏轼美学思想的生态学智慧》，《山东师范大学学报》(人文社会科学版)2006年第6期。

刘松、吕鹏、吕冬阳：《论"休闲"视阈的旅游本质》，《桂林旅游高等专科学校学报》2008年第1期。

李爱军、陈曦：《休闲美学研究综述》，《韶关学院学报》2009年第8期。

赖勤芳：《休闲美学的内在理路及其论域》，《甘肃社会科学》2011年第4期。

刘彦顺：《从实践感、时间性与社会时间论马克思的休闲美学思想》，《社会科学辑刊》2011年第4期。

朱立元、章文颖：《实践美学的重要推进》，《文艺理论研究》2013年第1期。

刘毅青：《作为功夫论的中国休闲美学》，《哲学动态》2013年第8期。

张玉能、张弓：《身体与休闲》，《华中师范大学学报》(人文社会科学版)2014年第5期。

朱璟：《休闲美学的身体感官机制》，《社会科学辑刊》2015年第2期。

李玉芝：《论明代文学休闲化转向》，《北方论丛》2015年第4期。

吴正荣：《休闲美学的禅宗思想基础》，《晋阳学刊》2015年第4期。

杨林：《现象学视域下的休闲美学及其基本问题探析》，《湖北社会科学》2015年第1期。

后　记

任何学术研究都根源于时代、社会和生活的需要，只有根源于这些需要的学术才具有旺盛的生命力。本课题的提出就萌生于当今的时代、社会和生活。随着中西方社会陆续地、普遍地进入市场经济社会，社会物质财富大量地、快速地增长，人们拥有的闲暇时间越来越多，一个休闲的时代，一个休闲审美的时代，在可预期的未来，将向我们走来。在这样的时代背景下，以凡勃伦发表于1899年的《有闲阶级论》为标志，休闲学在19世纪末产生，并在20世纪特别是20世纪后半期获得快速发展，产生了一系列重要的理论成果，而建立在休闲学基础之上的休闲学分支学科如休闲经济学、休闲社会学、休闲教育学、休闲伦理学、休闲心理学等也如雨后春笋般纷纷出现。在这一潮流中，21世纪初以中国学者吕尚彬等人于2001年8月出版的《休闲美学》为标志，休闲美学诞生了，随后相关休闲美学著作陆续出现。本书就是在这样的时代背景下，在这样的学术潮流中，经过十多年的思考与写作，逐渐孕育、成形、定稿与出版的。而随着中国延续了几十年的改革开放的持续推进，越来越多的中国人的物质生活水平不断提高，经济状况不断改善，劳动和工作的时间持续减少，更多的闲暇时间被空余出来。那么如何更好地利用这些时间，让自己的身心得到放松，精神得到愉悦，甚至实现精神的超越、自由、发展、成长，实现精神生态的和谐、稳定与平衡等，就成为人们不得不面对和思考的问题。于是，越来越多的休闲活动形式被人们创造出来，而对更高级的精神的、文化的、审美的层面的休闲审美活动的追求也逐渐成为人们的迫切需要。正是在这样的社会背景下，课题顺应这样的社会潮流，对这些人们不得不面对和思考的问题进行了深入的思考和研究，于是才有了这部著作的问世，以期对人们的休闲审美生活有所帮助和启示。当然，这部著作的问世，也与我个人的生活际遇密切相关，它来自我个人对自身的生活以及周边人们的生活的观察、思考、概括、提炼、升华。它是我生活中的学问、身边的学问，我在我每天的生活中都要遇到它，体验它，观察它，思考它。本书的研究成果，就是在这一过程中逐渐积累而成的。渐渐地，它就变成了我发自内心热爱的学问、灵魂深处的学问。从 2009 年选题的确立到如今书稿的完成，经历了十多年时间。这期间，我的人生境遇也发生了几次转折与变迁，学习和工作几经变换与调动，人生观念、思维模式、学术视野等都发生过转变，但是我对“中国休闲美学与现代人的精神生态”课题的思考却一以贯之，持之以恒。这就使这一研究成果能够在广阔的视野中，对课题进行多维度、多方式、多方法的理论透视，从而使其积淀更深厚、思考更成熟。书稿的完成也并不意味着我对这一课题研究的结束，时代的变迁、社会的发展、新的生活的展开以及新的休闲审美活动的进行将激发我继续深入思考这一课题。

毫无疑问，我们的民族、国家、社会、个人都需要有远大的目标和理想，我们每个人都需要为此而艰苦奋斗、辛勤工作、干事创业、努力进取、不竭追求，只有这样，我们的民族才会充满希望，我们的国家才会更有实力与底气，才能实现“中国梦”，我们的社会才会有坚实的物质基础，才会快速发展，充满生机与活力，我们每个人才能改变自己的命运，拥有美好的未来。但是，对每一个个体生命来说，努力地工作、干事、创业、追求、奋斗、拼搏、进取也不是生活的全部，生活是丰富多彩的，人们有时也需要留下一些生命的“空白”，有时也需要暂时地退却、止步与歇脚，有时也需要利用一些闲暇的时间去休息、放松、娱乐、思考、休闲，去开展一些休闲审美活动，去追求一点闲散、情趣、滋味、欢乐、幸福。只有这样，他们的人生才会更完整，才会更加精彩，更有生机，更具弹性，这可以说是一种更高的生存智慧。出于这样的思考，“中国休闲美学与现代人的精神生态”这一课题在我的内心深处逐渐萌生了。

这里要感谢我的导师鲁枢元先生。是他带我进入了一个浪漫的、诗意的、审美的世界，一个情趣化、精神化、生态化的世界，也是他引导和启发着我对休闲审美活动进行深入的体验和观察，对休闲美学与精神生态的关系进行深入的思考。他引导下的学生们的生活完全是休闲审美式的，我和常如瑜、朱鹏杰、李红英、卢志博、梅雨恬、卢婕、陈曦、丁页等同门相互合作，协助老师办《精神生态通讯》，结下了深厚的友谊；我们和王耘、潘华琴、张守海、秦春等师兄、师姐经常到鲁老师家做饭、炒菜、喝酒、聊天，举行文艺晚会，唱歌，弹琴，跳舞，说相声，耍绝技；我们陪伴着鲁老师登深山，访古寺，逛园林，游湖泊，看蓝天，赏白云……当然我们也有认真地听老师讲课的时候，也有聆听老师讲做人的道理、做学问的方法的时候，也有刻苦努力地读学术著作、写学术论文的时候。现在回想起来，在某种程度上说，这些活动不都属于休闲审美活动吗？它们并不意味着学生学业的荒废，而是一种“生命的留白”，一种人生的暂时歇脚与止步，其中蕴含着巨大的生命力、创造力，并且为学生以后的发展蓄积了能量和潜力。

还要感谢我的导师胡亚敏教授、孙文宪教授。正是在他们的引导下，我仔细地研读了马克思主义理论的大量著作，并全面、深入、系统地掌握了马克思主义的原理、立场、观点、方法，并学会从这样的视野出发来观察、认识、理解各种学术问题，这使我受益匪浅。也正是从这样的视野出发，我重新审视、梳理甚至重写了我的研究课题“中国休闲美学与现代人的精神生态”，并使它变得更科学、更严谨、更厚重、更深刻，因此也更具说服力。

还要特别感谢中国休闲学界的权威专家马惠娣主任以及山东大学的吴文新教授、湖北理工学院的陆庆祥副教授。我与他(她)们的交往并不多，但是对休闲学和休闲美学的共同热情把我们这些研究者凝聚在了一个温暖的学术家庭里。他们对我这个休闲学界的新来者热情、无私、友善，通过各种方式提供帮助，给我留下了难忘的印象。还要感谢洛阳师范学院的领导、同事和朋友们。文学院王建国院长亲自过问本书的出版事宜，并慷慨地提供资助，让人感动。特别要感谢我的朋友孙晓博副教授，他在繁忙的工作之余，时不时地督促、鞭策和鼓励着我，使我这个一向懒散的人提起了精神，鼓起了勇气，最终顺利完成了书稿的写作。

在这里，我还要特别感谢我的家人。到洛阳师范学院工作以来，他们一直陪伴在我的身边。聪明可爱的儿子在健康快乐的生活中一天天地成长起来，给我的繁忙的教学与科研工作带来了不少乐趣。我的父亲、母亲、妻子，在我专心一意地工作的时候，很少让我干家务劳动，他们或者安排孩子的生活，或者辅导孩子的功课，或者做好家务，任劳任怨，辛勤付出，使我持续地感受到家庭的温暖，得以静下心来专心撰写书稿。

2023 年 10 月 6 日
于洛阳洛河河畔